图解机械加工技能系列丛书

数控铣刀选用全图解

杨晓 等编著

Shukong Xidao Xuanyong
Quantujie

本书主要针对现代数控铣刀，结合加工现场的状况，从操作者或选用者的角度，以图解和实例的形式，详细介绍了数控铣刀选择和应用技术，力求贴近生产实际。主要内容包括：铣削的概念，常见的铣削形式及对应的铣刀的种类，面铣刀、立铣刀、槽铣刀、仿形铣刀的选择及应用以及刀具选择实例。从本书中不仅可以学到数控铣刀的选择和使用方法，而且能够学到解决数控铣削加工中的常见问题的方法。

本书可作为数控铣工加工中心操作工、普通铣工转为数控铣工的自学及短期培训用书，也可作为大中专院校数控技术应用专业的教材或参考书。

图书在版编目（CIP）数据

数控铣刀选用全图解 / 杨晓等编著. —北京：机械工业出版社，2015.9（2024.9 重印）
（图解机械加工技能系列丛书）
ISBN 978-7-111-51837-2

Ⅰ. ①数… Ⅱ. ①杨… Ⅲ. ①数控刀具－铣刀－图解 Ⅳ. ①TG714-64

中国版本图书馆 CIP 数据核字（2015）第 245929 号

机械工业出版社（北京市百万庄大街 22 号　邮政编码 100037）
策划编辑：王晓洁　责任编辑：王晓洁
责任校对：张　征　封面设计：张　静
责任印制：常天培
固安县铭成印刷有限公司印刷
2024 年 9 月第 1 版第 6 次印刷
190mm×210mm · 7.333 印张 · 187 千字
标准书号：ISBN 978-7-111-51837-2
定价：42.00 元

凡购本书，如有缺页、倒页、脱页，由本社发行部调换

电话服务	网络服务
服务咨询热线：010-88361066	机 工 官 网：www.cmpbook.com
读者购书热线：010-68326294	机 工 官 博：weibo.com/cmp1952
010-88379203	金 书 网：www.golden-book.com
封面无防伪标均为盗版	教育服务网：www.cmpedu.com

序 FOREWORD

经过改革开放30多年的发展，我国已由一个经济落后的发展中国家成长为世界第二大经济体。在这个过程中制造业的发展对经济和社会的发展起到了十分重要的作用，也确立了制造业在经济社会发展中的重要地位。目前，我国已是一个制造大国，但还不是制造强国。建设制造强国并大力发展制造技术，是深化改革开放和建成小康社会的重要举措，也是政府和企业的共识。

制造业的发展有赖于装备制造业提供先进的、优质的装备。目前，我国制造业所需的高端设备多数依赖进口，极大地制约着我国制造业由大转强的进程。装备制造业的先进程度和发展水平，决定了制造业的发展速度和强弱，为此，国家制定了振兴装备制造业的规划和目标。大力开发和应用数控制造技术，大力提高和创新装备制造的基础工艺技术，直接关系到装备制造业的自主创新能力和市场竞争能力。切削加工工艺作为装备制造的主要基础工艺技术，其先进的程度决定着装备制造的效率、精度、成本，以及企业应用新材料、开发新产品的能力和速度。然而，我国装备制造业所应用的先进切削技术和高端刀具多数由国外的刀具制造商提供，这与振兴装备制造业的目标很不适应。因此，重视和发展切削加工工艺技术、应用先进刀具是振兴我国装备制造业的十分重要的基础工作，也是振兴的必由之路。

近20年来，切削技术得到了快速发展，形成了以刀具制造商为主导的切削技术发展新模式，它们以先进的装备、强大的人才队伍、高额的科研投入和先进的经营理念对刀具工业进行了脱胎换骨的改造，大大加快了切削技术和刀具创新的速度，并十分重视刀具在用户端的应用效果。因此，开发刀具应用技术、提高用户的加工效率和效益，已成为现代切削技术的显著特征和刀具制造商新的业务领域。

世界装备制造业的发展证明，正是近代刀具应用技术的开发和运用使切削加工技术水平有了全面的、快速的提高，正确地掌握和运用刀具应用技术是发挥先进刀具潜能的重要环节，是在不同岗位上从事切削加工的工程技术人员必备的新技能。

本书以提高刀具应用技术为出发点，将作者多年工作中积累起来的丰富知识提炼、精选，针对数控刀具“如何选择”和“如何使用”两部分关键内容，以图文并茂的形式、简洁流畅的叙述、“授之以渔”的分析方法传授给读者，将对广大一线的切削技术人员的专业水平和工作能力的迅速提高起到积极的促进作用。

成都工具研究所原所长、原总工程师
赵炳桢

前言 PREFACE

切削技术是先进装备制造业的组成部分和关键技术，振兴和发展我国装备制造业必须充分发挥切削技术的作用，重视切削技术的发展。数控加工所用的数控机床及其所用的以整体硬质合金、可转位刀具为代表的数控刀具等相关技术一起构成了金属切削发展史上的一次重要变革，使加工快速、准确、可控程度高。现代切削技术正向着“高速、高效、高精度、智能、人性化、专业化、环保”的方向发展，创新的刀具制造技术和刀具应用技术层出不穷。

数控刀具应用技术的发展早已形成规模，对广大刀具使用者而言，普及应用成为当务之急。了解切削技术的基础知识，掌握数控刀具应用技术的基础内容，并能够运用这些知识和技术来解决实际问题，是数控加工技术人员、技术工人的迫切需要和必备技能，也是提高我国数控切削技术水平的迫切需要。尽管许多企业很早就开始使用数控机床，但他们的员工在接受数控技术培训时却很难找到与数控加工相适应的数控刀具培训教材。数控刀具培训已成为整个数控加工培训中一块不容忽视的短板。广大数控操作工人和数控工艺人员迫切需要实用性较强的关于数控刀具选择和使用的读物，以提高数控刀具应用水平。

本书以普及现代数控加工的金属切削刀具知识、介绍数控刀具的选用方法为主要目的，涉及刀具原理、刀具结构和刀具应用等方面的内容，着重介绍数控刀具的知识、选择和应用，用图文并茂的方式多角度解释现代刀具，从加工现场的状况和操作者或选用者的角度，解决常见的问题，力求接近生产实际。本书在结构、内容和表达形式上，针对大部分数控操作工人和数控工艺人员的实际基础和水平，力求做到易于理解和实用。

本书是本系列丛书的第 2 本，第 1 本《数控车刀选用全图解》已于 2014 年出版。

本书以数控铣削中常用的平面铣刀、立铣刀、槽铣刀、仿形铣刀为主要着眼点，以介绍这些刀具的选用为脉络，串联起从可转位铣刀刀片材料、刀片涂层、刀片几何参数、刀体及刀片的型号、刀片的装夹、整体便质合金铣刀的几何参数、可换头的可转位或硬质合金铣刀及其联接结构、刀体的变形、加工精度和表面粗糙度以及铣削策略等与刀具选用之间的联系，以帮助数控铣刀的使用者能认识和掌握这些数控铣刀使用中的问题。

限于篇幅，本书对数控铣削中另一类比较常见的刀具如钻孔、攻螺纹并未提及，装夹铣刀的各类夹持系统（即所谓刀柄）也未提及。关于铣削中的高速铣削、硬铣削、干铣削等新技术，车铣复合、边车边铣等新型机床上的铣削也未提及。

包括可转位车铣刀和硬质合金铣刀在内的数控刀具无论在我国还是在国际上都正处于应用发展期，大部分产品和数据在实践中会不断更新，恳请读者加以注意。

本书由杨晓编写第 2 章至第 7 章并负责全书统稿，杨晓、宋冬冬合作编写第 1 章。

在本书的编写过程中，得到了瓦尔特 (无锡) 有限公司市场部的大力支持，本书资料、图片除注明外，大多由瓦尔特提供。在此，作者谨向瓦尔特 (无锡) 有限公司以及瓦尔特公司的贺战涛先生、王志宏先生、方涛先生、张士广先生、王青女士、张维珊女士、顾晓钰女士等协助者表示感谢。

在本书的编写过程中，还得到山高刀具苏国江先生、原住友电工汤一平先生、肯纳金属乔峰先生和李文清先生、3D 系统耿海彬先生的协助，在此一并感谢。

由于作者水平有限，书中难免有不足之处，恳请广大读者批评指正。

目录 CONTENTS

4 槽铣刀的选用 ………… 94

5 仿形铣刀的选用 ……… 104

6 铣削策略 ……………… 121

7 数控铣刀综合选用实例… 136

1

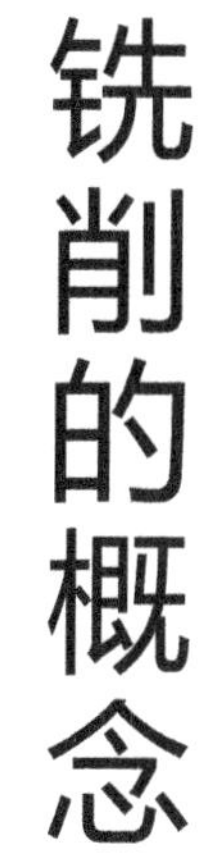

铣削的概念

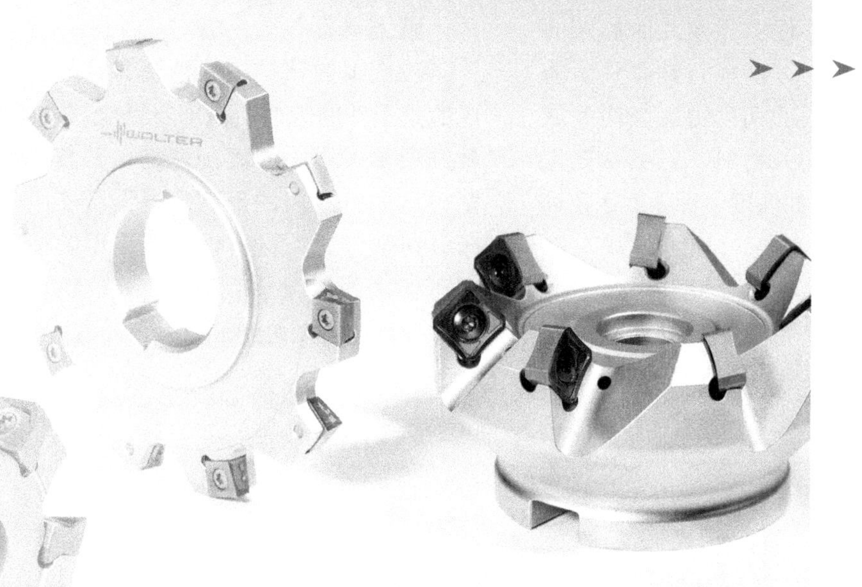

1.1 铣削总体概念

什么是铣削？铣削是一种通过运动对金属进行分级切除的加工方法。刀具做旋转运动，而通常工件与刀具做相对的直线进给（多数情况下是工件随工作台进给）。在某些情况下，工件保持固定，而旋转的刀具做横向直线进给。铣削刀具有几条能连续切除一定量材料的切削刃。当两条或更多的切削刃同时切入材料，刀具就在工件上将材料切到一定的深度。图 1-1 是各种铣刀的加工示意图。

■ **粗铣**

铣削的粗加工（粗铣）是以切除的切削量为标志，在粗铣时采用大进给和尽可能大的切削深度，以便在较短的时间内切除尽可能多的材料。粗加工对工件表面质量的要求不高。

■ **精铣**

在铣削的精加工（精铣）时最主要考虑的是工件的表面质量而不是金属切除量，精铣通常采用小的切削深度，刀具的副切削刃可能有专门的形状。根据所使用的机床、切削方式、材料以及所采用的标准铣刀可使表面质量达到 $Ra1.6\mu m$，在极好的条件下甚至可以达到 $Ra0.4\mu m$。

图 1-1　各种铣刀的加工

1.2 常见的铣削形式

1.2.1 铣平面

铣平面是用铣刀的圆周刃或者端面刃，沿平行于工件平面的方向进给，形成平行于工件进给方向的一个平面，如图 1-2 所示。

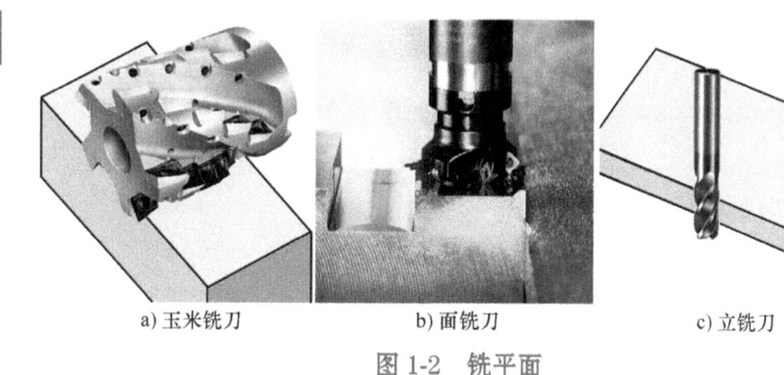

a) 玉米铣刀　b) 面铣刀　c) 立铣刀

图 1-2　铣平面

1.2.2 铣槽

铣槽（通常特指铣至少一段不封闭的直沟槽）是同时用铣刀的圆周刃和端面刃，在工件上加工出开放的或封闭的槽（见图 1-3）。封闭槽一般用立铣刀（也称端铣刀、方肩铣刀），而通槽则多用三面刃铣刀来加工，当然，通槽也可以用立铣刀来加工。

a) 立铣刀(图片源自山特维克可乐满)

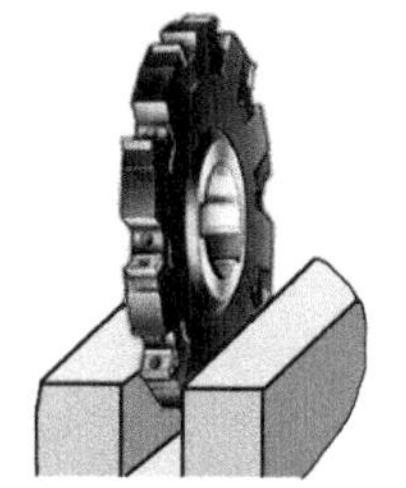

b) 三面刃铣刀

图 1-3　铣槽

1.2.3 铣台阶

铣台阶是同时用铣刀的圆周刃和端面刃，在工件的一侧或两侧加工出台阶（见图 1-4）。铣台阶一般用立铣刀（也称端铣刀、方肩铣刀），也可用两面刃铣刀（外圆切削刃和一侧的切削刃）来加工，当然，贯通的台阶也可以用立铣刀来加工。

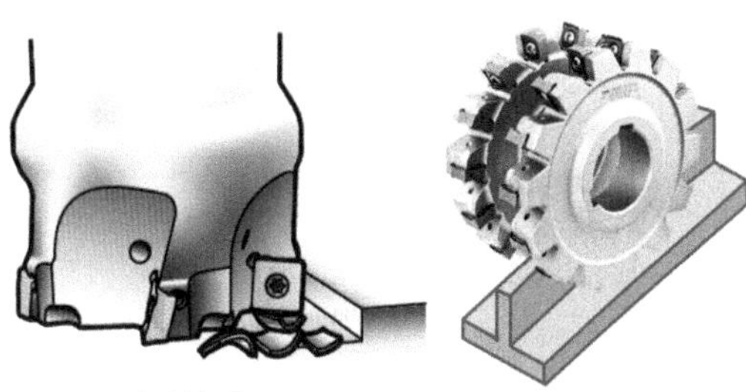

a) 立铣刀　b) 两面刃铣刀组合

图 1-4　铣台阶（图片源自山特维克可乐满、伊斯卡）

1.2.4 铣T形槽

铣T形槽如图1-5所示。

1.2.5 铣窄槽和切断

铣窄槽和切断如图1-6所示。

1.2.6 铣角

铣角是指用特定角度的铣刀铣削工件，以形成特定的一侧或双侧的斜面，图1-7所示为各种角度的铣刀。

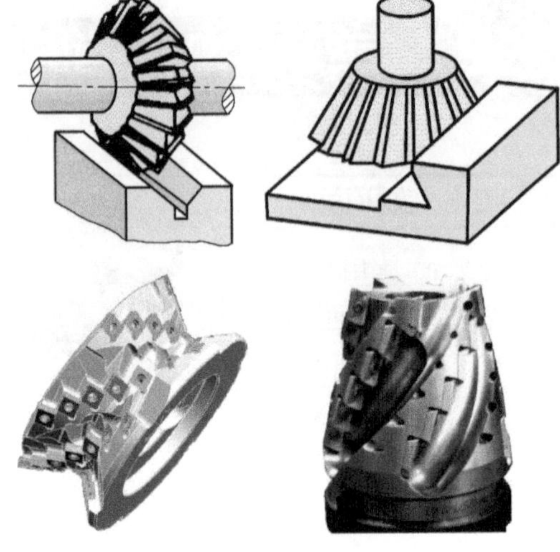

图1-7 各种角度的铣刀

1.2.7 铣键槽

铣键槽是在轴上铣削出一个封闭的平键或半圆键的键槽。这些键槽一般在宽度上有较高的要求，而槽是封闭的。键槽铣刀如图1-8所示。

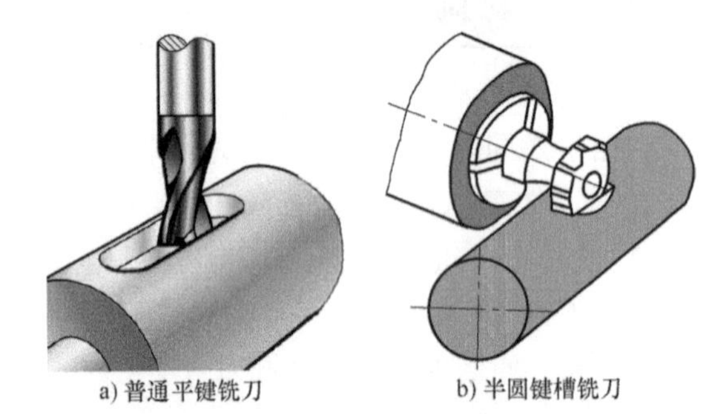

a) 普通平键铣刀　　b) 半圆键槽铣刀

图1-8 键槽铣刀

1.2.8 铣齿形

铣齿形是指用成形法或范成法切出齿轮或齿条的齿形。齿轮滚刀和齿轮铣刀如图1-9所示。

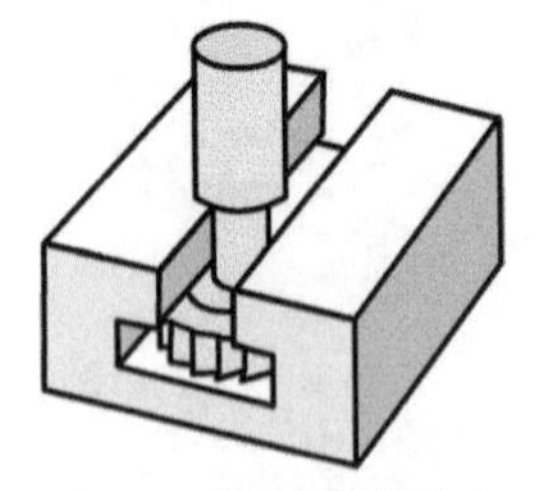

图1-5 铣T形槽铣刀

图1-6 铣窄槽和切断

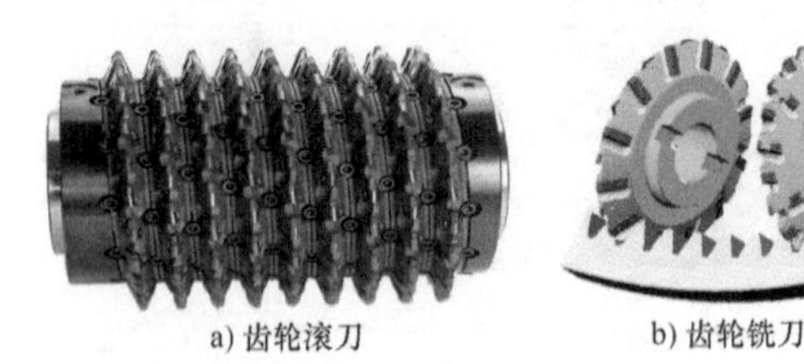

a) 齿轮滚刀　　b) 齿轮铣刀

图1-9 齿轮滚刀和齿轮铣刀

1.2.9 铣螺旋槽

铣螺旋槽是在工件上铣出一个螺旋形的沟槽，典型的有如图 1-10 所示的麻花钻的沟槽铣削。

1.2.10 铣曲面

铣曲面是指用铣刀做一个二维的动作，用立铣刀之类的铣刀的圆周刃加工出一个曲面，如图 1-11 所示为立铣刀。

1.2.11 铣立体曲面

铣立体曲面是指铣刀做三维的运动，从而加工出形状复杂多变的立体曲面，如图 1-12 所示为圆角铣刀。

图 1-10 麻花钻的沟槽铣削

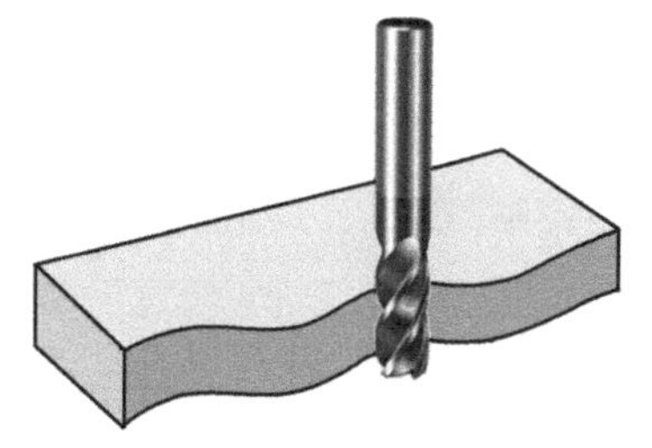

图 1-11 立铣刀

图 1-12 圆角铣刀

1.3 铣刀分类

1.3.1 按安装方式分类

■ **套式铣刀**

套式铣刀指在铣刀的轴线上有一个贯通的圆柱孔，可通过铣刀端面的端面键槽来驱动铣刀旋转，如图 1-13 所示。

图 1-13 套式铣刀

■ **片式铣刀**

片式铣刀是指在铣刀的轴线上有一个贯

通的圆柱孔，可通过在孔壁上的键槽或者刀盘上的圆孔来驱动旋转，如图 1-14 所示。

图 1-14　片式铣刀

■ 直柄铣刀

直柄铣刀是指铣刀的柄部的基本形状为圆柱型，其中包括完整的圆柱、带压力面的削平型（按直径分为单压力面和双压力面）两种形式，如图 1-15 所示。

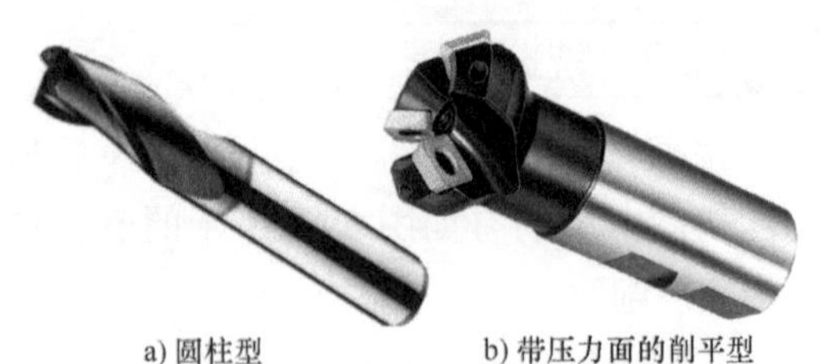

a) 圆柱型　　b) 带压力面的削平型

图 1-15　圆柱型和带压力面的削平型直柄铣刀

■ 锥柄铣刀

锥柄铣刀是指铣刀的柄部的基本形状为圆锥形，其中基本的包括莫氏圆锥、7 : 24 圆锥、HSK 圆锥等，还包括一些非圆锥的异形锥，如 CAPTO。典型的锥柄铣刀如图 1-16 所示。

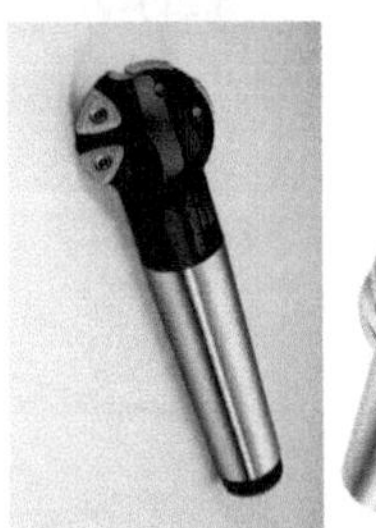

a) 莫氏锥柄铣刀　　b) 7:24锥柄铣刀　　c) HSK锥柄铣刀

图 1-16　锥柄铣刀

1.3.2　按铣削方式分类

■ 圆周铣刀

圆周铣是用铣刀外圆上的切削刃来加工工件的表面，一般圆周铣刀的圆周上有较长的切削刃或较多的刀齿，直径相对于圆周刃长度比较大。如图 1-17 所示为玉米铣刀的圆周铣削。

图 1-17　玉米铣刀的圆周铣削

■ **立铣刀**

立铣是同时使用铣刀的圆周刃和端面刃加工 90° 的台阶面。因此，立铣刀是具有互相垂直的圆周刃和端面刃的铣刀，如图 1-18 所示。

■ **面铣刀**

面铣大多是用小于 90° 主偏角的直柄、锥柄铣刀或者盘形铣刀的端齿，通过铣刀的移动，加工出一个与铣刀轴线相垂直的平面。主要用于铣削平面的铣刀就称之为面铣刀，面铣刀铣削如图 1-19 所示。

图 1-18　立铣刀的圆周刃和端刃铣削

图 1-19　面铣刀铣削

■ **仿形铣刀**

仿形铣通常是用球头铣刀或者装用圆刀片的面铣刀（俗称“牛鼻刀”）来完成曲面的加工。这种专门用于加工曲面的铣刀被称为仿形铣刀。图 1-20 是刀片式球头铣刀的仿形铣削，而图 1-21 则是装用圆刀片圆角铣刀的仿形铣削。

■ **三面刃铣刀**

三面刃铣刀大多是片形铣刀，它的刀盘两侧都有切削刃，加上圆周上的切削刃，就形成了三面刃铣刀（见图 1-22）。三面刃

图 1-20　球头铣刀的仿形铣削

图 1-21　圆角铣刀的仿形铣削
（图片源自山特维克可乐满）

铣刀通常用于加工槽，如果用于加工板形工件的两侧，则用单侧及外圆带齿的所谓两面刃铣刀（见图 1-23），一个左切刀盘和一个右切刀盘组成一对。

■ **插铣刀**

用于插铣的铣刀做轴向进给，如图 1-24 所示。

■ **螺旋铣刀**

螺旋铣刀（见图 1-25）是螺旋插补（即铣刀轴线在做圆周运动的同时进行轴向进给）的铣削方式。典型的用于螺旋铣的铣刀是螺纹铣刀。螺纹铣刀能通过螺旋插补来加工螺纹的刀具，具有一个或多个螺纹。

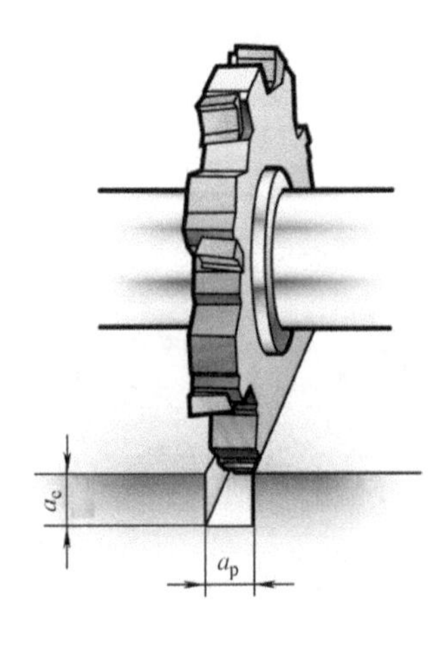

图 1-22 三面刃铣刀
（图片源自山特维克可乐满）

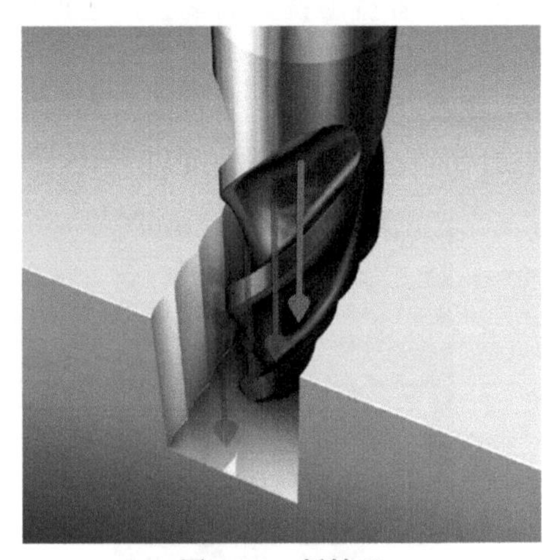

图 1-24 插铣刀
（图片源自山特维克可乐满）

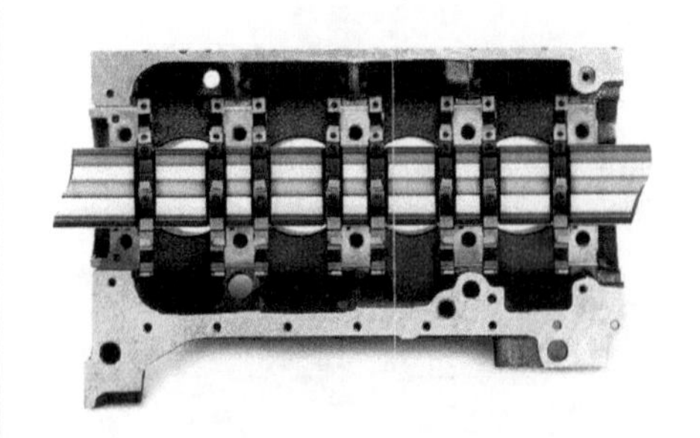

图 1-23 成对两面刃铣刀铣板形工件

a) 铣螺纹示意图

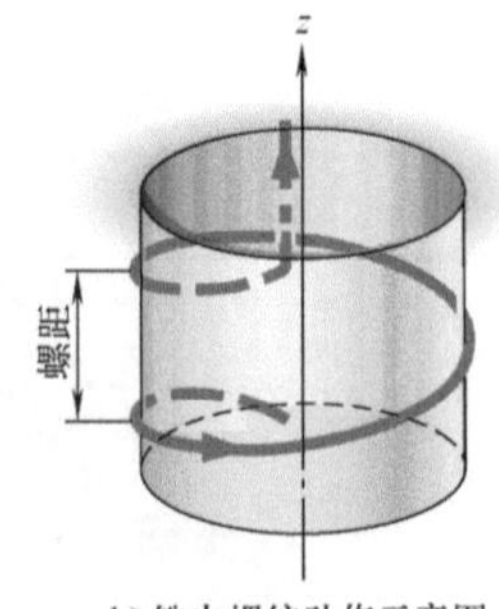

b) 铣内螺纹动作示意图

图 1-25 螺旋铣刀

1.4 铣削的常用概念

铣削与《数控车刀选用全图解》中所介绍的车削不同。车削大部分是单刃刀具连续切削，而铣削则大部分是多刃刀具断续切削。多刃刀具最后加工的平面或曲面则是由多个切削刃包络形成的，六齿铣刀的刀片轨迹如图 1-26 所示。

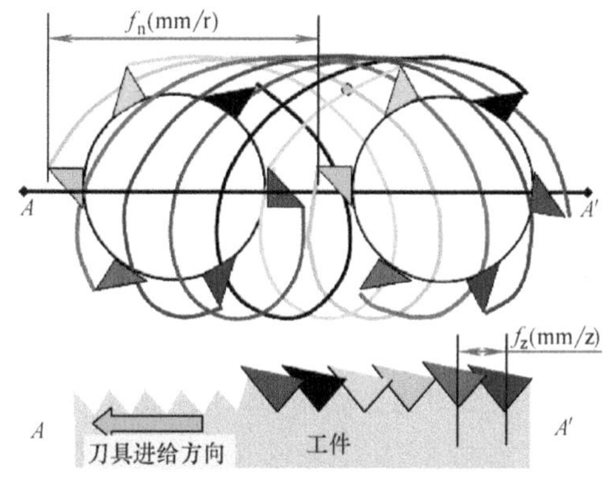

图 1-26 六齿铣刀的刀片轨迹

1.4.1 顺铣和逆铣

■ **顺铣**

顺铣是指刀具旋转时刀齿的运动方向和刀具进给方向相同的加工方式，如图 1-27 所示。

顺铣时切削厚度（图 1-27 中绿色区域）在刀尖与工件开始接触时为最大，刀尖与工件脱离接触时为最小。刀尖从厚度较大的位置切入不易产生打滑现象。顺铣的切削分力指向机床台面（如图 1-27 所示右图下方斜向箭头所指）。

顺铣的加工表面质量良好，后面磨损较小，机床运行也比较平稳，因此特别适用于在较好的切削条件下和加工高合金钢时采用。

顺铣不宜加工含硬表层的工件（如铸件表层），因为这时切削刃必须从外部通过工件的硬化表层进入切削区域，从而容易产生较强的磨损。

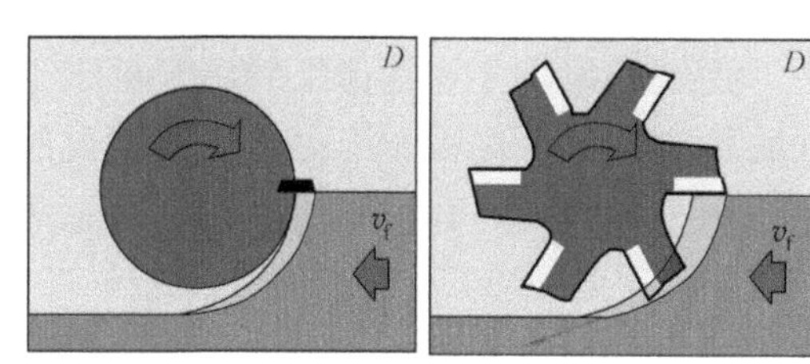

图 1-27 顺铣

■ **逆铣**

逆铣是指刀具旋转时刀齿的运动方向和刀具进给方向相反的加工方式，如图 1-28 所示。逆铣时切削厚度开始时为 0，到刀尖离开工件时为最大值。刀尖起始的切削厚度为 0，而刀尖又常常不是绝对的锋利，因此，刀尖在接触工件的一小段里常常处于打滑的状态，虽然这种打滑的状态有时被利用为对工件表面的抛光，但这种抛光作用往往有赖于加工经验，不同的刀具、不同的工件和不同的加工参数，这些抛光作用的结果都会不同。

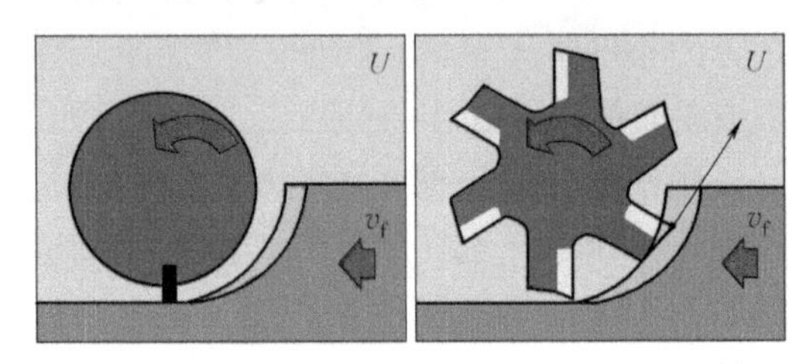

图 1-28　逆铣

逆铣常常出现的打滑现象会使刀具后面磨损加快，降低了刀片寿命，并且往往使表面质量不理想（普遍出现振动的痕迹），还会导致已加工表面出现硬化现象。

逆铣时切削分力是使工件离开机床工作台面方向的，这种作用力往往同夹具的夹紧力方向相反，有可能使工件轻微脱离定位面，使工件加工处于不稳定状态。

所以逆铣这种方法较少使用。如果必须使用逆铣方法来加工，必须完全将工件夹紧，否则有脱离夹具的危险。

图 1-29 是面铣刀铣削的一个例子。在这个例子中，由于铣削宽度超出了铣刀的半径，则这个铣削就是顺铣和逆铣的混合应用。在已加工平面中，图示绿色的部分为顺铣部分，紫色的部分为逆铣部分。在顺铣 / 逆铣的混合应用中，通常应使顺铣的部分占主要的份额。

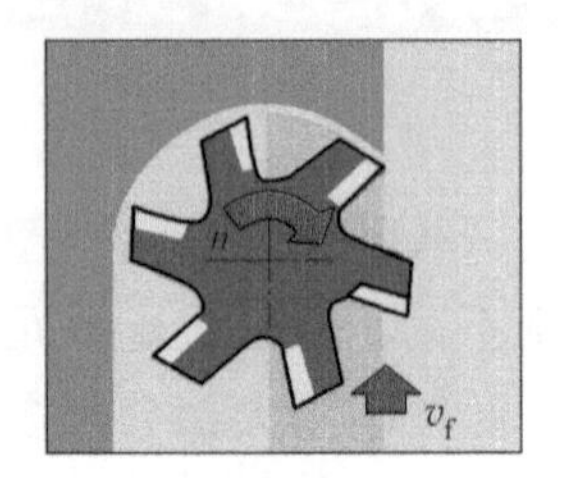

图 1-29　顺铣 / 逆铣混合应用

■ 铣刀切入的定位

铣刀每一次切入，其切削刃都要经受一次或大或小的冲击负载，该冲击负载的大小和方向是由工件材料、切削的横截面积以及切削的类型所决定的。这种冲击载荷对切削刃是一个考验，如果这种冲击超过了刀具的承受限度，刀具就会破碎。

铣刀切削刃与工件间顺利的初始接触是铣削的关键点，这将取决于刀具的直径和几何形状的选择以及刀具的定位。

图 1-30 是铣刀切削刃与工件间顺铣的初始接触方式。如图 1-30a 所示的方式初始

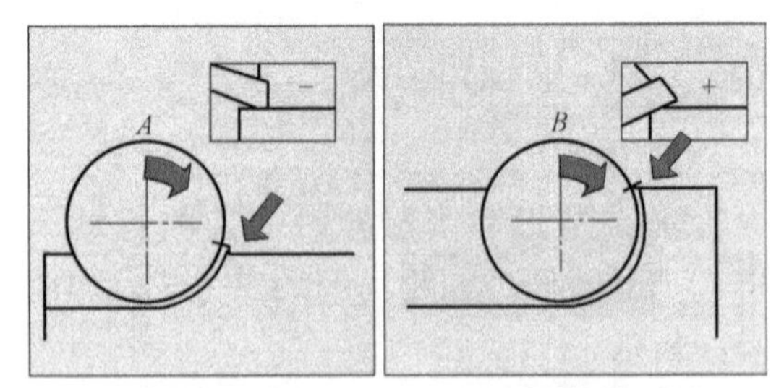

a) 初始接触为刃尖　　b) 初始接触刃中段

图 1-30　铣刀切削刃与工件间顺利的初始接触方式

接触为刃尖，造成这种接触方式常常是铣削宽度小于铣刀的半径，而如图 1-30b 的方式初始接触刃中段，造成这种接触方式则常常是铣削宽度要超过铣刀半径。当然，铣刀的前角组合也会影响刀尖与工件初始接触的方式，这个稍后讨论。

根据经验，铣削宽度与刀具的直径之间的关系取 2/3（0.67）～ 4/5（0.8）（铣削宽度 / 刀具直径）。

这通常并不需要专门计算。由于铣刀直径系列一般都符合相关标准，只需取不小于预定的铣削宽度的第二个直径的铣刀即可。

例：如图 1-31 所示是铣刀直径系列的一部分（更小直径有 3mm、4mm、5mm、6mm、8mm、10mm、12mm、16mm 等，更大的有 80mm、100mm、125mm、160mm、200mm、250mm、315mm、400mm 等）。假设铣削的宽度是 36mm，那不小于这个宽度的第 1 档直径是 40mm，而第 2 档直径是 50mm，选取的铣刀盘直径就是 50mm。但如果铣削的宽度就是 40mm，那么不小于这个宽度的第 1 档直径是 40mm，而第 2 档直径还是 50mm，选取的铣刀盘直径也是 50mm。

1.4.2 铣削刀具的轴向径向前角的组合

铣刀的前角可分解为轴向前角和径向前角，其剖面如图 1-32 所示。径向前角 γ_f 主要影响切削功率；轴向前角 γ_p 则影响切屑的形成和轴向力的方向，当 γ_p 为正值时切屑即飞离加工面。

轴向前角（一些学术著作中称其为“背前角”）是在平行于铣刀轴线的平面（如图 1-32 所示中浅蓝底色的 *P*—*P* 剖面）内所测量的前角，见图中的 γ_p。

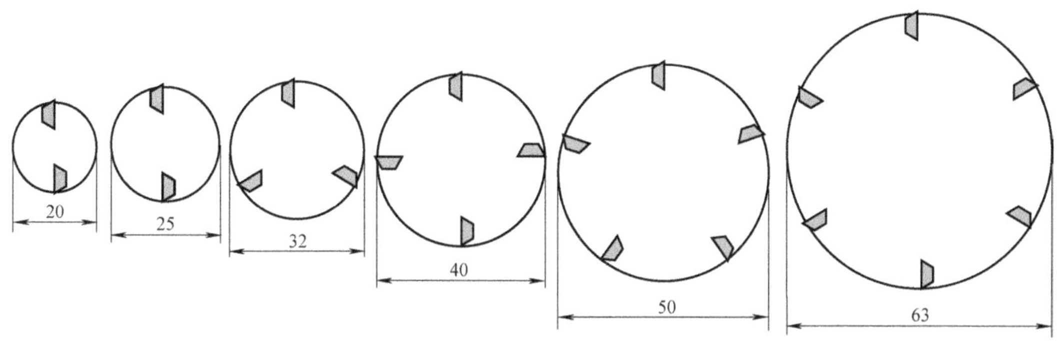

图 1-31　铣刀直径系列（局部）

径向前角（一些学术著作中称其为“侧前角”）则是在垂直于轴线的平面里（也垂直于轴向剖面，如图 1-32 所示中浅绿底色的 *F—F* 剖面）内所测量的前角，见图中的 γ_f。

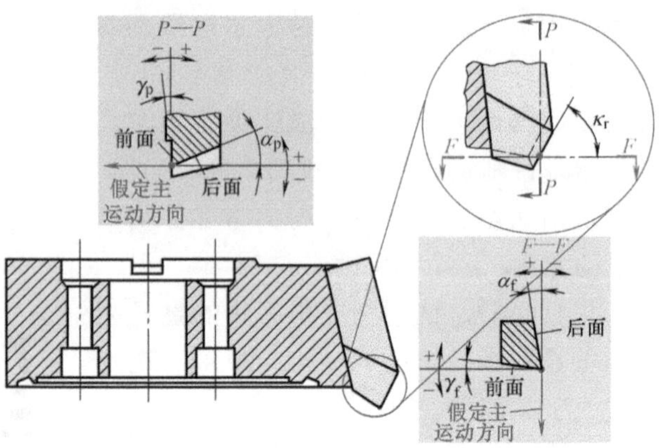

图 1-32　铣刀的两个剖面：轴向剖面和径向剖面

这两个分解出来的前角有不同的组合，这些组合会有不同的切削效果。

■ 双正前角铣刀

图 1-33 是双正前角铣刀，即铣刀的轴向前角和径向前角都是正值。双正前角的铣刀在切削时是两条切削刃相交的刀尖首先接触工件，其特点是切削会显得比较锋利，切削轻快，排屑顺利，但切削刃强度较差，通常适用于加工软材料、不锈钢、耐热钢，也可用于加工普通钢和铸铁。一般推荐用于小功率机床、工艺系统刚性不足时以及有可能产生积屑瘤的工件。

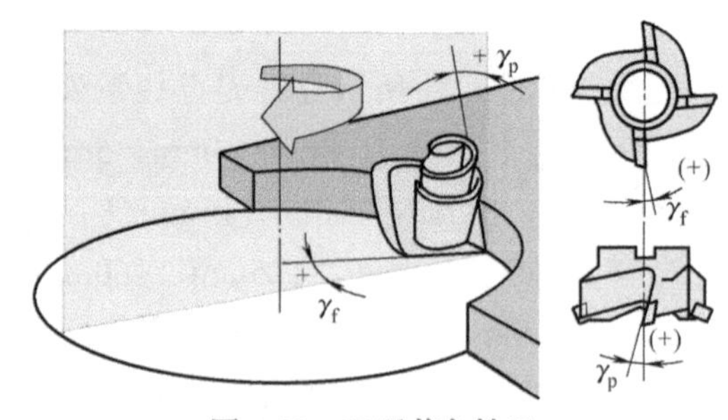

图 1-33　双正前角铣刀

■ 双负前角铣刀

双负前角铣刀是指铣刀的轴向前角和径向前角均为负值的铣刀，如图 1-34 所示。

这种前角组合的铣刀通常是刀具的前面首先接触工件，因此具有抗冲击能力非常强的优点，但刀具通常显得不够锋利。这种前角组合的铣刀通常适用于粗铣加工，用于加工铸钢、铸铁、高硬度、高强度钢等。

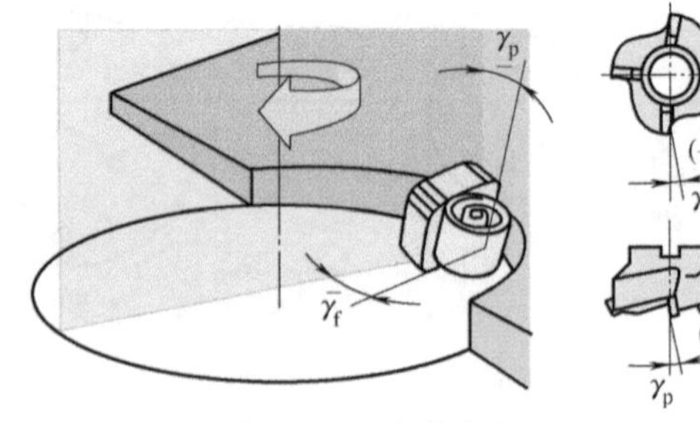

图 1-34　双负前角铣刀

这种前角组合的铣刀铣削时功率消耗大，一般需要极好的工艺系统刚性。

通常，如果需要使用没有后角的负型刀片，就需要选用双负前角的刀盘。

■ 正 / 负前角铣刀

正 / 负前角铣刀是指铣刀的轴向前角和径向前角中一个为正值而另一个为负值的铣刀，如图 1-35 所示。这种前角组合的铣刀在切削时是一条切削刃首先接触工件，它比双正前角的刀尖接触刃口抗冲击性更强，而比双负前角的前面接触方式容易切入工件。

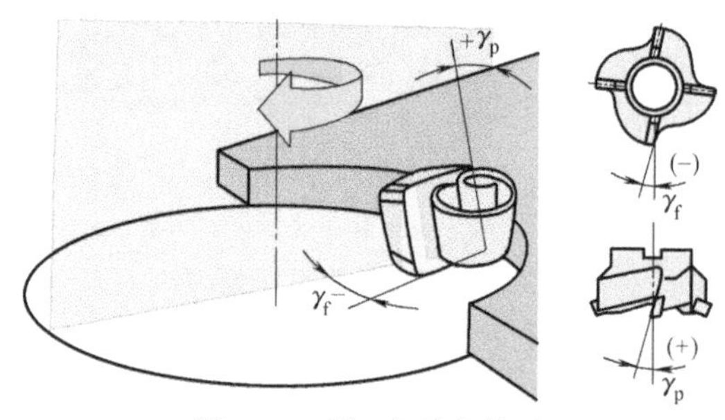

图 1-35　正 / 负前角铣刀

这种铣刀在市场上应用非常广泛，铣刀切削刃抗冲击性较强，切削刃也较锋利，兼顾了刀具的锋利性和抗冲击能力。这样的铣刀被广泛用于加工钢、铸钢、铸铁，可以用于大余量铣削。

由于工艺需要，市场上的正 / 负前角铣刀基本上都是轴向前角为正值而径向前角为负值的组合，很少会有轴向前角为负值而径向前角为正值的组合。

刀具切削时的锋利或耐冲击的能力不仅与刀具的前角组合有关，还与刀具的切入位置有关。

图 1-36 反映了不计刀具本身几何角度时，刀具与工件的相对位置对刀具刀齿受力条件的关系。

在图 1-36 中，左图是切削宽度 a_e 大于铣刀盘半径 $D_c/2$ 的情况。在这种情况下，刀具在开始切削时由刀具的前面中间首先接触工件，这样的接触方式刀片的耐冲击性较强。中图是切削宽度 a_e 等于铣刀盘半径 $D_c/2$ 的情况。在这种情况下，刀具在开始切削时由刀具的整个前面同时接触工件，这样的接触方式刀片的耐冲击性还是不错的。右图则是切削宽度 a_e 小于铣刀盘半径 $D_c/2$ 的情况。在这种情况下，刀具在开始切削时由刀具的刀尖首先接触工件，这样的接触方式刀片的耐冲击性较弱。

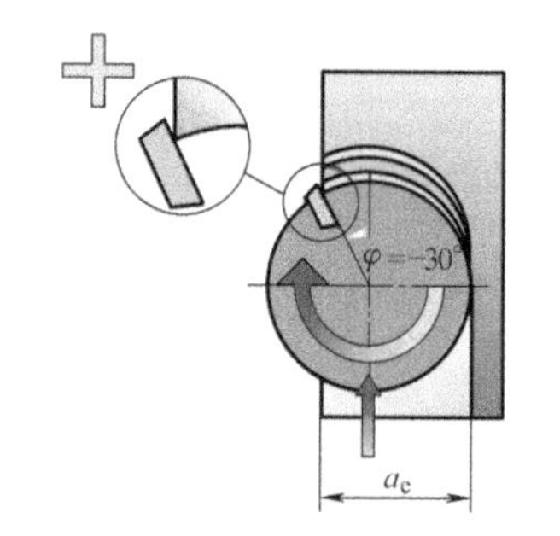

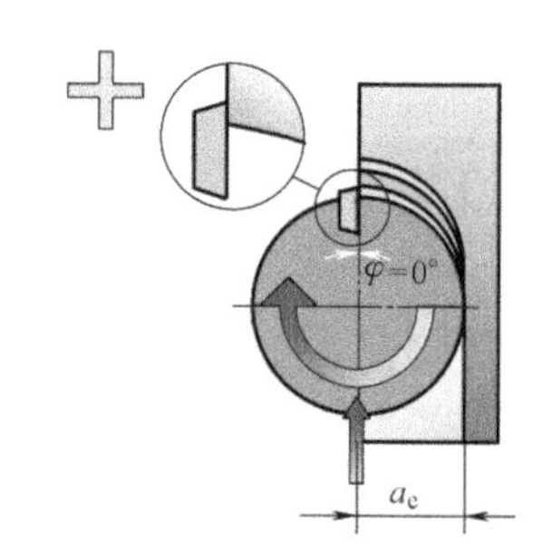

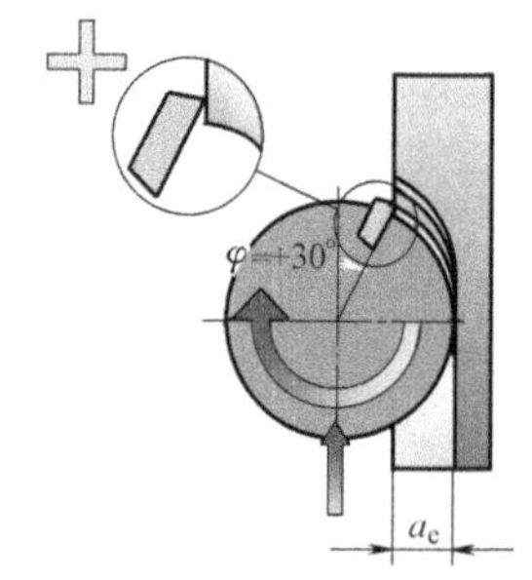

图 1-36　**铣刀位置与铣刀的受力**（图片源自山特维克可乐满）

如图 1-37 所示是铣削时切屑状态和平均切屑厚度 h_m 的示意图。铣刀切削时的接触弧长和平均切屑厚度以及切屑的宽度 b_D 的乘积就是刀齿在一转中所切除的材料体积，也就与铣削宽度 a_e 与切削深度 a_p 以及每齿进给量 f_z 的乘积相同。

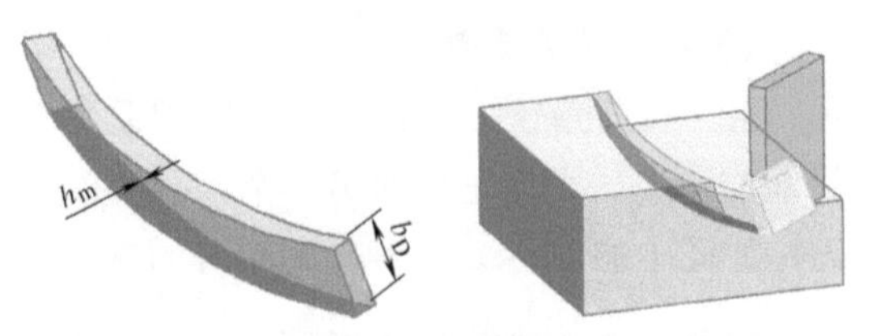

图 1-37　铣削时切屑状态和平均切屑厚度 h_m 示意图

1.4.3　平均切屑厚度

平均切屑厚度 h_m 是铣削中的一个参考量，或许本书的一部分读者觉得这个概念不必要，但其对于深入了解铣削状态、提高铣削效率、增加铣刀寿命，都有重要的作用。

首先考察垂直于轴向的径向平面的切削刃接触弧长。这种弧长由接触角 ϕ_s 和刀盘半径的乘积所决定。而接触角，既与刀盘与铣削宽度的比值有关（参见图 1-38a 和图 1-38b），也与刀盘与工件的相对位置有关（偏心铣或对称铣，参见图 1-38b 和图 1-38c）。

不同主偏角与平均切屑厚度 h_m 的关系如图 1-39 所示，其他条件固定时，在 90° 主偏角时的平均切屑厚度 h_m 值最大，随着主偏角的减小和切屑的宽度增加而切屑的厚度减小。当使用圆弧刃时，则很难界定整个切削刃的主偏角，其平均切屑厚度则与切削深度 a_p 和刀片直径 d 的比例有关。

综合两者的影响，使用者可根据是选择使用直线刃刀具还是圆弧刃刀具，按照图 1-40 和图 1-41 来计算铣削的平均切屑厚度 h_m 值。

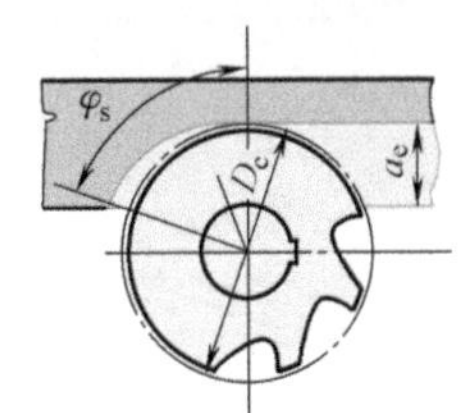

a) 偏心铣，切宽 a_e < 刀具半径 $D_c/2$

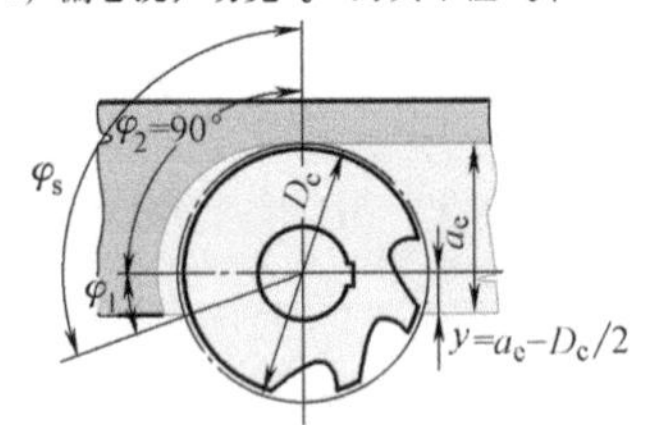

b) 偏心铣，刀具半径 $D_c/2$ < 切宽 a_e < 刀具直径 D_c

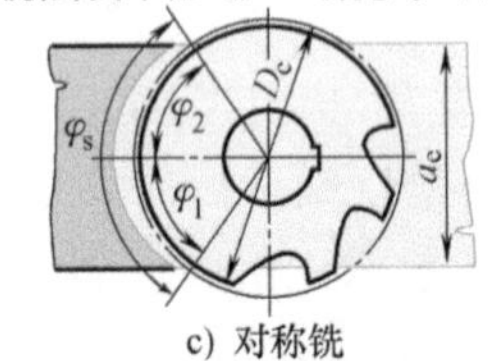

c) 对称铣

图 1-38　三种不同的接触弧长状态

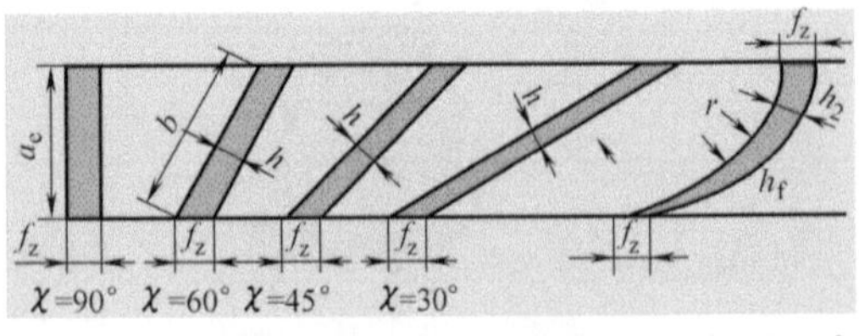

图 1-39　不同主偏角与平均切屑厚度 h_m 关系示意（图片源自山高刀具）

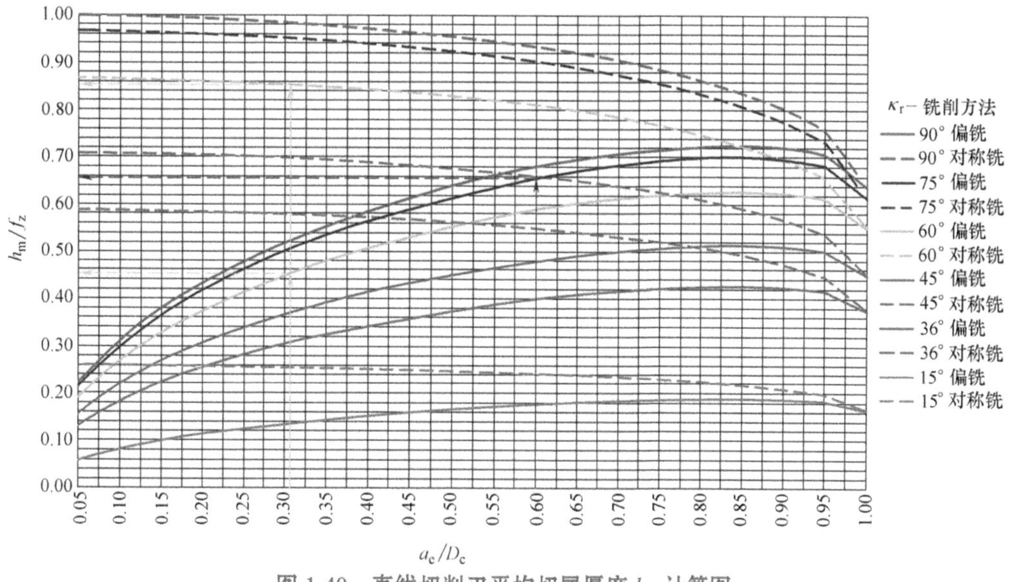

图 1-40　直线切削刃平均切屑厚度 h_m 计算图

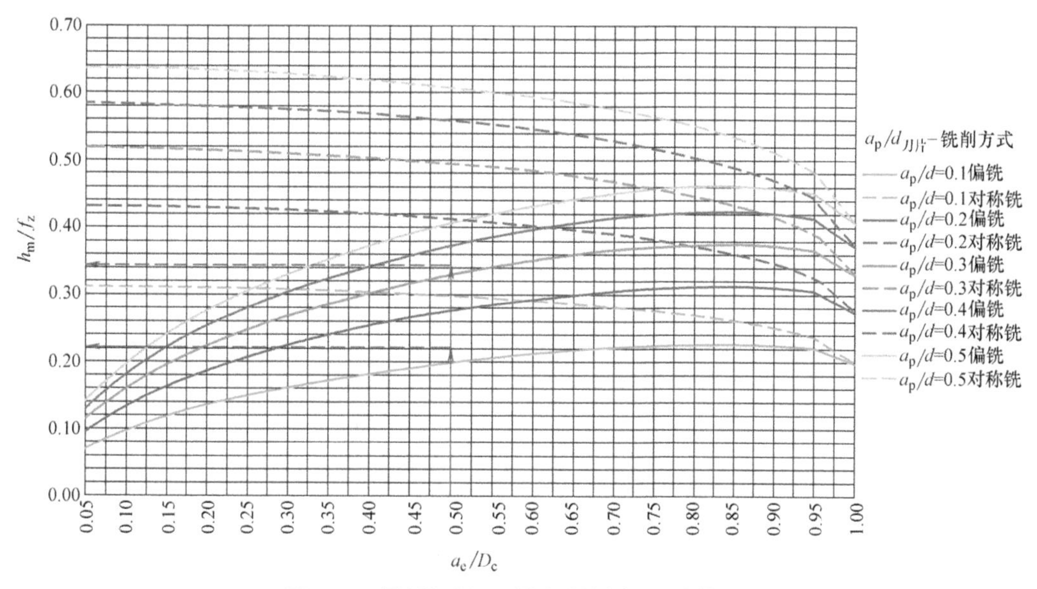

图 1-41　圆弧切削刃平均切屑厚度 h_m 计算图

例如，用一个直径100mm的75°主偏角铣刀盘来偏心铣平面（D_c=100mm，κ_r=75°），铣削宽度为60mm（a_e=60mm），每齿进给量设定为0.15mm（f_z=0.15mm），求平均切屑厚度h_m。在这个例子中，已知a_e=60mm和D_c=100mm，因此a_e/D_c为0.6，在图下横坐标0.6处向上画一条线（图上为较粗深蓝色向上箭头线），向上引至代表75°主偏角偏心铣的紫色实线，向左引至纵坐标，可得知这种情况下h_m与f_z的比值为0.65，那么h_m=0.65f_z=0.65×0.15mm=0.0975mm。

又如用直径80mm的60°主偏角铣刀盘（D_c=80mm，κ_r=60°）对铣削宽度为25mm（a_e=25mm）进行偏心铣，已知刀片合理的平均切屑厚度h_m为0.1mm，需要得到合理的每齿进给率f_z，此时a_e/D_c为0.31，在图上引绿色粗箭头线至代表60°主偏角偏心铣的深黄色实线，向左引至坐标轴得h_m与f_z的比值为0.45，则f_z=h_m/0.45=0.1mm/0.45=0.22mm，即合理每齿进给量为0.22mm。如果选择是对称铣（粉绿较细箭头线引至深黄色虚线），得h_m与f_z的比值为0.85，合理每齿进给量为0.12mm，可见对称铣的加工效率较低。

如图1-41所示是圆弧切削刃的平均切屑厚度h_m计算图。下面是计算举例：用的铣刀是直径80mm（D_c=80mm），装16mm（d=16mm）的圆刀片，偏心铣削宽度a_e为40mm（a_e/D_c为0.5）。第一个是切削深度为2mm（a_p=2mm，a_p/d=0.125），在图下横坐标0.5处向上画一条线（图上为较粗深红色向上箭头线），因为图中没有a_p/d=0.125的图线，在代表a_p/d为0.2的紫色实线和代表a_p/d=0.1的蓝色实线间取大约偏蓝色的1/4处，以红色粗虚线向左到坐标轴，可得h_m/f_z值为0.22，如果该刀片的合理h_m值为0.15mm，f_z的合理值为0.15mm/0.22=0.68mm。第二个是切削深度为5mm（a_p=5mm，a_p/d=0.3125），绘制较细红色实线到代表a_p/d为0.3的橙色实线和代表a_p/d=0.4的灰色实线间取大约偏橙色的1/4处，以红色细虚线向左到坐标轴，可得h_m/f_z值为0.34，如果该刀片的合理h_m值同样为0.15mm，此时f_z的合理值为0.15mm/0.34=0.44mm。

不同切削刃几何角度的特性和可用性在很大程度上都基于所使用（或设定）的平均切屑厚度h_m。各种使用中的结果（如切削温度、切削力、切屑的形成和排出、刀具寿命、切削刃磨损和振动）受切削刃几何角度和平均切屑厚度相互关系的影响非常强烈。如果铣削操作者采用与刀具设计者相同或相近的切削工况，就更有可能充分发挥出刀具的特性。在不同加工中，即使采用相同的平均切屑厚度，也可以采用不同的每齿进给量，因此能改变加工效率。

1.4.4 铣刀转速计算

图1-42是铣刀转速的计算图。

通常，刀具厂商会提供推荐的切削速度 v_c，但有些数控机床需要在程序中设定主轴转速。图 1-42 为这样的计算提供便利。

例如：有一铣刀的直径（或有效直径）为 8mm，根据需要以 300m/min 的切削速度进行加工，计算所要采用的主轴转速。

在图 1-42 的横坐标上找到代表切削速度为 300m/min 的点，向上引褐色虚线至代表直径 8mm 的绿色实线，然后转向左至纵坐标，得到的转速为 12000r/min。

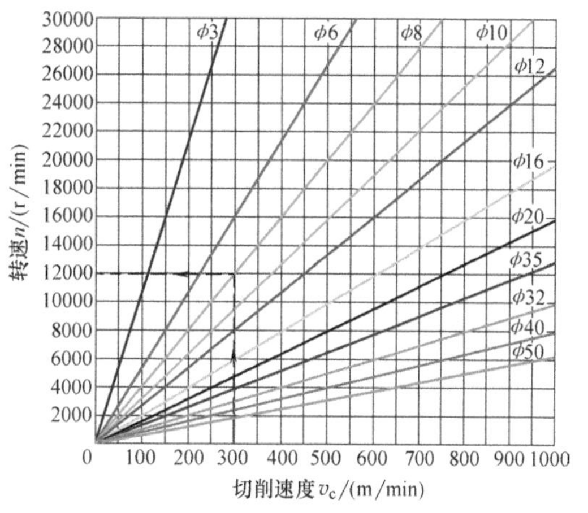

图 1-42 铣刀转速 n 计算图

1.5 铣刀冷却结构

铣刀的冷却结构一般分为两种：一种是外冷却方式，另一种是内冷却方式。

1.5.1 常规铣刀的冷却结构

外冷却方式的铣刀在铣刀上通常不安排冷却结构，而内冷却方式的整体铣刀，一般是在铣刀柄部的端面安排切削液入口，而在铣刀的前端安排切削液的出口，让切削液直接或较直接地抵达切削刃的附近。图 1-43 是一些常见带内冷孔的数控铣刀。

1.5.2 高效冷却结构

近年来出现了一些新的、更高效的冷却结构。这些冷却结构大多比较复杂，适用于高强度钢、钛合金、镍基合金等高温合金的铣削。

图 1-44a 是瓦尔特黑锋侠玉米铣刀的冷却结构。这种玉米铣刀通过在内冷却孔的前端增加一个螺钉，螺钉上的一个小直径的冷却孔可以增加冷却的压力，从而改善冷却效果。多马普拉米特公司的 SideLok 铣刀（见图 1-44b）则是将这种增加冷却压力的小孔的螺钉和刀片压紧螺钉结合在一起，也同样可以改善冷却效果。

图 1-45 是瓦尔特推出的 Cryo.tec 玉米铣刀。这种铣刀是在专门的机床上用低温

的液氮（–196℃）来进行冷却。液氮通过主轴、刀柄和刀体内部的管道流动（见图1-45中的红色箭头），然后通过在切削刀片中的出口，到达距剪切面不到1mm处。这样的低温冷却液对切削时产生的高温具有超强冷却能力，可以防止切削热传入刀具切削刃。大量的液氮不但吸收了所有的切削热，还能使刀具、工件和机床的一部分都处于低温状态。如图1-46所示是液氮切削的一段视频二维码，供希望了解液氮切削的读者参考。可手机扫描二维码播放。

比液氮温度稍高的二氧化碳（零下73℃）也是一种不错的冷却介质。图1-47是瓦尔特的二氧化碳冷却铣刀及冷却结构。

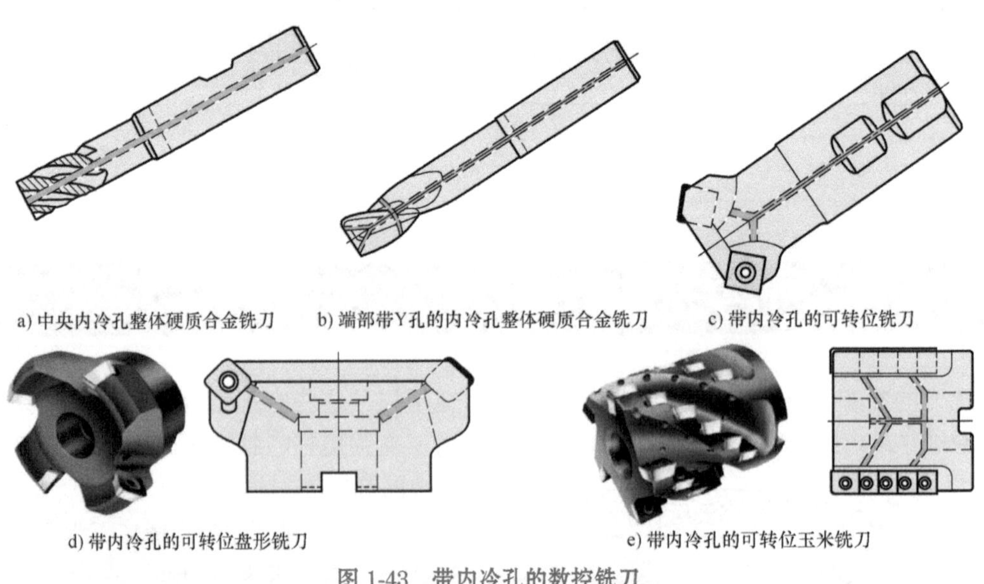

a) 中央内冷孔整体硬质合金铣刀　b) 端部带Y孔的内冷孔整体硬质合金铣刀　c) 带内冷孔的可转位铣刀

d) 带内冷孔的可转位盘形铣刀　e) 带内冷孔的可转位玉米铣刀

图1-43　带内冷孔的数控铣刀

a) 瓦尔特黑锋侠玉米铣刀冷却结构

b) 多马普拉米特SideLok铣刀冷却结构

图1-44　瓦尔特黑锋侠玉米铣刀和多马普拉米特SideLok铣刀冷却结构

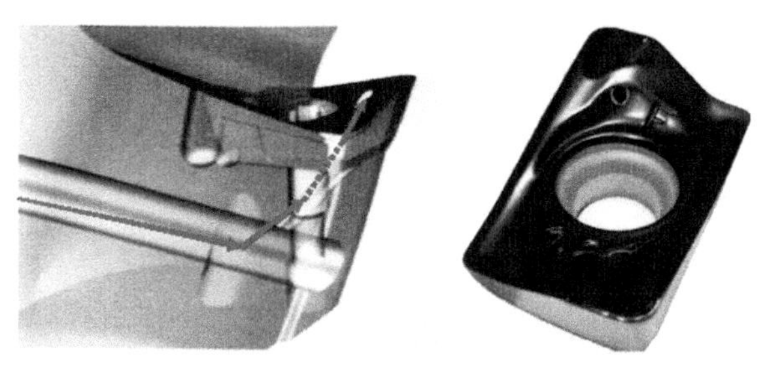

图 1-45 瓦尔特 Cryo.tec 玉米铣刀和冷却结构

图 1-46 液氮冷却切削视频二维码

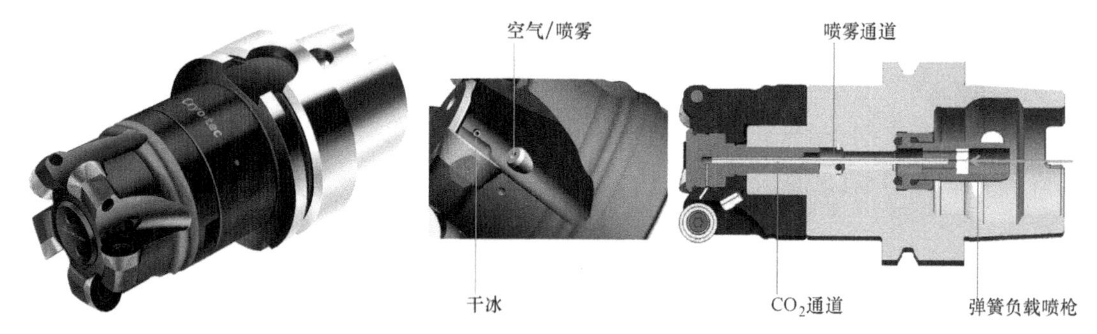

图 1-47 二氧化碳冷却铣刀和冷却结构

这种铣刀有干冰（二氧化碳）冷却通道和普通的空气 / 喷雾冷却两路并行的通道，干冰的温度比液氮高，因此能带走的热量也比较少，冷却效果也稍差，但加上普通的空气 / 喷雾冷却，冷却效果还是相当可观。同时，由于还是干冰的温度比液氮高，对于一些有冷脆倾向的被加工材料，干冰冷却不容易带来冷脆的危害。图 1-48 是瓦尔特关于二氧化碳冷却刀具的视频二维码，有兴趣的读者可扫码观看。

图 1-49 是肯纳金属的 Beyond Blast™ Daisy 铣刀冷却结构。它通过在刀盘和刀片上设计冷却通路，可以将切削液直接输送到切屑和刃口中间处，可以起到很好的冷却作用。这种冷却方法的好处是不需要专门的机床改动，缺点是由于增加了蜿蜒的冷却通道，刀片的强度有所削弱，装卸刀片必须使用扭力扳手，以免过大的转矩对刀片造成损害。图 1-50 则是肯纳金属 Beyond Blast™ Daisy 铣刀视频二维码，已经配了中文解说，对这类独特的冷却结构感兴趣的读者，可扫描二位码观看。

图 1-48　二氧化碳冷却视频二维码

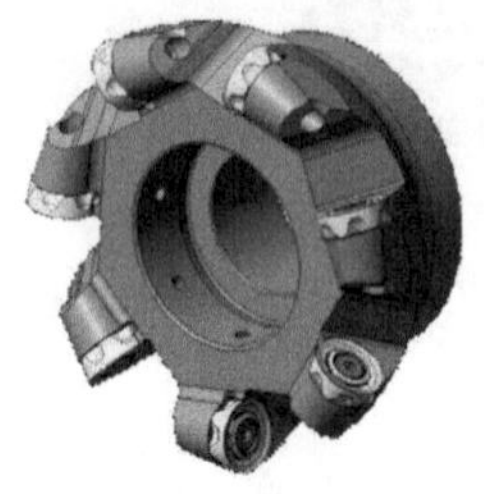

a) 铣刀

b) 刀片

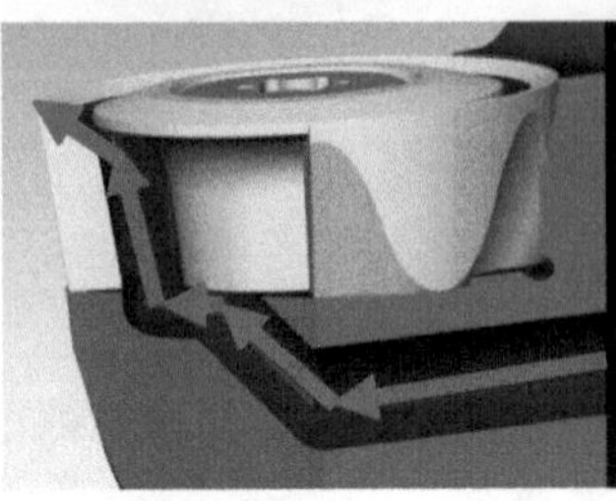

c) 冷却通道示意图

d) 冷却结果示意图

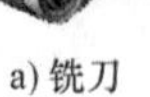

图 1-49　肯纳金属 Beyond Blast™ Daisy 铣刀冷却结构

图 1-50　肯纳金属 Beyond Blast™ Daisy 铣刀视频二维码

2 面铣刀的选用

2.1 影响面铣刀选用的因素

数控铣刀选择的典型流程如图 2-1 所示。

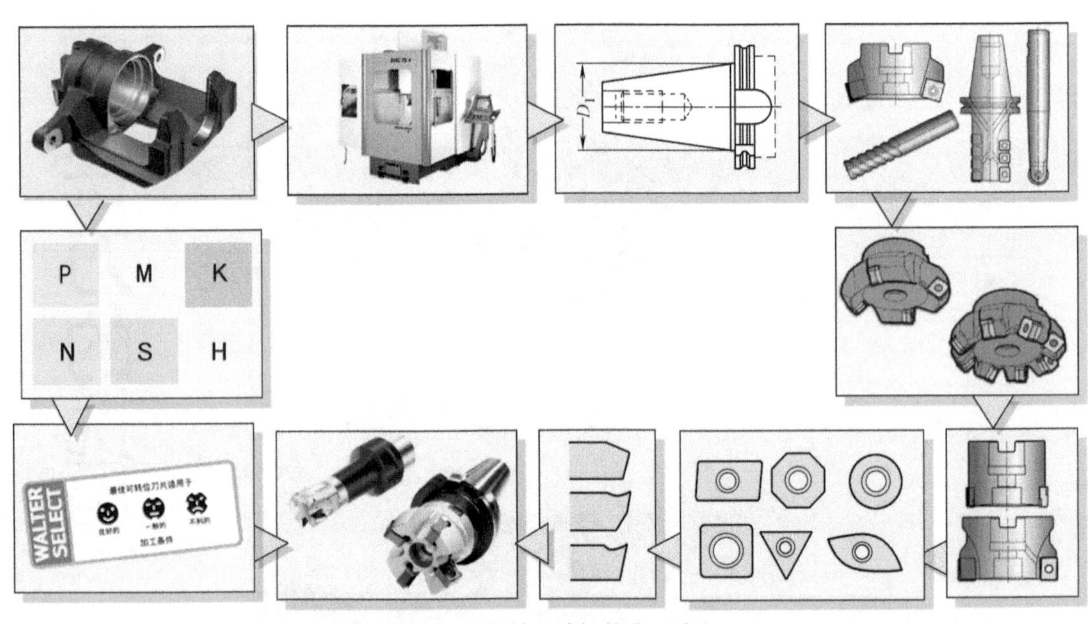

图 2-1 数控铣刀选择的典型流程

2.1.1 工件的影响

工件的一些因素会影响其加工刀具的选择。其中主要有以下因素：

■ **工件的形状和尺寸**

工件的形状会影响刀具的选择。除了仅为平面加工之外，许多铣削的刀具选择都会受到工件形状的影响：如有台阶或距离台阶很近时会选用主偏角 90° 或接近 90° 的铣刀，有些受工件圆弧尺寸限制不能选择直径较大的铣刀，还有一些工件对刀片的形状和尺寸也有要求，如图 2-2 所示的工件，在加工被渲染了紫色的区域时，几乎必须使用带大圆角的铣刀或球头形式的铣刀。

■ **刚性**

工件的刚性也会对铣刀的选择产生影响。图 2-3 是飞机上用的一个薄壁工件。在这个工件上，有垂直的两个方向的薄壁。假设按图示方向置于立式加工中心，黄色的薄壁部分需要径向力特别小的加工方法及其刀具；而绿色的薄壁部分则需要轴向力特别小的加工方法及其刀具。

■ **材质**

工件材质对刀具材料的选择影响较大。《数控车刀选用全图解》中的图 3-4 显示了工件材质对切削性能影响的一个大体趋势。这里再介绍一个基本的影响。

在当今的切削加工中，大约有 80% 的刀具是用来加工钢件和铸铁件这两种工件材质的。这两种工件材质都是铁碳合金，但在两者中，钢件属于韧性比较好的材质，因为钢件的含碳量相对较低；而铸铁件属于比较脆的材质，这是因为铸铁件的含碳量比较高（铁碳合金中，碳的质量分数在 2.1% 以上为铸铁，碳的质量分数低于 2.1% 的则为钢）。由于合金成分的不同，工件材料表现的特性也不相同。钢件在切削时容易形成较长的连续切屑，这样的切屑在刀具的前面上流过时容易产生较多的摩擦，

图 2-2　工件形状对刀具选择影响的示意图

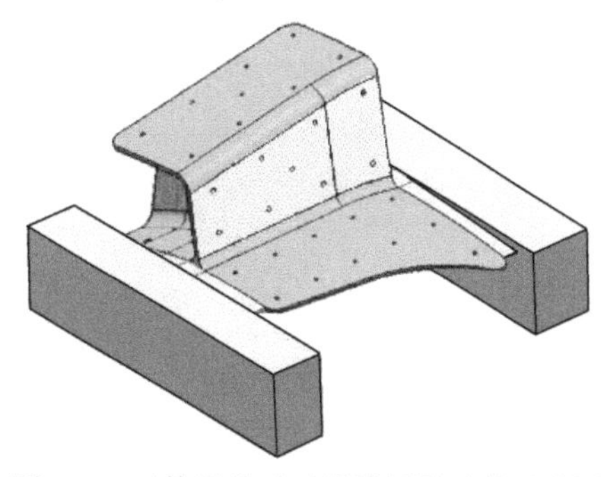

图 2-3　工件刚性对刀具选择影响的示意图

这种摩擦会使刀具的前面产生磨损，因此刀具材质要有较好的耐磨性；而铸铁则比较脆，通常难以产生连续的切屑而是产生崩碎的切屑，因此切屑对前面产生的冲击和磨损比较轻微。这就是为什么钢件加工多采用硬质点较多的含有钛元素的硬质合金（钨钴钛类硬质合金），而加工铸铁件多采用钨钴类硬质合金。

■ 毛坯条件

铣削毛坯表面的状态尤其是铸件的硬皮或上道工序的硬化层，会对加工刀具的选择带来影响。通常，在加工有硬皮或者硬化层的毛坯时，应该选用韧性更好的刀具材料。

■ 装夹

图 2-4 所示是工件装夹对刀具影响的示意。蓝色的部分表示工件，红色的部分表示定位夹紧部分。显然，这个工件在图示左端如果没有黄色的辅助支承来加强装夹的刚性，必然无法承受较大的切削力，只能选用非常锋利的铣刀来减少工件变形。而如果增加了图示黄色部分的辅助支承，

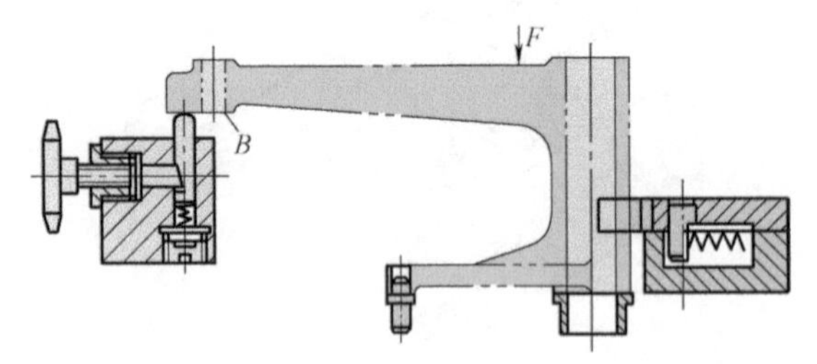

图 2-4　工件装夹对刀具选择影响的示意图

那左端的刚性就会大为增强，其顶部铣削刀具的选择面可以宽很多。

■ 尺寸公差和表面质量

对不同的尺寸公差和表面粗糙度要求的加工，一般会将加工类型分为粗加工、半精加工、精加工、超精加工等几种类型，对应这些不同的加工类型，就会有不同的刀片几何参数，这点与数控车刀的选择类似。相关内容，会在后面的章节中详细介绍。

不同的表面粗糙度在刀具选用上有比较明显的影响，这主要体现在刀尖以及使用注意事项中。相关内容同样会在后面的章节中详细介绍。

2.1.2　机床的影响

■ 机床的种类

数控铣刀多在数控铣床和加工中心上使用。数控铣床和加工中心根据机床主轴的布置方向可分为立式铣床（立式加工中心）和卧式铣床（卧式加工中心）以及立卧转换加工中心，根据数控化程度可以分为经济型（简易数控）、全功能数控、三轴数控、四轴数控、五轴数控等（有时数控的联动轴数会少于总数控轴数，如五轴三联动、五轴四联动等）。有些加工中心还可能配置双主轴、回转工作台、机外刀库等，这使得加工中心的刀具选用相对比较复杂。

图 2-5 是典型的铣削机床结构。

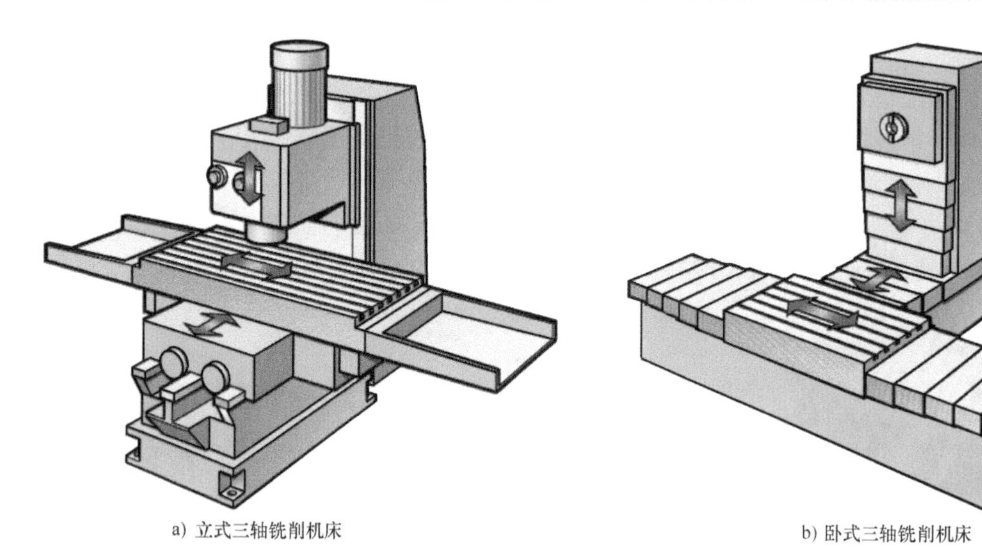

a) 立式三轴铣削机床

b) 卧式三轴铣削机床

c) 带工作台翻转的五轴立式机床

d) 带主轴翻转的五轴立卧转换机床

e) 带工作台翻转的五轴卧式机床

图 2-5 典型的铣削机床结构（图片源自山特维克可乐满）

■ 主轴接口的影响

机床主轴的接口对于带柄刀具，常常是非常关键的。它主要由接口的类型以及接口的尺寸两个部分组成。常见的接口有 7:24 圆锥（其中分为 JT、BT、CAT、BBT 四种）、带有法兰接触面的空心短锥接口（HSK）、带有钢球拉紧系统的空心短锥接口（KM）、带有法兰接触面的多棱弧锥接口（CAPTO），如图 2-6 所示。

主轴接口除了类型必须匹配之外，接口的尺寸必须一致。如果有不一致，则需要使用过渡工具来进行连接。

另外，许多时候需要主轴有内部切削液的输送通道。采用图 2-6a、图 2-6b、图 2-6c 的机床有些支持内冷却通道，而有些则未必支持，这一点在选用刀具时是必须要搞清楚的。

在使用大直径铣刀时，有时需要将铣刀与机床主轴端面直接相连（见图2-7），这时候也需要搞清机床主轴端面的连接尺寸。

■ 刀库的影响

加工中心是配备了刀库的数控铣床。刀库是在加工中心上具有储存刀具功能的部件（见图2-8）。通常在加工中遇到需要换刀时，由机械手将已用完的刀具从主轴上取下，放入刀库，随后根据数控系统指令，从刀库的指定位置取出下一个工序所需要使用的刀具，再装到主轴上。

a) JT接口刀柄　b) CAT接口刀柄　c) BT接口刀柄

d) HSK接口刀柄　e) KM接口刀柄　f) CAPTO接口刀柄

图2-6　常见的机床主轴接口

图2-7　铣刀直接安装在机床主轴

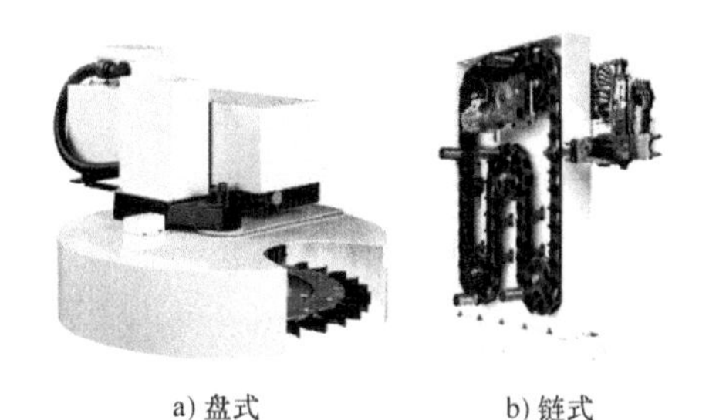

a) 盘式　　b) 链式

图 2-8　刀库

但由于刀库和机械手自动换刀，给刀具的选用带来一些限制。刀库对选刀的参数一般除了刀位数之外是三个：刀具相邻时的最大直径、刀具不相邻时的最大直径以及最大刀具长度。所谓刀具相邻时的最大直径就是相邻刀位都储存刀时可以使用的刀具最大直径，而如果相邻两侧刀位都可以空出，那一般这个刀位就可以按刀具不相邻时的最大直径来确定刀具直径。但需要注意，此时的可用刀位数要减去 2 个。机械手对选刀的限制主要是最大刀具重量。超过这个重量，机械手就无法进行自动换刀。

当然，在有些条件下可以超出这些限制来选刀。比如，对于机械手无法抓取的过重的刀具，可以通过人工在起重设备的帮助下换刀。又如，刀长超出刀库最大长度，则可以放在机床边上或小车上，或者通过交换工作台来进行人工换刀。

■ **转速范围和工作进给范围的影响**

机床的可用的转速范围在一定程度上决定了可以使用的切削速度范围。21 世纪前后开始进入应用的高速加工，通常就需要高的机床主轴转速。高速加工的刀具选择与常规速度的加工有不小差别，使用时的加工策略和注意事项也有不少讲究。由于篇幅限制，在本书中难以详细介绍，会在以后的书中介绍。

高进给速度机床是实现高效加工（又称为高性能加工）的条件。虽然大部分常规机床可能能达到高效加工的要求，但还是有相当部分机床在加工一些非铁合金材料时，进给速度难以满足高效加工的要求。

■ **功率特性的影响**

图2-9是德马吉一种最高转速18000r/min的电主轴龙门加工中心的功率—转矩曲线图。我们可以看到，在总体上，转速较低时其转矩较大而功率不大，而在较高转速时则相反，转矩较小而功率较大。选用的

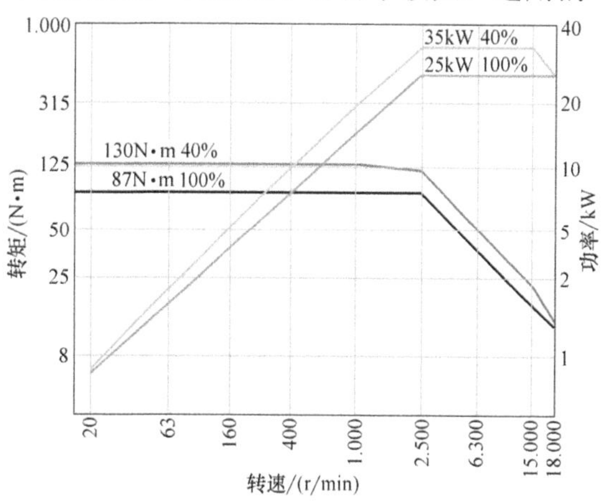

图 2-9　某龙门加工中心功率—转矩曲线图（图片源自 DMG）

铣刀在该机床上使用，既不能超过该转速下的其最大功率，也不能超过该转速下的最大转矩。例如，在该机床 1000r/min 的转速下，瞬间切削功率不应大于 20kW，而瞬间切削转矩不能超过 130N·m（注：除了模具行业以外的一般切削加工连续加工时间都不长，不会超过机床运转时间的 40%，可按瞬间功率和瞬间转矩来计算，但如果是模具铣削之类的长时间连续加工，则应按 100% 负荷计算，即在上述案例中功率不超过 15kW 而转矩不超过 87N·m）。

2.1.3 刀具的影响

选择铣刀时，必须考虑刀具本身的各种因素对完成切削任务的影响。对于可转位刀具而言，至少要考虑刀体和刀片两方面的影响。而对于整体铣刀其考虑的因素相当于刀杆和刀片两方面的影响的总和。

■ **刀体的影响**

◆ 铣刀几何角度的影响

铣刀刀体的几何角度，无疑会对刀具的使用产生深远的影响。可转位铣刀的角度是由刀片的角度与刀杆上刀片槽底面的角度综合而成的，其值为相关部分几何角度的代数和。

• **前角的影响**

可转位刀具的前角等于刀片与刀杆在正交平面中前角的代数和。即

$$\gamma_{o\,刀具}=\gamma_{o\,刀杆}+\gamma_{o\,刀片} \tag{2-1}$$

对于可转位刀具而言，在实际使用中真正起作用的是合成以后的前角。图 2-10 是肯纳金属的一种可转位铣刀前角。该铣刀的刀体具有 −7° 的前角（$\gamma_{o\,刀具}=-7°$），而刀片具有 10° 的前角（$\gamma_{o\,刀片}=10°$），该刀具的合成前角则为 3°（$\gamma_{o\,刀具}=3°$）。但如果铣刀的走刀方向与刀具轴线不垂直，则可能需要考虑刀具角度的变化。对于整体刀具，如果走刀方向垂直于铣刀轴线，其制造前角就是实际其作用的工作前角。

图 2-11 则是一种前面波形刃的整体铣

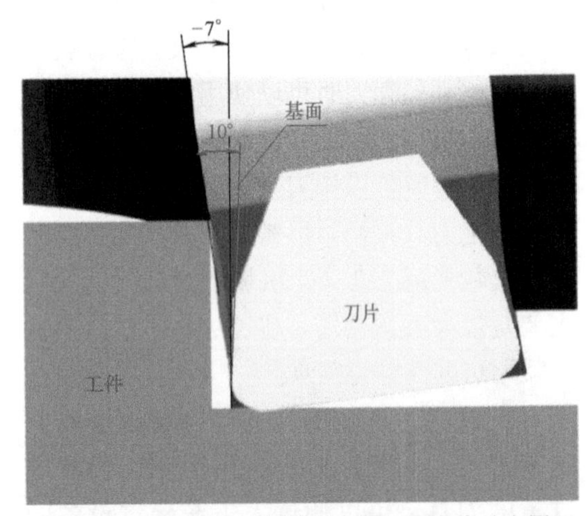

图 2-10 可转位铣刀的前角（图片源自肯纳金属）

图 2-11 前面波形刃的整体铣刀（图片源自肯纳金属）

刀。这种铣刀通过前面的波形形成交变的前角，能在切削钛合金等难加工材料时帮助断屑。

一般而言，刀具的前角越大，刀具的锋利性越好，切削轻快，切削力和切削热都小，排屑流畅，但刃口强度低，散热体积小，容易崩刃。

• **后角的影响**

可转位刀具的后角等于刀片在正交平面中的后角与刀杆在正交平面中的前角之差。即

$$\alpha_{o\,刀具}=\alpha_{o\,刀片}-\gamma_{o\,刀杆} \quad (2\text{-}2)$$

同样在图 2-10 中，刀片为正反两面可用的负型，即刀片后角为 0°（$\alpha_{o\,刀片}$=0°），$\alpha_{o\,刀具}$=0°–（–7°）=7°，故该铣刀的合成后角为 7°。

刀具后角的数值合理与否直接影响加工表面的质量、刀具寿命和生产率。它的主要功用是减小后面与加工表面之间的摩擦。

铣刀后角大的能减少摩擦，从而提高加工表面质量；切削刃比较锋利；后面磨钝标准 *VB* 相同时磨损体积大，有利于提高刀具寿命（参见图 2-12）。但大的后角在相同磨损体积时 *NB* 较大，而 *NB* 大将导致工件尺寸变化大，因此在精加工不宜采用；同时后角大与前角大一样，有降低刀头强度、减少散热体积、容易崩刃等缺点。

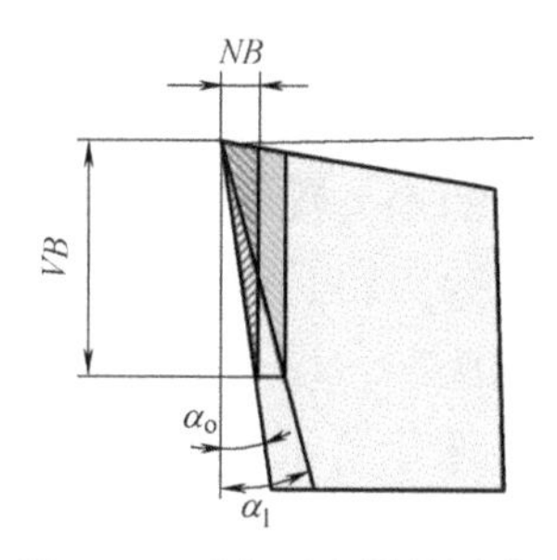

图 2-12　后角对磨损的影响

• **主偏角的影响**

主偏角是铣刀的主要参数，它对切削力的分配、可用切削深度、切削层的形状、平均切屑厚度等都有影响。对可转位刀具而言，刀体的主偏角就是刀具的主偏角。

图 2-13 显示了几种不同的主偏角及其对切削力分配的影响。图 2-13a 中的 10° 主偏角将切削力的大部分指向了主轴，即轴向切削力较大而径向切削力较小，这样的切削力分配对于需要小径向力的加工（如刀杆悬伸较长、薄壁工件等）比较有利；而图 2-13d 中的 90° 主偏角则将相当的切削力引向铣刀的径向，它对于需要小轴向力或垂直台阶的加工很有必要，对于薄底（本书将垂直于刀具轴向的薄壁称为薄底）工件非常合适。图 2-13c 中的 45° 主偏角则表现了轴向和径向切削力的平衡，可以用于大部分平面加工。

不同的主偏角对可转位铣刀的可用切削深度有较大影响。当采用较小的主偏角时，刀片的可用最大切削深度可能非常小，

同样的加工余量就需要更多的进给次数；而较大的主偏角却能用较大的可用切削深度得到较少的走刀次数。建议的切削深度是不超过刀片刃口长度（不考虑刀尖圆角或修光刃）的2/3（图2-14的红色尺寸）。

图2-15表示了不同主偏角的刀具对切削层截面参数的影响。当主偏角加大时，切削层将变得窄而厚，这种结果将使切削刃负荷更加集中，切屑变厚则可能加剧前面上的月牙洼磨损。

至于主偏角对平均切屑厚度的影响，实际上是通过对切削层截面参数的影响来实施的。总体而言，主偏角越小，平均切屑厚度越小；主偏角越大，平均切屑厚度就越大。不同主偏角对平均切屑厚度的影响请参见本书第1章的图1-39。

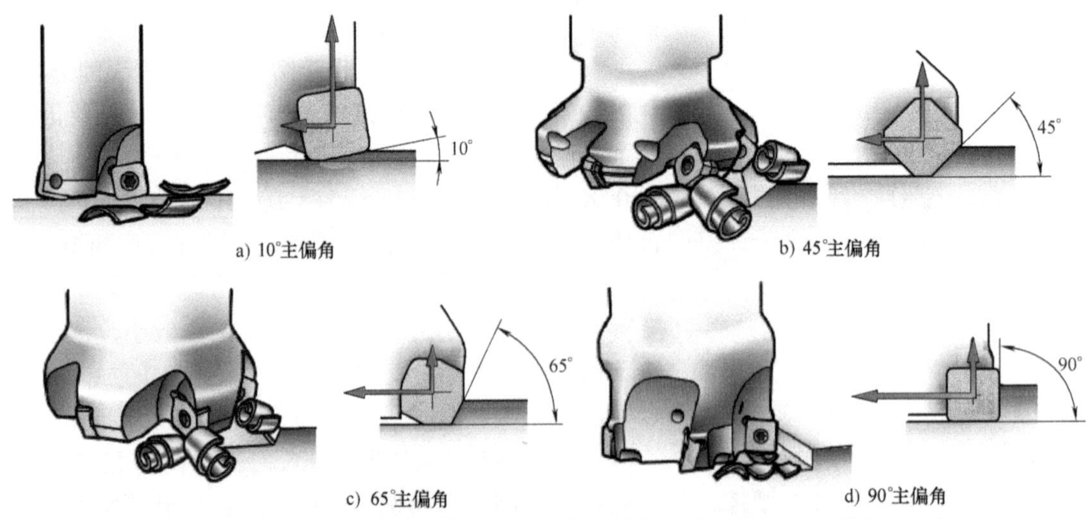

a) 10°主偏角　b) 45°主偏角　c) 65°主偏角　d) 90°主偏角

图2-13　不同主偏角的铣刀及其对切削力分配的影响（图片源自山特维克可乐满）

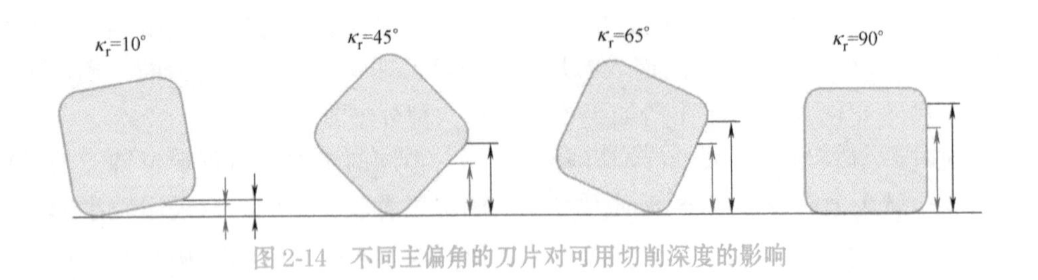

图2-14　不同主偏角的刀片对可用切削深度的影响

不同主偏角对切削残留面积的影响如图 2-16 所示。如图 2-16a 所示是两种不同主偏角的铣刀，左侧的是瓦尔特 F4045 铣刀（七个角的刀片，主偏角 45°），右侧是瓦尔特的 F3042 铣刀（85° 刀尖角，主偏角 90°），图 2-16b 则是两种铣刀残留面积对比。在其他条件相同或相似的情况下，F4045 铣刀的主偏角较小，残留面积也较小。

• **副偏角的影响**

铣刀刀体上一般不标注副偏角，刀具的副偏角由刀体的主偏角与刀片的刀尖角共同决定。即

$$\kappa'_{r\,刀具}=180°-\varepsilon_{r\,刀片} \tag{2-3}$$

关于刀片的刀尖角，将在下一节刀片的影响中作介绍。这里，主要讨论一下不同副偏角对切削残留面积的影响。图 2-17 是瓦尔特的两种铣刀，图中左侧是装八边形刀片、43° 主偏角和 2° 副偏角的 F4080，右侧是装用正方形刀片、45° 主偏角和 45° 副偏角的 F4033，显然副偏角大的 F4033 的残留面积更大。

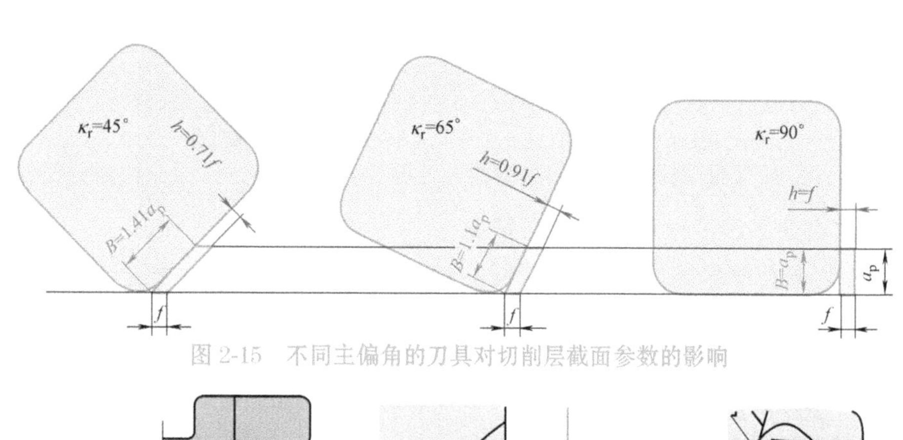

图 2-15　不同主偏角的刀具对切削层截面参数的影响

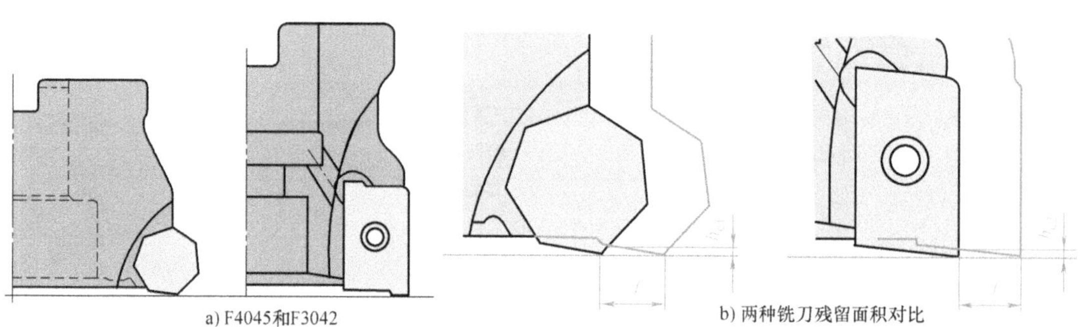

图 2-16　不同主偏角对切削残留面积的影响

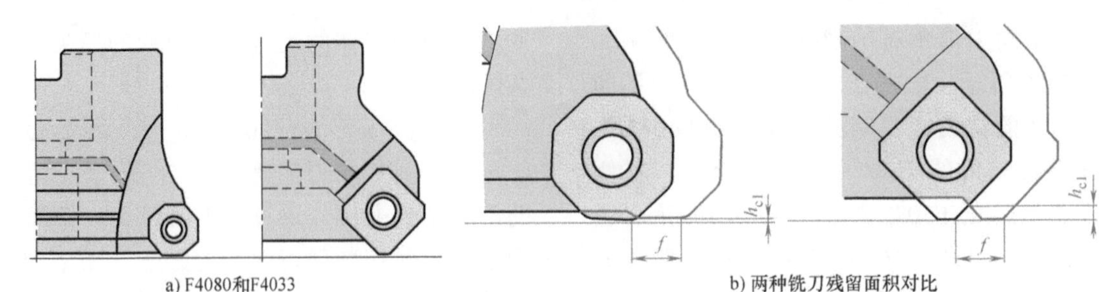

图 2-17 不同副偏角对切削残留面积的影响

◆ 铣刀尺寸的影响

• **铣刀长度和直径的影响**

铣刀的长度和直径主要影响的是铣刀的刚性。但是，这个直径通常不是指铣刀刀盘的直径 D_c（见图 2-18），而是铣刀系统主要部分中较小的直径 d。

同时，这个直径对刚性的影响比长度稍大。这就是说，当长径比相同时，如果在小直径测试刚性够，可以将结论推理到较大直径；而如果在较大直径测试刚性够，不能将结论推理到较小直径。

另外一个需要说明的是铣刀直径的定义。通常，是以刀具的“刀尖”处测量的直径作为铣刀直径而不是以刀盘大径作为铣刀直径，如图 2-18 所示。铣刀的长径比（L/D_c）对铣刀的刚性有着很大的影响。

图 2-19 表示在长悬伸的铣刀端部受到力 F（通常是径向的切削抗力）的作用，刀杆发生的变形量 δ。这个变形量的大小与铣刀的长径比关系密切。

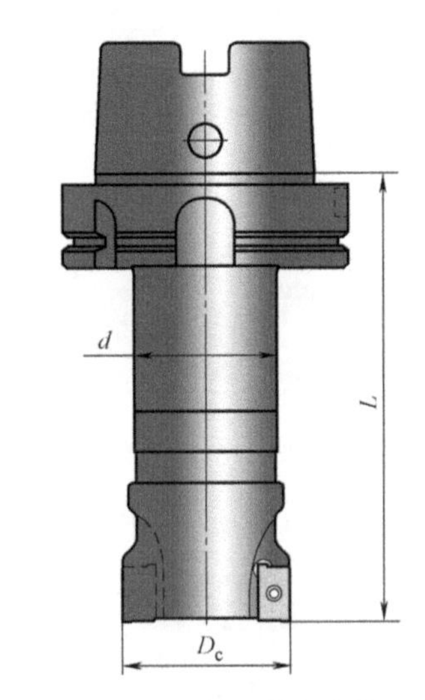

图 2-18 铣刀的长径比

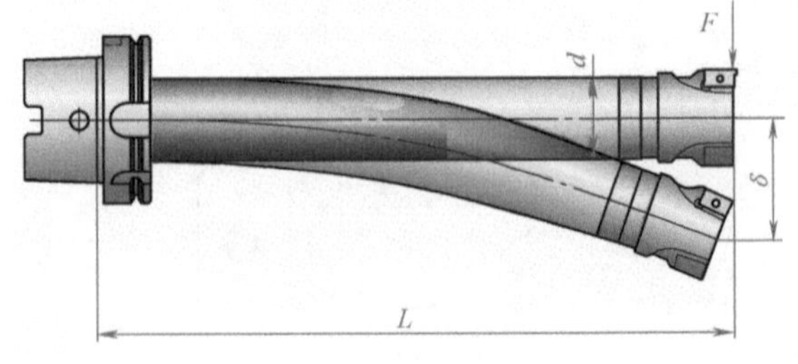

图 2-19 铣刀的变形

正如前面所说，在长径比中直径的影响要稍大于长度。如果将同样的载荷加到更细的刀具上，其变形会非常大，见表 2-1。

表 2-1 （单位：mm）

刀杆直径 d	50mm		
载荷 F	2000 N		
长度 L	400	300	150
长径比	$8d$	$6d$	$3d$
挠度 δ	0.66	0.28	0.03

表 2-2 表明，当直径减至原直径（50mm）的 80%（40mm）时，挠度 δ 将增加到原来的近 2.5 倍，当直径减至原直径的 64%（32mm）时，挠度 δ 将增加至原来的 6 倍，而当直径减少到原来的 50%（25mm）时，挠度 δ 将增加至原来的 16 倍。因此，从提高刀具刚性的角度看，应该选用直径比较大的刀具，哪怕只增加一点，也会对改善刚性有明显的帮助。

表 2-2 不同直径的变形量（单位：mm）

L	300			
d	50	40	32	25
F	2000N			
δ	0.28	0.68	1.67	4.47

铣刀直径、长度对刚性的综合影响如图 2-20 所示。

• **铣刀齿距的影响**

铣刀作为多齿刀具，其尺寸中有一个与其他常用刀具不同的参数：齿距。

齿距是指铣刀两个刀齿的间距（通常用弧长表示）。但这个参数如果直接用数据表达，大部分刀具使用者会比较迷茫，不知什么样的齿距是较大的，而什么样的齿距又是较小的？因此，刀具制造者常用粗齿、中齿（又称普通齿）、密齿（又称细齿）来描述，图 2-21 是瓦尔特的几种齿距铣刀。

铣刀齿距并无统一的标准，其各种齿距的描述一般为约定成俗。作者根据所收集的资料和自身的经验，对可转位铣刀的各个齿距大致范围介绍于下。

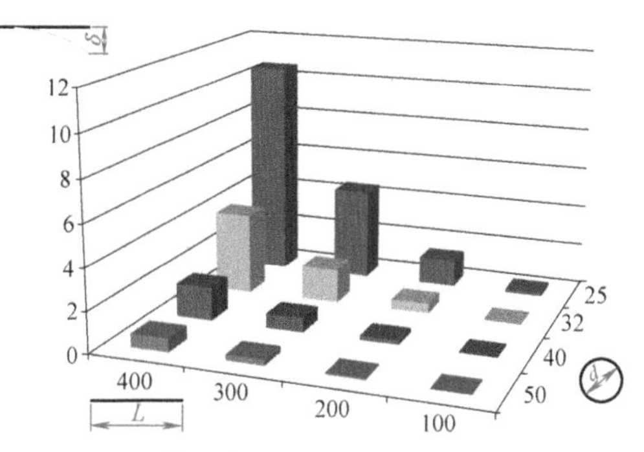

图 2-20 铣刀直径、长度对刚性的综合影响

图 2-21 几种齿距铣刀

□ 粗齿铣刀

粗齿铣刀又称疏齿铣刀，粗齿铣刀的直径（以 mm 计）与齿数之比通常大于等于 17（弧齿距大于 53mm）。这意味着每 100mm 的直径上不超过 6 个刀齿（通常是 4 ～ 6 齿，见图 2-22a）。粗齿铣刀通常适用于普通机床的大余量粗加工和软材料或切削宽度较大的铣削加工；当机床功率较小时，为使切削稳定，也常选用粗齿铣刀。

□ 中齿铣刀

中齿铣刀又称普通齿铣刀，其直径（以 mm 计）与齿数之比通常介于 12 与 17 之间（弧齿距介于 26 ～ 53mm）。这意味着每 100mm 的直径上有 8 ～ 12 个刀片（见图 2-22b）。中齿铣刀是通用系列，使用范围广泛，具有较高的金属切除率和切削稳定性。

□ 密齿铣刀

密齿铣刀又称细齿铣刀，其直径（以 mm 计）与齿数之比不超过 12（弧齿距小于 26mm）。这意味着每 100mm 的直径上有 12 个齿或者更多（通常是 16 ～ 20 齿，见图 2-22c）。密齿铣刀主要用于铸铁、铝合金和有色金属的大进给速度切削加工。在专业化生产（如流水线加工）中，为充分利用设备功率和满足生产节奏要求，也常选用密齿铣刀。

□ 不等齿距铣刀

有些铣刀具有不相等的齿距（又称不等分齿），这是为了减少切削中的振动。

图 2-23 是某不等分齿铣刀布齿示意图。案例原先使用普通的等分齿铣刀，由于工艺系统刚性不佳，在切削中屡屡出现较大幅度的振动（见图 2-24 的红色部分）。在采用了类似于图 2-23 的不等分齿铣刀之后，

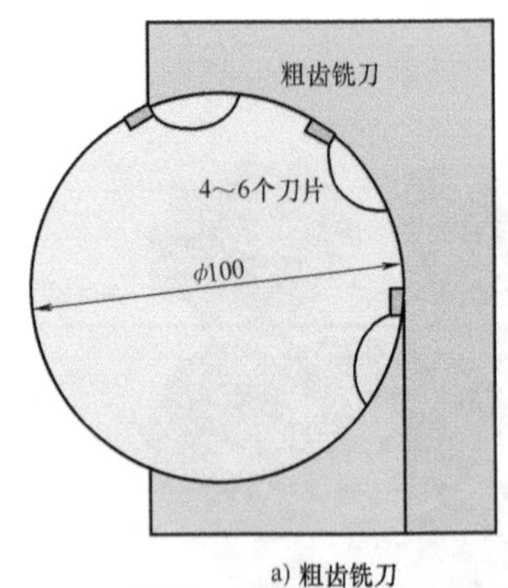

a) 粗齿铣刀
每100mm直径拥有大约4～6个刀片

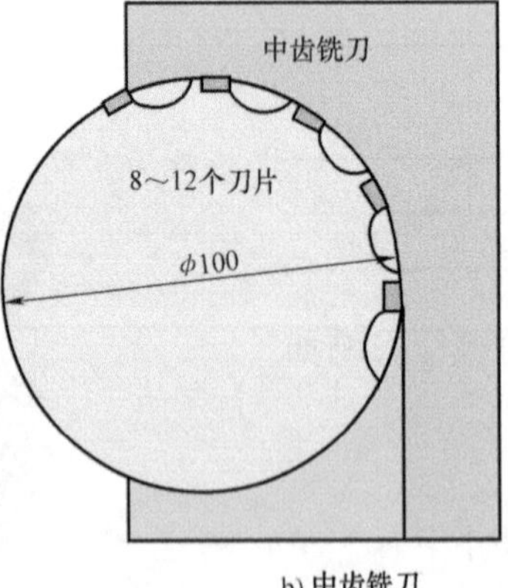

b) 中齿铣刀
每100mm直径拥有大约8～12个刀片

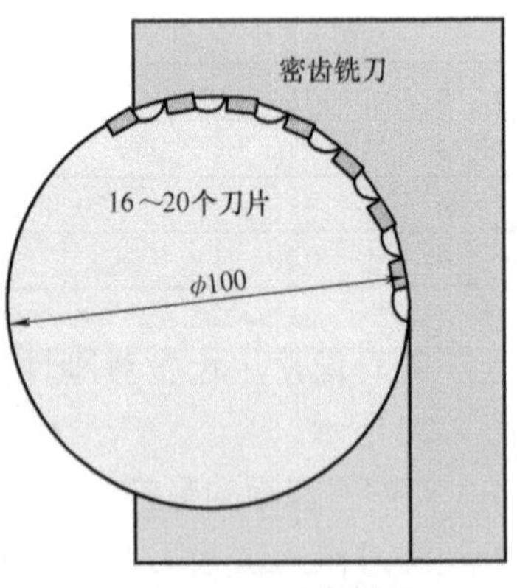

c) 密齿铣刀
每100mm直径拥有大约16～20个刀片

图 2-22 直径、齿数与齿距关系图

由于不断变化的齿距，铣削时不同频率的振动能量相互抵消，减轻了振动所产生的危害（见图 2-24 的绿色部分）。

图 2-25 是 HANITA 不等分齿铣刀。

◆ 铣刀刀片装夹方式的影响

常用的可转位铣刀，按刀片承受主要切削力的方式，可分为平装刀片（又称径向布齿）和立装刀片（又称切向布齿）两种，如图 2-26 所示。

平装铣刀使用时在切削力方向的硬质合金截面较小，故平装结构的铣刀一般用于轻型和中量型的铣削加工（见图 2-27b，图中红色箭头表示受力方向，蓝色尺寸表示受力方向硬质合金厚度）。

平装铣刀的容屑槽通常比较深，齿距一般会较大，容屑槽较大较深（见图 2-27 黄色部分），但刀具横截面中心的实体部分较少（见图 2-27 绿色部分），刚性相对不足。

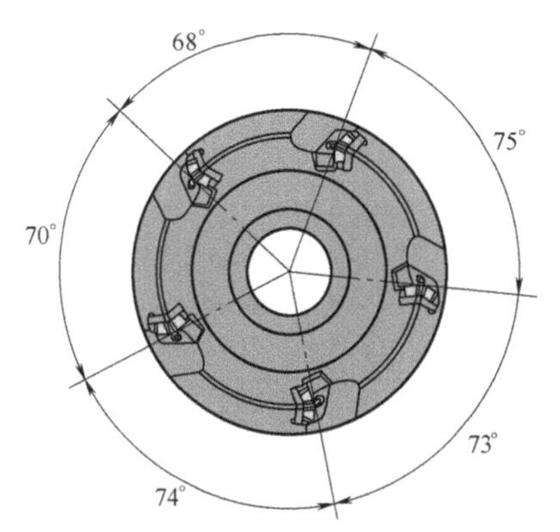

图 2-23　某不等分齿铣刀布齿示意图
（图片源自肯纳金属）

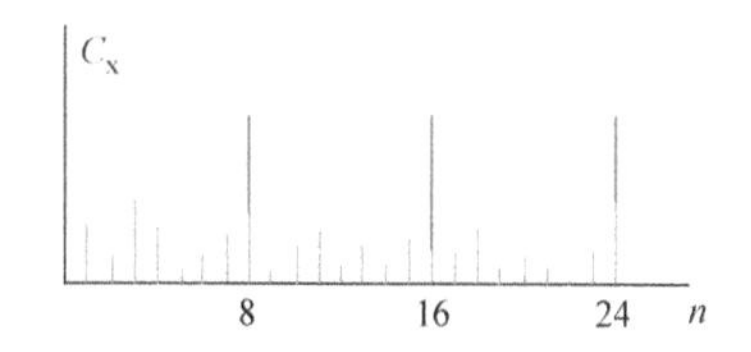

图 2-24　不等分齿铣刀布齿谐振图

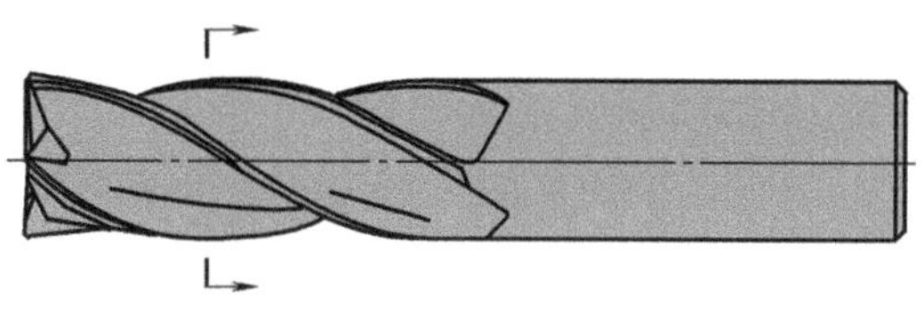

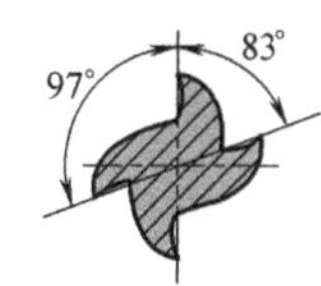

图 2-25　HANITA 不等分齿铣刀

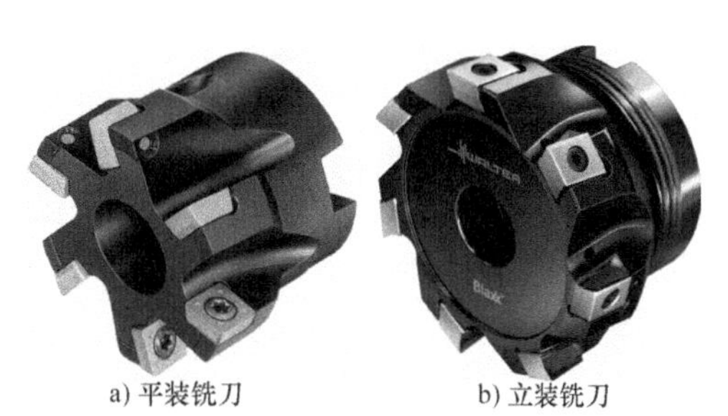

a) 平装铣刀　　b) 立装铣刀

图 2-26　铣刀刀片安装方式

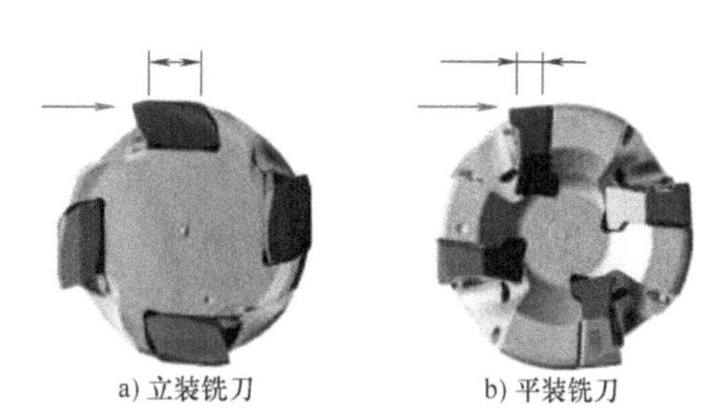

a) 立装铣刀　　b) 平装铣刀

图 2-27　刀片安装方式对照简图
（刀具图片源自山高刀具）

另外，立装方式与平装方式相比，刀体的螺孔强度也会比较高（见图 2-28）。图中可以看出，立装刀片锁紧螺钉周边刀体厚度都比较足够，螺钉锁紧后刀体不易发生损坏；而平装刀片则有可能在某些接近刀体外圆的部分螺孔壁与刀体外圆距离过近，刀体强度不是很够。

如图 2-29 所示为立装刀片与平装刀片在螺钉锁紧的方便性对比。立装刀片在装卸刀片时螺钉旋具比较自由，不受四周物体约束，而平装刀片（尤其是较小的齿距如中齿或细齿时），螺钉旋具常常需要靠紧前一个刀齿的齿背，有时齿背上甚至有为螺钉旋具通过而专门开出的槽。

◆ 刀片夹紧方式的影响

铣刀刀片的夹紧方式以螺钉夹紧方式和楔形夹紧方式较为常见，但也有使用压板夹紧、拉紧或其他夹紧方式的。

螺钉夹紧方式如图 2-30 所示。这种夹紧方式的刀片螺钉孔和刀体上的螺钉孔有一个小的偏心距，以使螺钉在开始向刀片施加夹紧力（见图 2-30b 大红色箭头）时，接触点是靠近刀片槽的，而另外靠近刀片刀尖的地方则是有一个小的间隙，夹紧力传递到刀片上就使刀片与刀体在侧面与底面贴合，这就保证了刀片的定位，然后螺钉在材料的弹性范围内产生一个小的弯曲（见图 2-30c），螺钉头的锥面与刀片孔贴合并向刀片施力，从而夹紧了刀片。

a) 立装铣刀

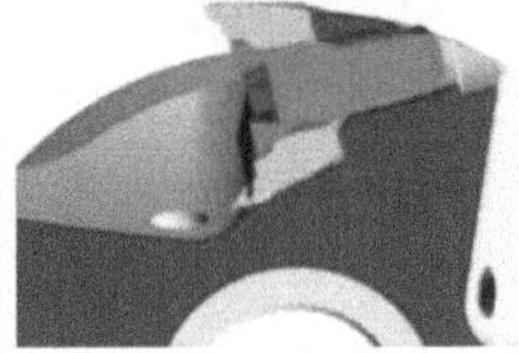

b) 平装铣刀

图 2-28 锁紧螺钉孔周围强度对比

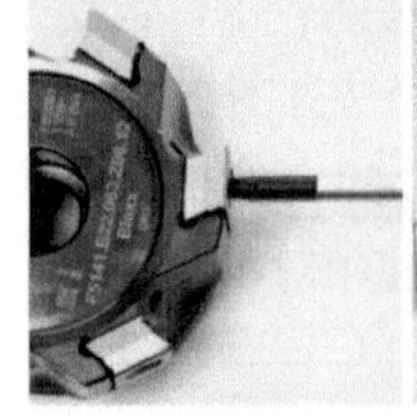

a) 立装铣刀

b) 平装铣刀

图 2-29 螺钉锁紧的方便性对比

a) 螺钉夹紧的铣刀

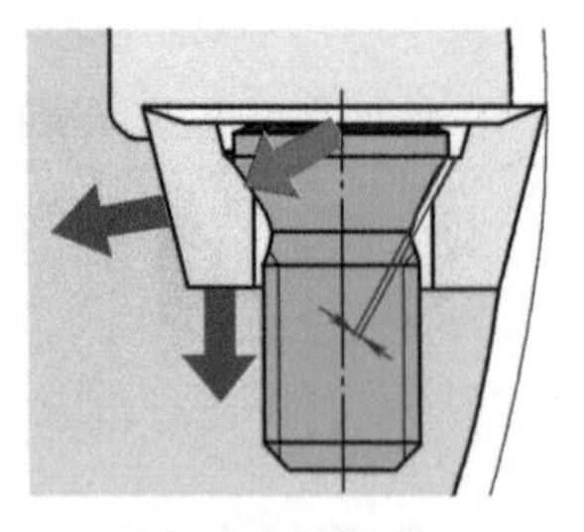

b) 螺钉夹紧的受力简图

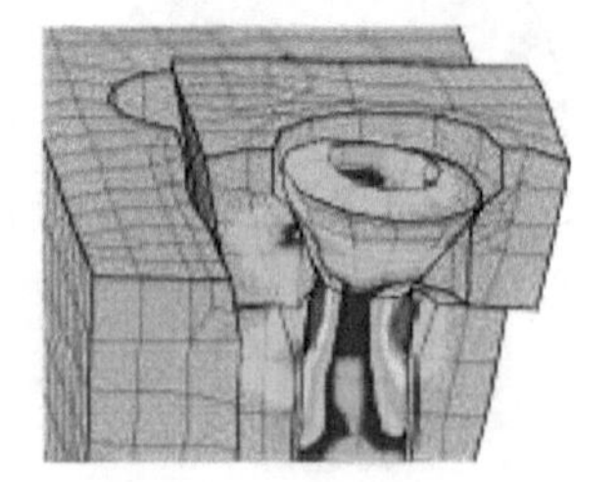

c) 螺钉夹紧的螺钉受力（图片源自山东大学）

图 2-30 螺钉夹紧方式

螺钉夹紧的另一种方式是螺钉倾斜夹紧，即螺钉的轴线与刀片孔的轴线成一个夹角，如图 2-31 所示。并且这种结构使换刀片不用卸下整个螺钉成为可能，从而可以节约换刀片所需要的辅助时间，也在一定程度上避免了更换刀片时丢失螺钉。

第三种螺钉锁紧是直接用螺钉的头部锥角压在刀片的前面上以夹紧刀片，如图 2-32 所示。这种结构的刀片更换时也不用卸下螺钉，因此，同样具有节约时间和不易丢失的优点，同时，图示的螺钉中央设置了冷却通道，可以使切削液直接输送到每个刀片的刃口处，从而改善了刀具的冷却条件。

楔形夹紧是在刀具的前面或后面上以一个楔形的夹紧元件来夹紧刀片的方式。这种夹紧元件可以是楔形块，也可以是带压力平面的一个楔形销。图 2-33 是瓦尔特 F2146 铣刀的楔形夹紧，它使用的是楔形块，作用力施加在前面上。瓦尔特另一种铣刀的楔形夹紧原理如图 2-34 所示，它的夹紧元件则是楔形销。绿色的楔形元件在红色的螺钉作用下向灰色刀体方向移动（大红箭头所指），在刀片的压紧面上产生一个正压力（深红较大箭头所指），和刀片的前面产生一个摩擦力（图上未绘出），从而使黄色的刀片向下、向右靠近刀片槽形成定位和夹紧。

图 2-35 是楔销夹紧方式。图 2-36 是肯纳金属的一种压板夹紧方式，和楔形夹紧方式一样，压板夹紧方式也可以用来夹紧无孔刀片。例如肯纳金属的这个例子，就是用来夹紧其晶须增韧的陶瓷刀片的。

图 2-37 是肯纳金属的 FixPerfect 铣刀。

图 2-31 螺钉倾斜夹紧及装夹视频二维码（图片源自 Safety）

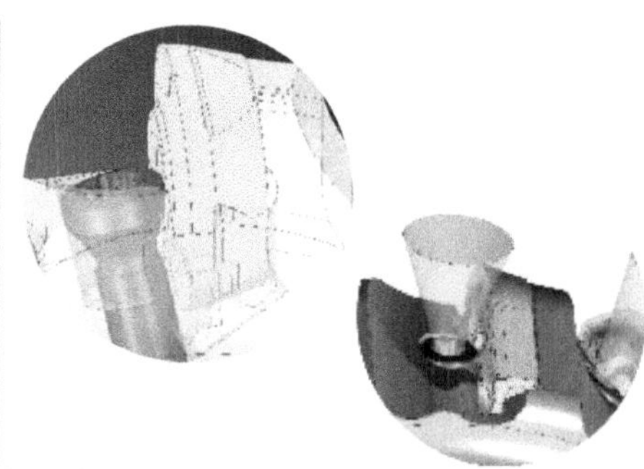

图 2-32 螺钉头直接夹紧刀片（图片源自 Safety）

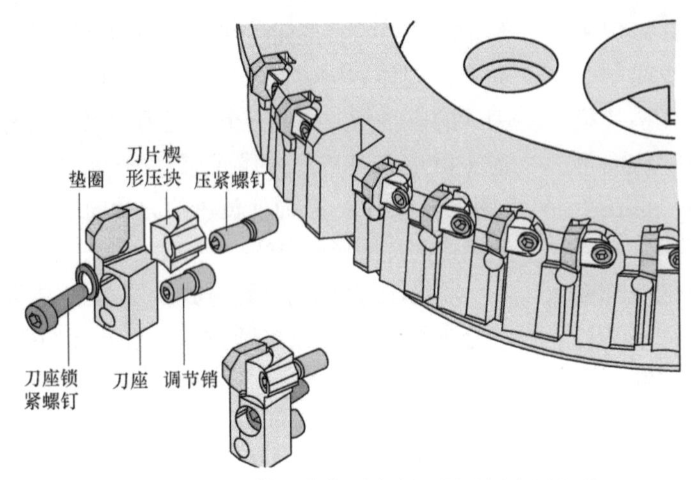

图 2-33 F2146 铣刀的楔形夹紧（图片源自瓦尔特）

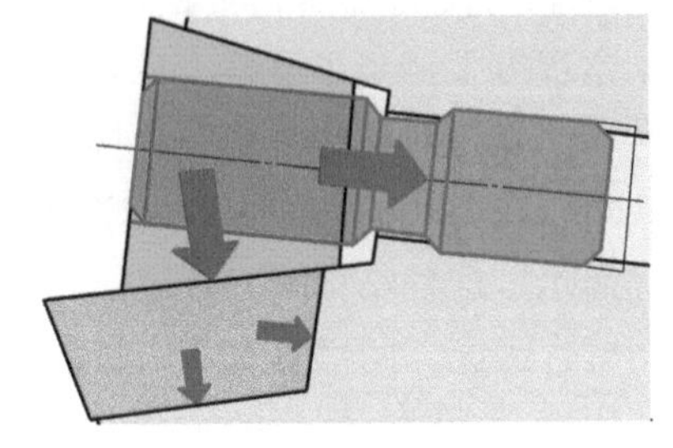

图 2-34 楔形夹紧原理

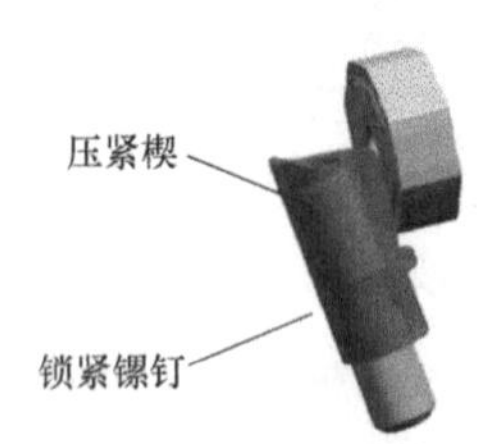

图 2-35 楔销夹紧方式

图 2-36 压板夹紧方式

图 2-37 FixPerfect 铣刀（图片源自肯纳金属）

这种铣刀采用类似于折弯的大头钉的夹紧元件来夹紧刀片（见图 2-38）。折弯的大头钉的后部有个缺口，锁紧螺钉的端面就将夹紧力作用在这个缺口上。

实践证明，这种铣刀承受切削力的能力是很强的。还有研究表明，这样的铣刀结构在刀具高速旋转的条件下，其安全性要好于螺钉夹紧的平装铣刀。另外，这种铣刀也有方便的轴向圆跳动调整结构，关于这一点后面再介绍。

◆ 铣刀微调结构的影响

在有些时候，为了保证铣刀轴向位置的一致性，或者为了保证某个（或某几个）刀片的轴向位置要高于其他刀片一个准确的值，在有些铣刀上的某些齿上要有轴向位置的微调结构。

对于金刚石刀片的铣刀，一般要求所有刀齿的轴向位置一致（误差不超过 0.003mm 为佳，一般不要超过 0.005mm），这就需要安装金刚石刀片的铣刀每个刀齿都具有轴向位置调节装置，以方便在刀具使用前进行精确调整。

对于精加工的可转位铣刀，一般要求有一个或几个精加工齿。这些精加工齿通常具有 0° 的副偏角，需要在直径方向略小于铣刀有效直径 D_c（见图 2-18，一般由铣刀制造商在结构上保证），而在轴向需要突出其他刀片的端刃所在平面，高出其他刀片 0.04 ～ 0.08mm（视不同工件材料而定，常规是材料较硬时高出量偏小值，而材料较软时突出量偏大值），这就需要在这些精加工齿上设置轴向调节装置，图 2-37 中铣刀左起第二个刀齿就具有这种调节装置。

图 2-39 是瓦尔特的 F2010 面铣刀的调节装置。这一装置的核心在于图中橙色的偏心调整螺钉。通过拧动这一偏心调整螺钉，其上部的弧边偏心柱体会推动刀座向右侧移动，从而实现铣刀切削刃轴向位置的调整。

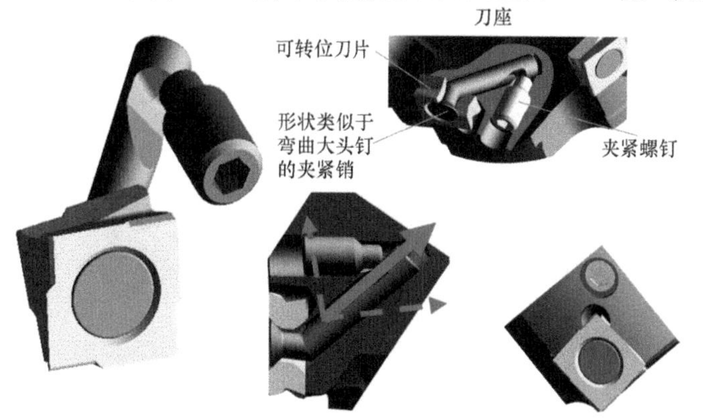

图 2-38 FixPerfect 的夹紧结构（图片源自肯纳金属）

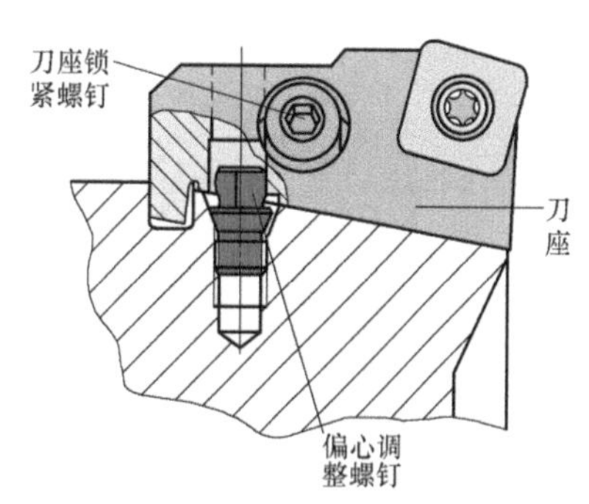

图 2-39 F2010 面铣刀的调节装置

图 2-40 是瓦尔特的 F2252 三面刃铣刀的调节装置。通过拧动图中红色的偏心销，其前部的偏心圆柱（嵌在刀座背面的槽中）会带动刀座左右移动（刀座背后带有导向的锯齿，使刀座只能左右移动），从而调节三面刃铣刀的宽度。

图 2-41 的瓦尔特 F2080 铣刀是一种主要使用金刚石（PCD）刀片的铣刀，这种铣刀需要精细的刀齿轴向调节装置。图中的调节装置是使用绿色的带有小锥度倒锥的螺钉来进行调节。通过拧动锥度螺钉，可以使刀齿在轴向精准调节。

图 2-42 是瓦尔特 F4050 铣刀及调节装置的示意。F4050 安装了焊有金刚石刀片的刀座，在刀座的底部设有轴向精调装置。这个调节元件是楔形的，有点类似于图 2-35 的压紧楔。通过旋转调整楔孔内的螺钉，调整楔向刀具轴向方向移动，其楔形使刀座产生轴向移动，从而完成铣刀刀齿的轴向调整。据瓦尔特刀具资料，该铣刀可以实现 0.001mm 级的调整，调整范围为 0.8mm。

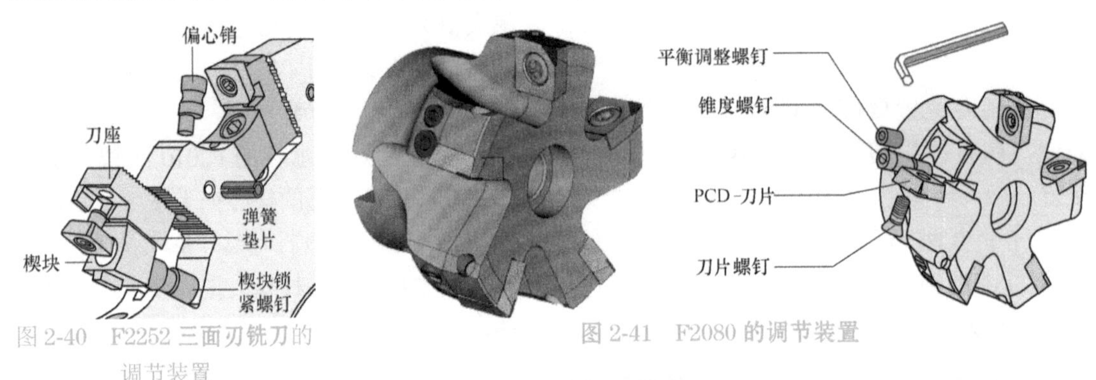

图 2-40　F2252 三面刃铣刀的调节装置

图 2-41　F2080 的调节装置

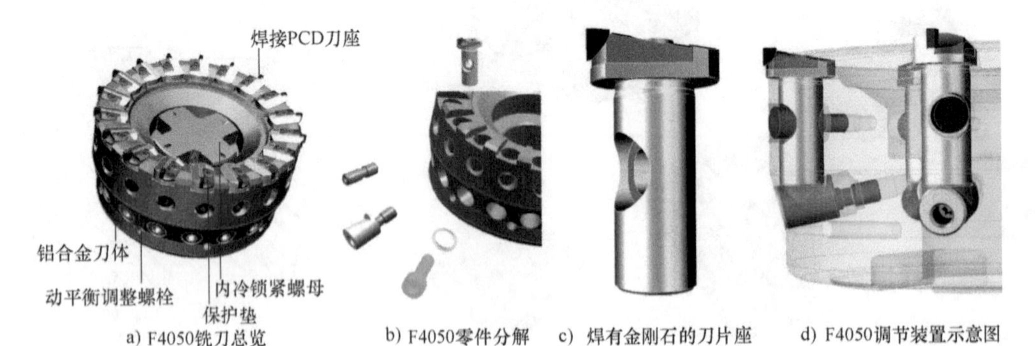

a) F4050铣刀总览　b) F4050零件分解　c) 焊有金刚石的刀片座　d) F4050调节装置示意图

图 2-42　F4050 铣刀及其调节装置

图 2-43 是山高刀具 R220.48-09 面铣刀及其调整装置。该铣刀用带有倾斜削平面的圆柱体作为调节单元，原理上与图 2-42d 的调节装置基本相同。

图 2-37 中的肯纳金属的 FixPerfect 铣刀调整装置，如图 2-44 所示，该装置与调节有关的主要元件是调节楔块套和调节螺钉。调节楔块内有个带锥孔的空洞，当绿色的调节螺钉拧入时，其头部的锥度将调节楔块套上的窄缝胀开，调节楔块套的前部将刀片向图示的下方推，以达到轴向调整的目的。

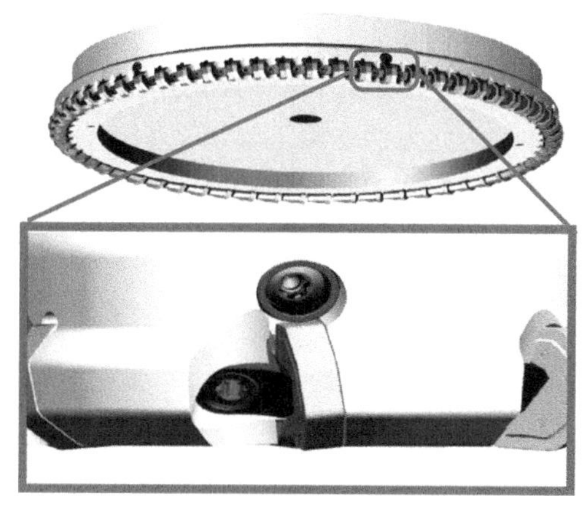
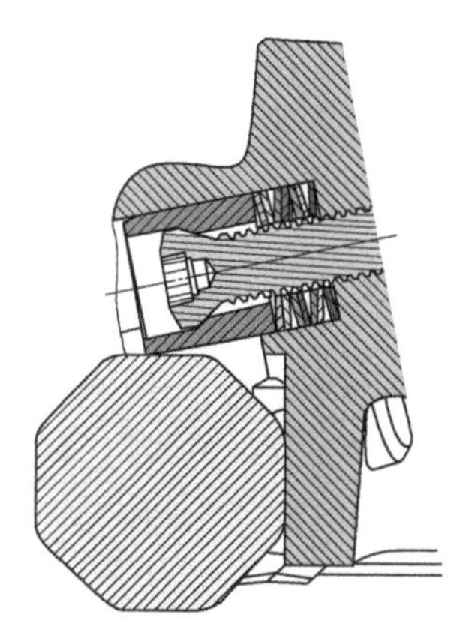

图 2-43　R220.48-09 面铣刀及其调节装置（图片源自山高刀具）

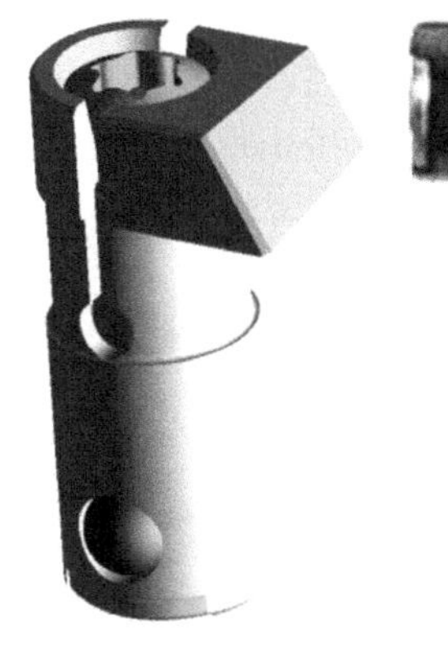

a) 调节楔块套

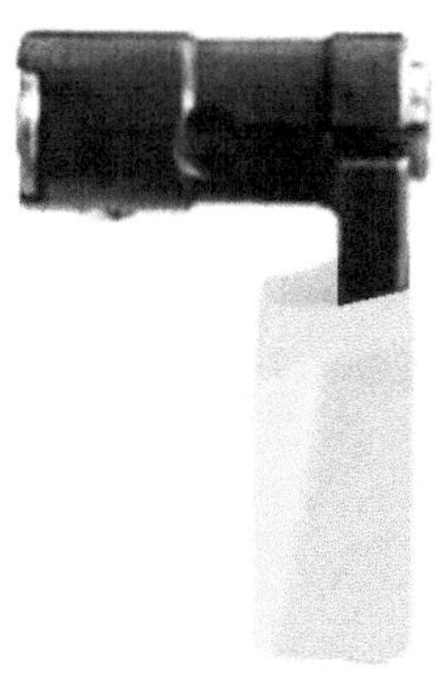

b) 调节楔块套与刀片

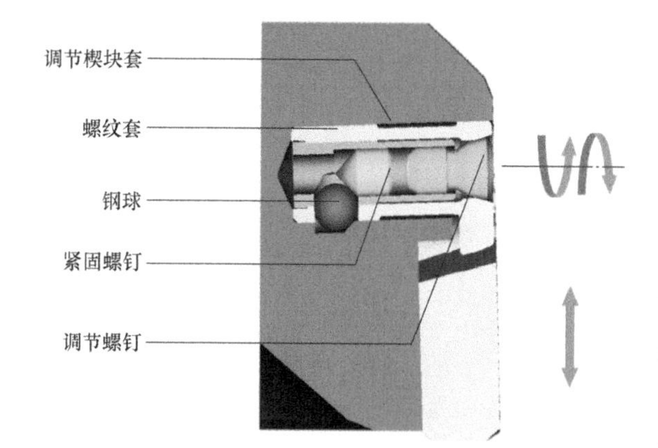

c) 装置示意原理图

图 2-44　FixPerfect 调节装置（图片源自肯纳金属）

这里需要指出的是这些形式各异的调节装置有一个共同的特点，就是调节只能由轴向尺寸较小调向轴向尺寸较大，反向调节无效。一般的调节方式是：先将刀座按规定转矩拧紧（不可超过必要转矩），然后再进行调整。如果是金刚石铣刀类中所有刀齿需要调整得一样高，应在所有刀座都基本拧紧的状态下，先找到最高的一齿，将该齿向上升一个微量（无特别数值要求，目的是消除调整件与刀座或刀片之间的间隙），然后以此为基准将其他齿调到要求的值。只需要调一个齿的，也应该使调整前的刀齿低于要求的位置，然后调整到要求的位置，这是要保证消除间隙，防止刀片在受到切削力后退后脱离正确位置。

◆ 铣刀刀片位置辅助约束的影响

有些铣削，尤其是高速铣削和模具型腔铣削，为了安全，会有一些铣刀刀片的位置辅助约束，也就是不让刀片在切削过程中产生旋转、滑移，保证刀片不至于在高速旋转中飞出来，因为高速飞出来的刀片可能具有相当大的冲击力，甚至能与一颗手枪子弹相提并论。

图 2-45 是瓦尔特的 F2339 铣刀刀片及其安全装置。该铣刀的刀片背面有小直径的不通孔，而刀杆刀片槽的底面有凸台。安装刀片时，刀片上的小孔需要套在刀片槽的凸台上才行。这个凸台既可以防止刀片安装的位置错误（其刀片上的两个刃口是不一样的，一个刃口能过铣刀轴线而另一个不能，换刃口时不是在原地转位而是需要换到另一个刀片槽上），又能防止刀片转动，还能防止高速旋转时螺钉被剪断导致刀片飞出。

图 2-46 是瓦尔特的 F2234 圆刀片铣刀。这类铣刀在模具加工中很常见，在发电设备等的叶片加工中的应用也很广泛。由于一些叶片需要承受高温，常常使用高温合金制造，因此切削力和切削热都很高，刀片在切向力的作用下容易发生转动，这种转动常常导致刀具的损坏。瓦尔特的 F2234 铣刀改变

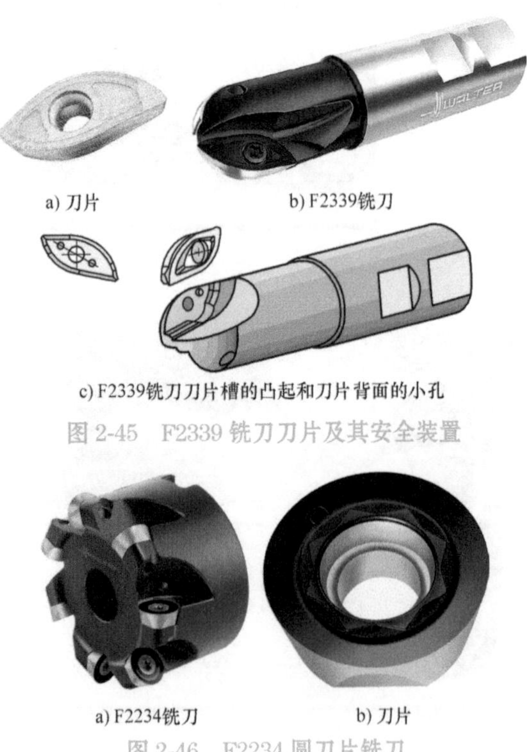

a) 刀片　b) F2339铣刀

c) F2339铣刀刀片槽的凸起和刀片背面的小孔

图 2-45　F2339 铣刀刀片及其安全装置

a) F2234铣刀　b) 刀片

图 2-46　F2234 圆刀片铣刀

了过去刀片完全圆形不设专门防转动结构的设计，在刀片的后面上磨出四个平面，在刀体上加工出相应的平面，使刀片不再发生转动。图 2-47 中山高刀具的 Power4 圆刀片铣刀与瓦尔特的 F2234 圆刀片铣刀非常相似。

圆刀片的约束除了这类较为简单易行的磨出平面外，在刀片的后面上做出凹槽并在刀体上安排销钉也是一种较多采用的方法。图 2-48 是肯纳金属的圆刀片铣刀 KSRM，它就是采用刀片凹坑 + 定位销钉的方式来实现的。

图 2-49 的肯纳金属负型圆刀片铣刀 RODEKA，它是用刀片底面上的凸台来做这种辅助约束，这个凸台上的标号也有作用，但这点留到在稍后的“刀片的影响”中介绍。

负型圆刀片铣刀的刀片两面都有小的半圆柱状凸台（图中红圈、红实线），刀体上则有半圆的凹坑（图中绿色虚线及弧角长方形），使用时相邻的两组凸台镶嵌在凹坑里，就能起到辅助约束的作用。

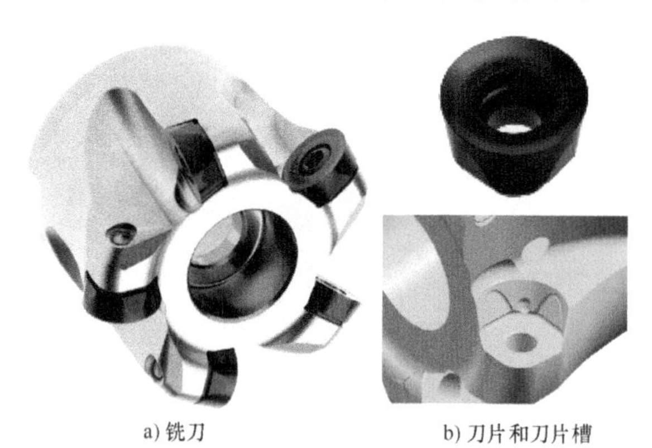

a) 铣刀　　b) 刀片和刀片槽

图 2-47　Power4 圆刀片铣刀
（图片源自山高刀具）

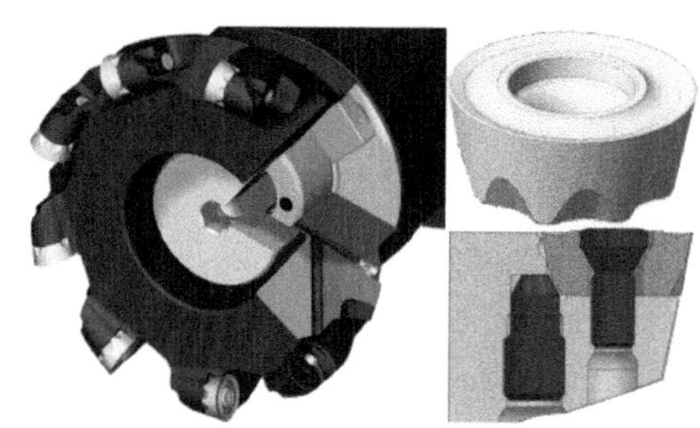

图 2-48　KSRM 圆刀片铣刀
（图片源自肯纳金属）

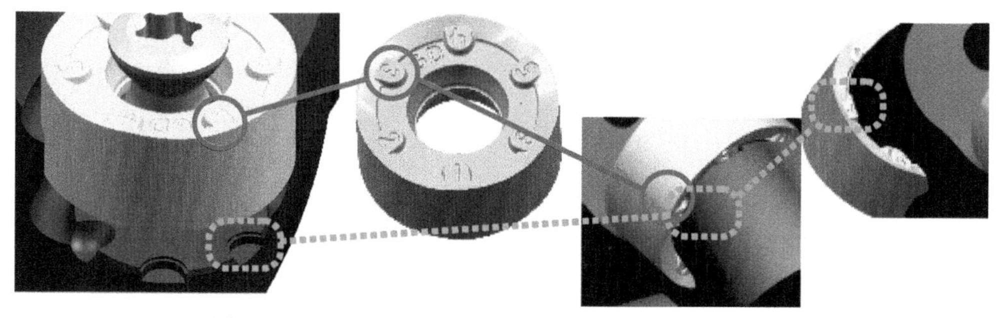

图 2-49　RODEKA 负型圆刀片铣刀（图片源自肯纳金属）

■ **刀片的影响**

刀片是直接用于切削的单元，其性能对刀具的使用影响极大。

◆ 刀片材质的影响

《数控车刀选用全图解》中曾经展示过如图2-50这样一张切削材料性能比较图，这张图定性地表达了各种主流的切削材料的硬度（代表耐磨性）和韧性（代表抗崩刃能力）。在那本书里，较系统地提及了钨基硬质合金（包括钨钴合金和钨钴钛合金）、钛基硬质合金（俗称“金属陶瓷”）、氧化物陶瓷、氮化物陶瓷、立方氮化硼、聚晶金刚石等材料的概况，在本书中对这一部分不再花太大篇幅介绍，需要的读者可以去查阅。

回顾刀具的发展历程，可以说刀具切削速度的提高，主要是伴随着刀具材料的进步。从图2-51中，可以一窥切削材料与切削速度的发展简史。

那些刀具材料能够承受更高切削速度（v_c）的主要原因，是它们能在更高的温度下保持高的硬度。在较高切削速度下进行切削时，无论是前面与切屑之间的摩擦，还是后面与已加工表面之间的摩擦都更剧烈，被加工材料变成切屑时的变形能也大，这就会导致切削区域可能有更多的热量产生（高速切削除外，此处不再讨论），如果刀具在这样的条件下软化程度超过工件的软化程度，就无法保持硬度差以完成切削任务。

图2-52表达了一些常用刀具材料在不同温度下的硬度。可以看到，合金工具钢在250℃后的软化就很厉害，而高速钢的大幅软化主要发生在大约600℃后，而钨基硬质合金在1000℃时还具有比高速钢500℃时还要高一些的硬度，立方氮化硼（即CBN或PCBN）即使到2000℃，还能比室温时的硬质合金有更高的硬度。

硬质合金是当今数控机床上应用的主要刀具材料。这里的硬质合金主要是指钨

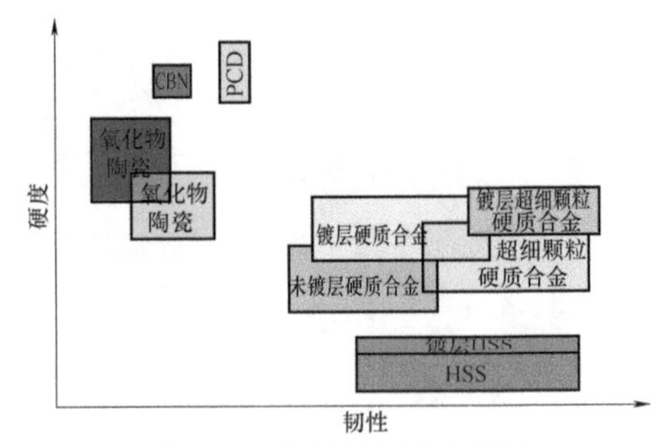

图2-50 切削材料性能比较图

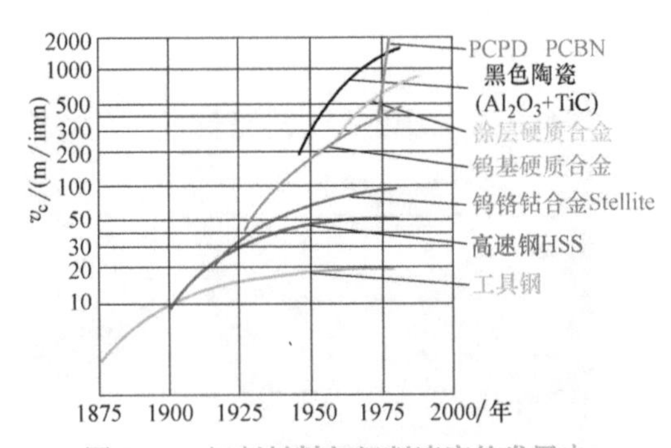

图2-51 切削材料与切削速度的发展史（图片源自肯纳金属）

基硬质合金，包括钨钴硬质合金和钨钴钛硬质合金。钨钴钛硬质合金因含有钛元素，其合金金相（见图 2-53）能构成硬的质点，对抵抗长切屑对刀具前面的磨损很有效，大部分就定义用于钢件的加工，按国际标准 ISO 513:2012（我国现行标准 GB/T 2075—2007，等效采用 ISO 513:2004）的规则，称为 P 类硬质合金。而因为铸铁加工常常形成的是短切屑，对前面的磨损作用不那么强，钨钴合金常常就可以应付这类加工状况，因此，按国际标准 ISO 513:2012（注释同上）定义加工铸铁用的 K 类硬质合金时，大部分也就是钨钴合金（其金相见图 2-54）。对于有色金属（例如铝和铜及其合金），虽说其中有许多的切屑并不短，但由于其强度不高，对刀具的磨损不够强烈，因此，加工有色金属的 N 类硬质合金也多用钨钴合金。

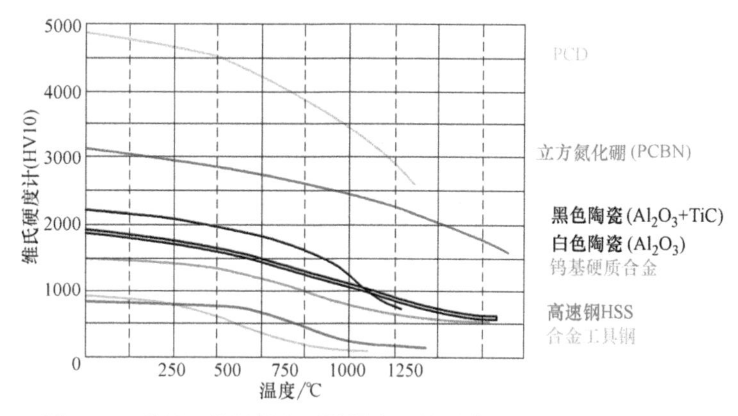

图 2-52　常用刀具材料在不同温度下的硬度（图片源自肯纳金属）

选用硬质合金不仅同钨钴硬质合金或钨钴钛硬质合金这样的大类别有关，还与这些合金的成分有关。图 2-55 是两种典型的钨钴钛硬质合金金相，但图 2-55a 的钨化物（灰色的部分）含量较高，含钛化物（棕色的部分）的硬质点较少；而图 2-55b

图 2-53　钨钴钛硬质合金金相（图片源自肯纳金属）

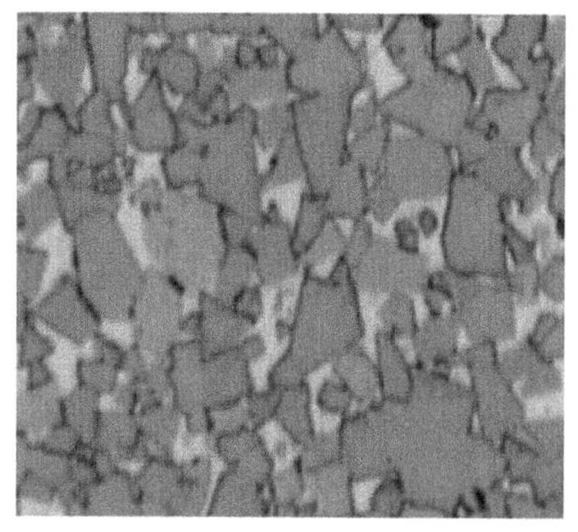
图 2-54　钨钴硬质合金金相（图片源自肯纳金属）

则是含有较多的钛化物。在两者中，图2-55b的高固溶硬质合金抗切屑磨损的能力更强。但铣刀的切削大部分是断续切削（除沿铣刀轴向进给外，大部分都是铣刀每一转的切削时间不超过50%），因此切屑对前面的磨损也不能与车削相比，一般并不需要太高固溶物的硬质合金。

同样由于铣削多为断续切削，铣刀材质的耐冲击能力要求普遍要高于车刀材质。因此，除了适当减少钛化物这样的形成硬质点的成分，适当增加对增强韧性有帮助的作为粘结剂的钴元素之外，细化晶粒成为铣刀材质又一个比较普遍的选择。关于细化晶粒对刀具材质的影响，《数控车刀选用全图解》的表3-6、图3-87及相应文字已有详细介绍，结论是细化晶粒有助于增强刀具材质的韧性。本书的图2-56也表示了钴含量和碳化物颗粒度对材质硬度韧性的影响：就钴含量而言，较高的钴含量硬度较低而韧性较强；就碳化物晶粒度而言，较细的晶粒硬度和韧性都较高，但细晶粒在8%以下的钴含量时，韧性反而不如中等颗粒和粗颗粒。就韧性而言，中等颗粒不太可取，因为它的韧性比粗颗粒和细颗粒都低。

陶瓷是另一类常用的刀具材料。但就目前而言，由于陶瓷总体比较脆，对于断续切削的铣削难度较大。图2-57是瓦尔特的一种氮化硅材质WSN10的刀片及其金相图片。氮化硅陶瓷 Si_3N_4 的金相颗粒结构（右）显

a) 低固溶硬质合金　　b) 高固溶硬质合金

图2-55　钨钴硬质合金金相（图片源自肯纳金属）

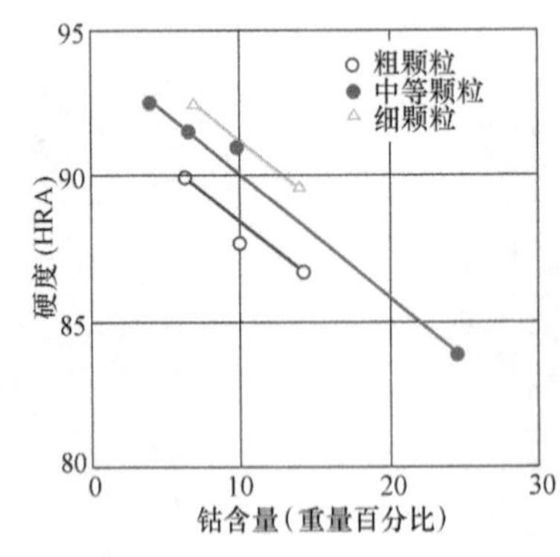

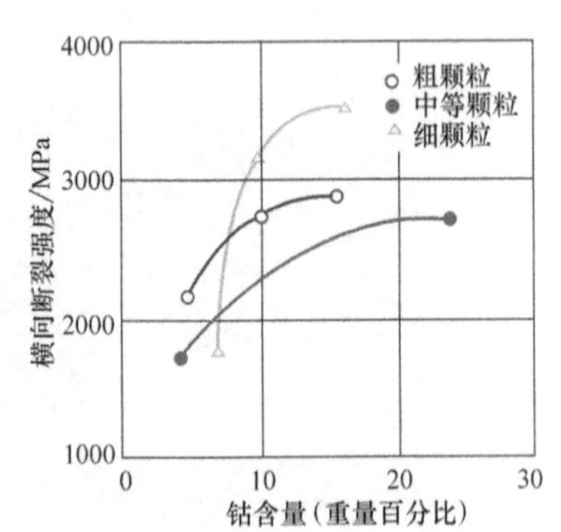

图2-56　钴含量和碳化物颗粒度对材质硬度韧性的影响
（图片源自肯纳金属）

示氮化硅的须状晶体，具有高的韧性、抗热振性及抗冲击性。据介绍，这样的材质切削速度比硬质合金高 3 倍，一般用于粗加工铸铁，甚至在带有断续切削和变化的切削余量等不良的切削条件下也可使用。

另外一种陶瓷是晶须增韧材料（见图 2-58）。据有关资料介绍，某晶须增韧的陶瓷基材是 Al_2O_3 和 ZrO_2，中间有直径约 0.1 ～ 1μm，而长度约 20μm 的 SiC 晶须（见图 2-58 中形状如细杆的部分），属于 α 相—β 相的混合体。而另外一种是硅铝氧氮聚合陶瓷，它是氮化硅中铝元素和氧元素的固体混合物，属于 β 相，有个专有的名称叫“赛龙”（Sialon）陶瓷，图 2-59 中黑色的长条就是 β 相的晶须。

立方氮化硼（CBN/PCBN）和金刚石的材质在《数控车刀选用全图解》中图 3-93 至图 3-95 及相应文字部分有比较详细的介绍，需要了解的读者可以去那里查阅。

◆ 刀片涂层的影响

刀片涂层可以说是刀片的铠甲，它在抵抗磨损、隔绝切削热、方便识别磨损等方面都有着重要的作用。同样，在《数控车刀选用全图解》中也用了较大篇幅来介绍。本书就《数控车刀选用全图解》未涉及的以及编写完成后的涂层新进展再作一些简要的介绍。

图 2-60 是瓦尔特的百层涂层材料 WQM35，这种更适合用于湿加工的材料表面的涂层多达上百层（每层厚度为 50~1000nm）。从技术上说这种多达上百层组成的镀层，在物理气相沉积（PVD）工艺中容易实现，由于在膜层上产生缺口比裂纹扩展所需要的应力大很多，而湿加工时梳状裂纹的产生就形成了许多可以在较低应力下扩

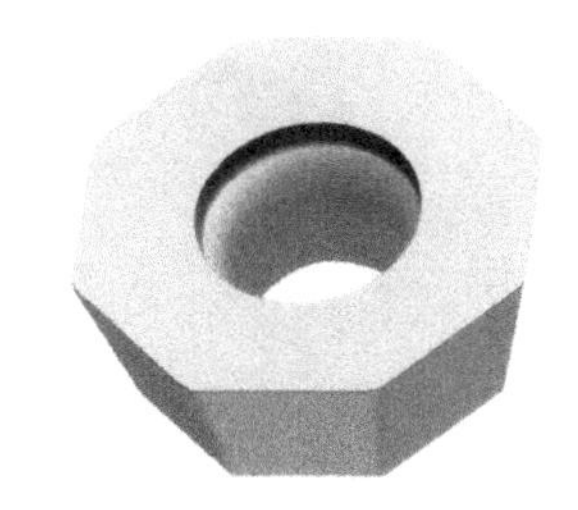

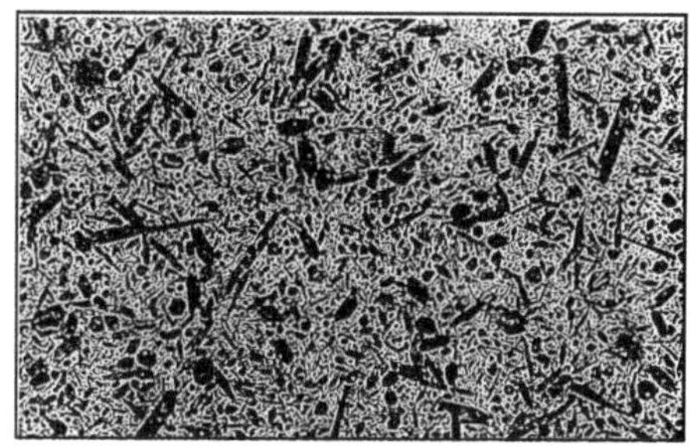

图 2-57　WSN10 刀片及其金相（图片源自瓦尔特）

图 2-58　晶须增韧材质（图片源自肯纳金属）

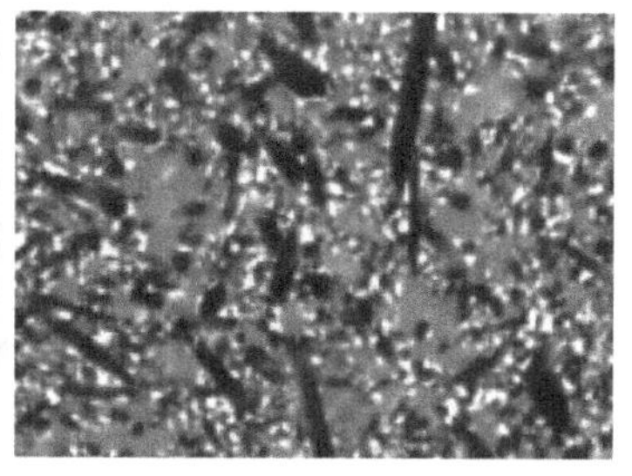

图 2-59　晶须增韧的赛龙陶瓷材质（图片源自肯纳金属）

展的“缺口”，使一般的涂层容易因裂纹扩展而造成刀具失效，但这种上百层的涂层对于阻滞裂纹扩展就会非常有效，它在一次裂纹扩展穿透一层时就停止了，需要更大的应力来形成新的“缺口”，从而阻滞了裂纹的快速扩展，因此能表现出极佳的耐磨性。

图 2-61 是瓦尔特刀具切削材质 WKP35S 和 WKP25S 及其涂层结构。瓦尔特表示由于采用了独特的第二代氧化铝涂层，提高了刀片的耐磨性。通过优化了涂层内部应力以及强度和硬度比，与之前的老虎化学涂层相比，韧性更高。它极为光滑的前面使磨损更低。

图 2-62 则是瓦尔特刀具的氧化铝物理涂层。据介绍，这种涂层工艺中的热负荷极小，从而使切削材质韧性极高。这是因为这种特殊的氧化铝耐高温性能好，能有效防止热量传递到切削刃中；用这种涂层后刀片的前面特别光滑，这减少了出现积屑瘤的倾向，切削过程中摩擦低、发热少、磨损低；另外通过其著名的双色老虎涂层（参见《数控车刀选用全图解》图 3-98）使磨损的识别变得简单可靠。

◆ 刀片形状的影响

可以用于面铣刀的刀片常用形状如图 2-63 所示。一般而言，左侧的刀片强度比较高，而右侧的刀片则锋利性比较好。在这点与车刀片比较类似，读者可参考《数控车刀选用全图解》图 3-53 及相关文字介绍。

以前平装铣刀绝大部分都是单面刀片，但近些年来，双面平装刀片已越来越多。图 2-64 是近年来的一些双面平装铣刀片。可翻

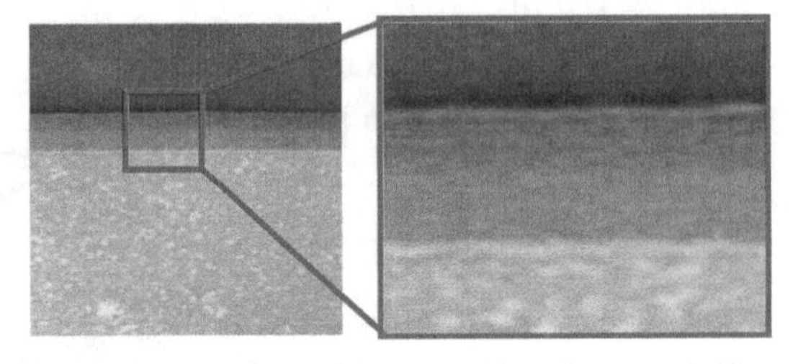

图 2-60 百层涂层材料 WQM35（图片源自瓦尔特）

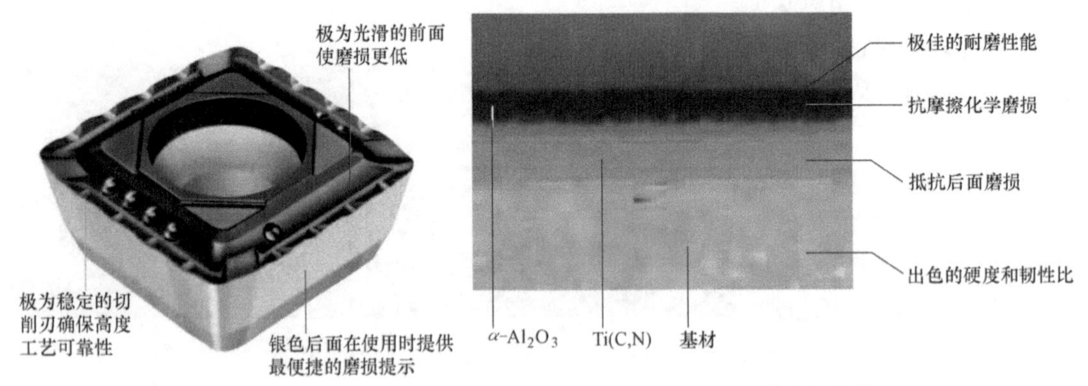

图 2-61 瓦尔特刀具切削材质 WKP35S 和 WKP25S 及其涂层结构

面使用的双面刀片的可用刃口数翻了一倍，经济性大为改善，但双面平装铣刀片安装之后的刀具后角通常不大，刀具一般不能进行斜坡铣和圆插补铣或螺旋插补铣。

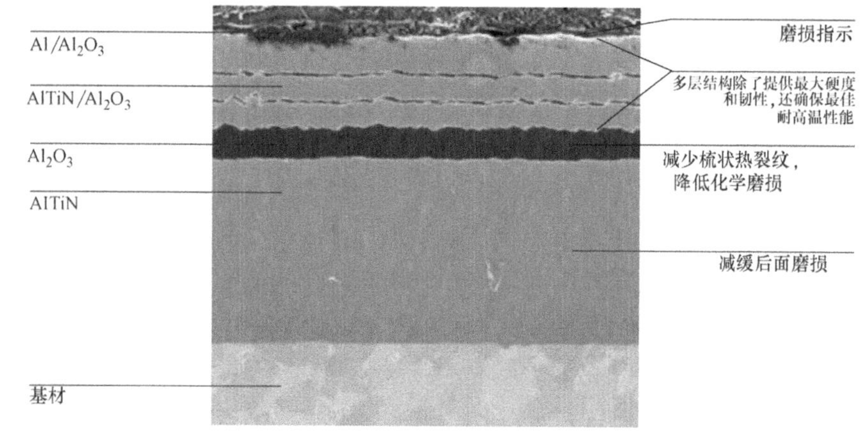

图 2-62　刀具的氧化铝物理涂层（图片源自瓦尔特）

图 2-63　面铣刀的常见刀片形式

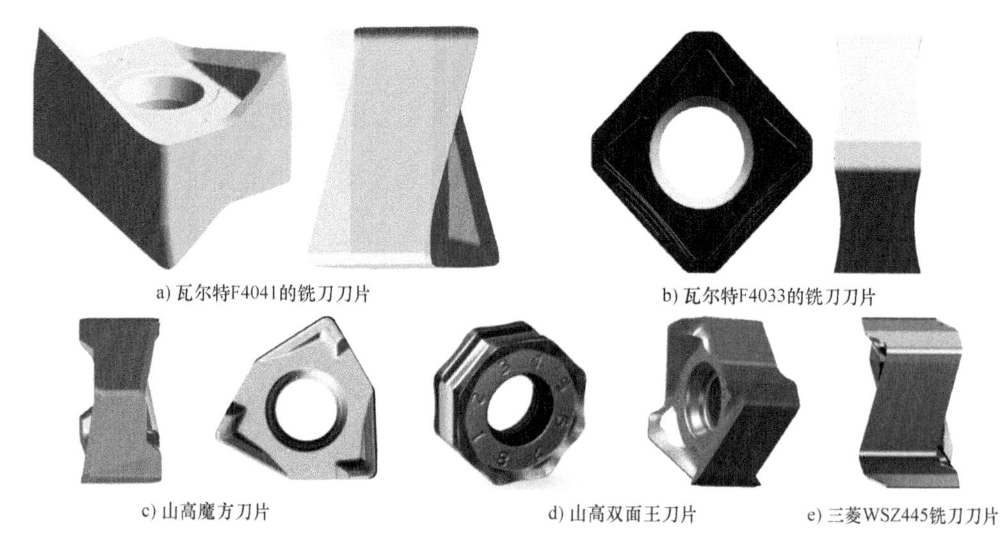

图 2-64　一些双面平装铣刀片

◆ 刀片几何参数的影响

刀片的几何参数是指刀片的切削角度和刃口处理。

• **刀片的前角**

铣刀刀片的前角和铣刀体前角的叠加，将形成铣刀的前角，这点已在“刀体的影响”部分的“前角的影响”中讨论过。在之前的第1章里也讨论过“铣削刀具的轴向径向前角的组合”下面，简单讨论下铣刀刀片的前角。

我们很少会看到负前角的铣刀刀片，但正前角的铣刀刀片比比皆是。如图2-65所示是瓦尔特关于铣刀刀片前角及其符号描述。从这个描述看，目前分成从0°到28°共8种前角。这些前角的刀片会与刀体的前角一起，来构成刀具的实际前角。但是，并且几乎每种形状和尺寸的刀片都会有这么多种前角，厂家有些会根据刀具本身的特点，选择其中一些前角的刀片来投入生产，建立库存。

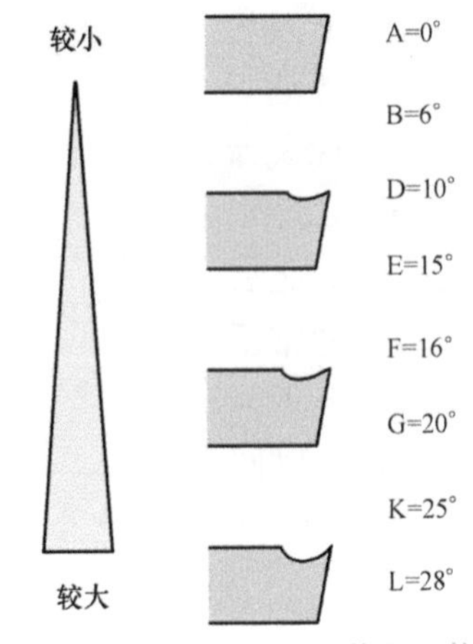

图2-65　刀具铣刀刀片的前角及其符号
（图片源自瓦尔特）

铣刀合成后的前角大小，对刀具的切削性能、切削力、切削热、工件表面质量（例如鳞刺）、刀具寿命等都有影响。一般而言，较大的前角切削刃锋利，切削力和切削热都不大，能抑制积屑瘤，切削轻快，适合切削铝合金等有色金属材料，也可以在小功率的机床上进行切削（包括切削钢件和铸铁件等黑色金属），但大前角的刃口强度较低，容易因强度和弯曲应力造成崩刃，容纳切削热的体积也小。

• **刀片的后角**

与刀片的前角类似，刀片的后角也是需要用安装在刀体上所形成的刀具角度上来看。铣刀片的后角及符号如图2-66所示。

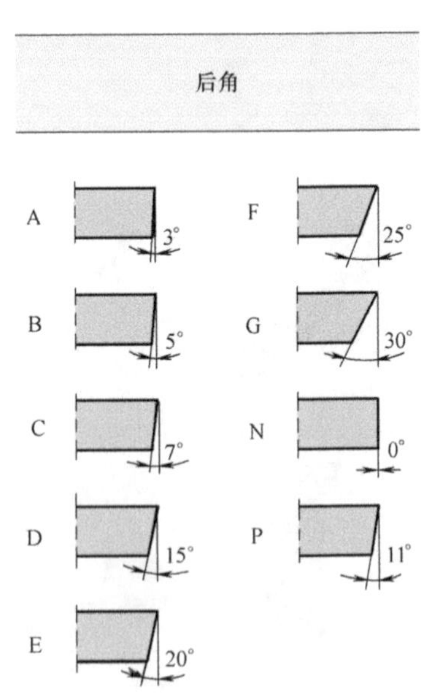

图2-66　铣刀片的后角及符号

因铣刀刀片的后角的不同，刀片的形式也可以分成两个大类：正型刀片和负型刀片，这一点与车刀片基本一致。关于正型刀片和负型刀片的优缺点，在《数控车刀选用全图解》中有比较详细的介绍，有兴趣的读者可去查阅，这里不再赘述了。

铣刀刀片的后角对铣刀向下斜坡铣或者向下插补铣（见图 2-67）的能力有很大影响。这是因为合成后的铣刀后角在实际切削中需要与工件已加工表面之间保持一个隙角，否则会造成后面与已加工表面的弹性恢复层接触长度过长，摩擦过于激烈，刀片的后面会很快磨损。由于 0° 后角的负型刀片本身没有后角，刀具的合成后角主要依靠刀体的前角来构成，这样，其合成后角的值就受到较多限制，一般以加工钢件和铸铁件为主的刀体合成后的后角大致在 5° 左右或者更小，建议的刀具使用过程中与工件已加工表面之间的最小隙角不应小于 3°，这样，负型刀片铣刀的向下插补能力就会非常有限，因此，一般不建议用负型刀片的铣刀做向下斜坡铣。

• **刀尖圆角及修光刃**

铣刀刀片的主副切削刃之间有两种连接方式：刀尖圆角和修光刃。

□ 刀尖圆角

刀尖圆角是车刀片、铣刀刀片都会采用的一种连接方式。采用刀尖圆角的一大优点是刀片可用于多种主偏角的铣刀。图 2-68 是瓦尔特的一种刀片可配用三种铣刀：主偏角 15° 的大进给铣刀 M4002（左）、主偏角 45° 的倒角铣刀 M4574（中）、主偏角 90° 的立铣刀 M4132（右）。

当然，这样的铣刀刀片的刀尖圆刀弧半径有大有小，一般而言，大的圆角加工出的表面比较光整（表面粗糙度数值较小，如图 2-69 所示），但大圆角刀片的切削阻力较大，铣台阶面时还要受工件对台阶角上圆角大小的限制（圆角较大时，装配容易发生干涉）。

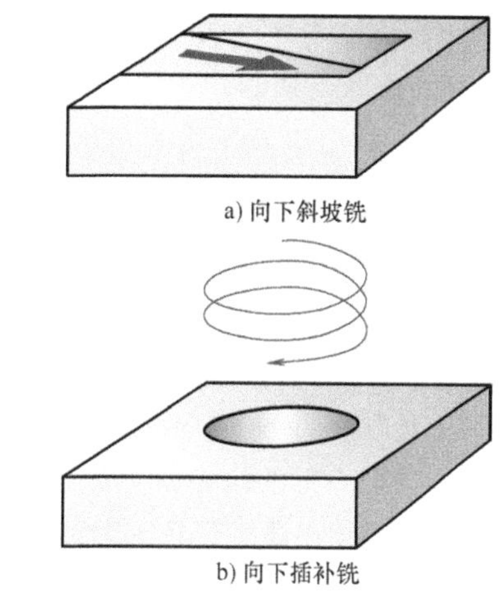
a) 向下斜坡铣

b) 向下插补铣

图 2-67 斜坡铣和插补铣

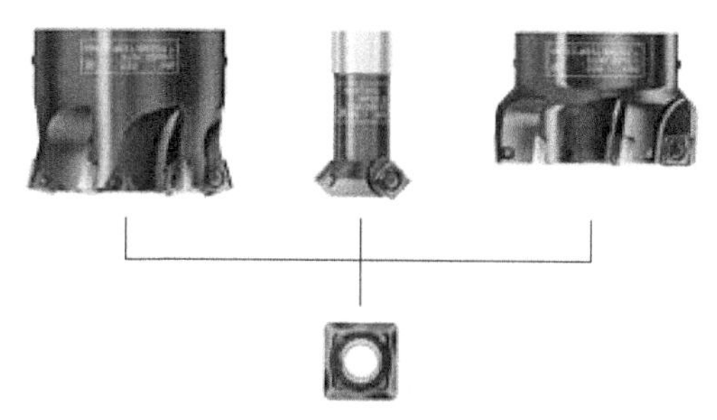

图 2-68 一种刀片可配用三种铣刀（图片源自瓦尔特）

实际上由于制造存在误差，铣刀的多刃口很难完全一样高，一方面是由于铣刀刀片槽的位置的误差，另一方面是刀片的制造也存在误差，另外，铣刀还存在圆跳动。这些误差有可能被部分抵消，也有一些会叠加。图 2-70a 是各种误差叠加所表现的总轴向圆跳动大于零时的铣刀刃口形成的表面形态。只有总轴向圆跳动为零时才能使铣刀刃口形成的表面形态呈现为比较理想的重复形态（见图 2-70b）。

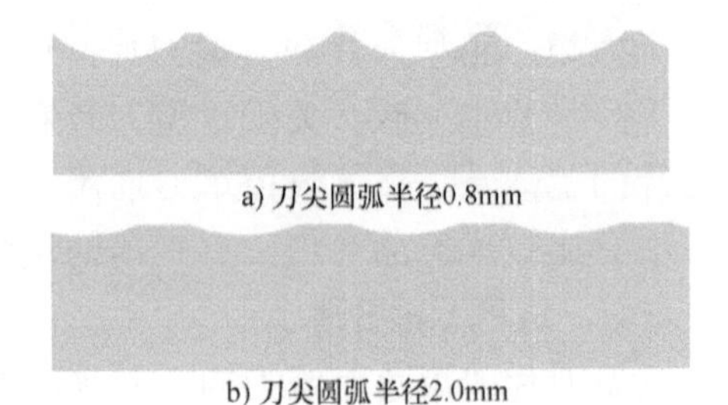

图 2-69 进给量为 1.2mm/r 时两种刀尖圆角的表面粗糙度对比

□ 修光刃

修光刃是为了提高工件表面粗糙度等级（即降低表面粗糙度数值），以固定主偏角用直线（或极为接近直线的弧线）连接主副切削刃的过渡刃口（见图 2-71）。

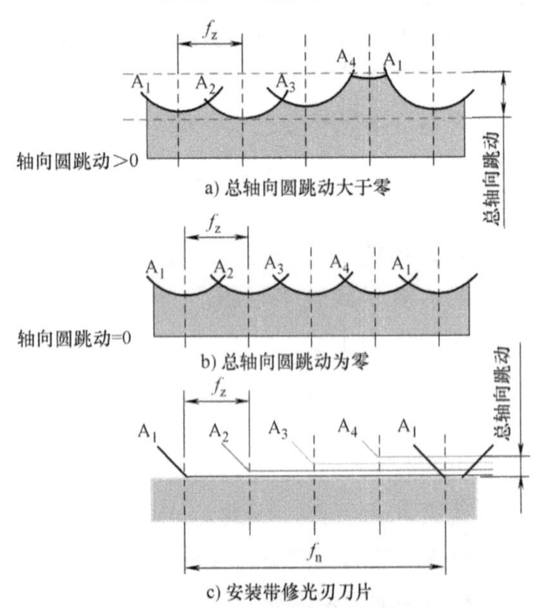

图 2-70 铣刀刃口形成的表面形态
（图片源自肯纳金属）

大部分的修光刃都是安排在铣刀的端刃的。图 2-72 是瓦尔特的 F4033 面铣刀，具有 45° 主偏角。图 2-72b 的修光刃（底部的用红色标出）只有安装在该主偏角下才能有效地起到“修光”作用，否则工件的表面修光程度非常有限（见图 2-72c）。

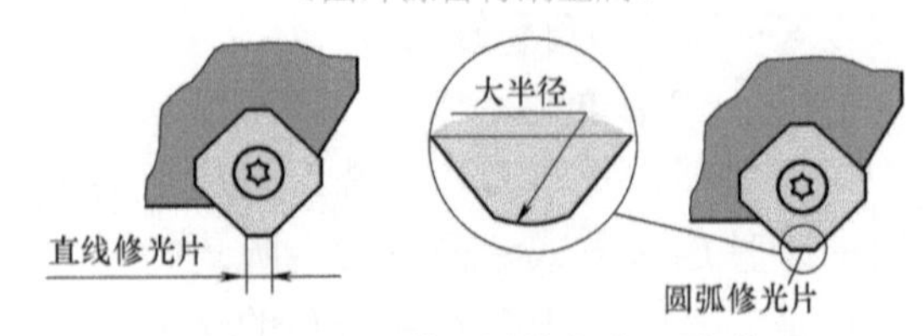

图 2-71 两种不同的修光刃形式
（图片源自肯纳金属）

修光刃使用的过程中需要注意的一个参数是修光刃宽度。这个参数关系到使用时可以使用的最大的每转进给量。由于铣刀刀齿多少会存在一些端面圆跳动，因此理论上说总有一个刀齿位于突出的位置（见图 2-70c 中的 A_1），也只有这个位置上刀片的修光刃才能起到修光的作用。如果铣刀每转的进给量 f_n 不超过修光刃宽度，那么整个工件已加工表面的最后形状就主要取决于这个轴向位置最突出的刀片。

针对这种进给量的限制，有许多刀具厂家推出了在特定刀盘上使用的修光刀片。修光刀片是一个具有特别长的修光刃的刀片，如果是安装在不专门带修光刀片槽的铣刀上，厂家在设计制造时一般已考虑使该刀片能处于轴向最突出的位置；如果有专门的修光刀片位置，那样的修光刀片一般是轴向可调的。修光刀片大多不能转位（负型的则多半可以翻面），用完后就需要更换。图 2-73 是图 2-72 所示铣刀的修光刀片及其安装位置示意，在图 2-73b 中可以看到修光刀片的修光刃长度 b 为 4.7mm，而切削刀片的这一尺寸仅为 1.5mm，也就是说，同样针对精加工，采用修光刀片时的每转最大进给量可是仅使用带修光刃普通刀片的 3 倍。

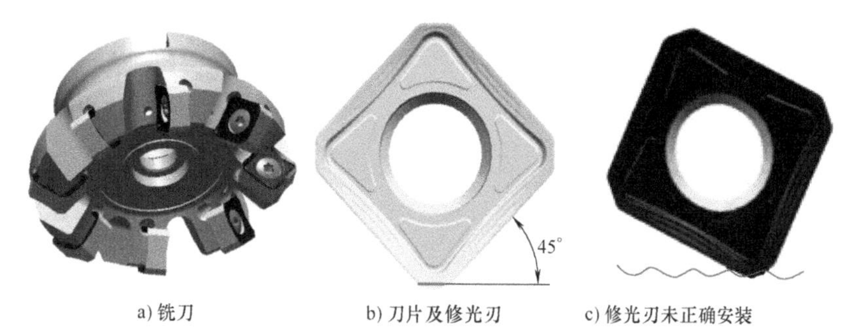

a) 铣刀　　b) 刀片及修光刃　　c) 修光刃未正确安装

图 2-72　F4033 面铣刀（图片源自瓦尔特）

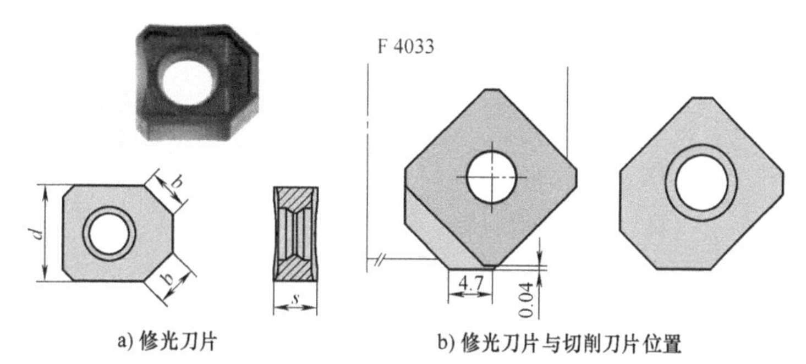

a) 修光刀片　　b) 修光刀片与切削刀片位置

图 2-73　F4033 面铣刀的修光刀片及其安装位置示意图（图片源自瓦尔特）

修光刃刀片（见图 2-73b 中黄色刀片）的轴向位置有一个要求，就是其径向位置应该小于等于普通切削刀片（见图 2-73b 中灰色刀片），而在轴向上则应大于普通切削刀片（见图 2-73b 中的轴向位置是大于普通刀片 0.04mm，这主要针对加工常规的钢件和铸铁件，如果需要加工较硬的材料，这个突出量应减少；而如果加工铝和铜等“软”材料，则这个突出量应增加。调整突出量通常需要安装修光刀片的位置具有轴向调节功能）。这样的安排是希望修光刀片不参加主要的切削任务而主要承担“修光”的任务。图 2-74 是瓦尔特的 F4080/F2280 的修光刀片及其安装示意。图 2-74c 的修光刀片在径向上没有高于普通切削刀片，这种安装方式是正确的；而图 2-74d 则是修光刀片在安装时旋转到了错误的位置（该图中应顺时针旋转 90°），使修光刀片在径向上严重凸出于普通刀片的径向尺寸之外，这样径向和轴向的切削任务几乎完全由修光刀片承担，这种情况下修光刀片将迅速失效损坏（一般为刀尖大块崩落）。另外一种铣刀的修光刀片正确安装位置如图 2-75 所示。

□ 刃口钝化

刀片上的另一个非常重要但被很多使用者忽视的部分，那就是刃口形状。在切削原理上有所谓三个变形区（见图 2-76a），Ⅰ区是剪切滑移区，Ⅱ区是切屑与刀具前面的摩擦和变形，Ⅲ区则是刀具后面与工件的已加工表面的摩擦变形。这些变形区的刀具与工件间的作用对刀具及工件都有

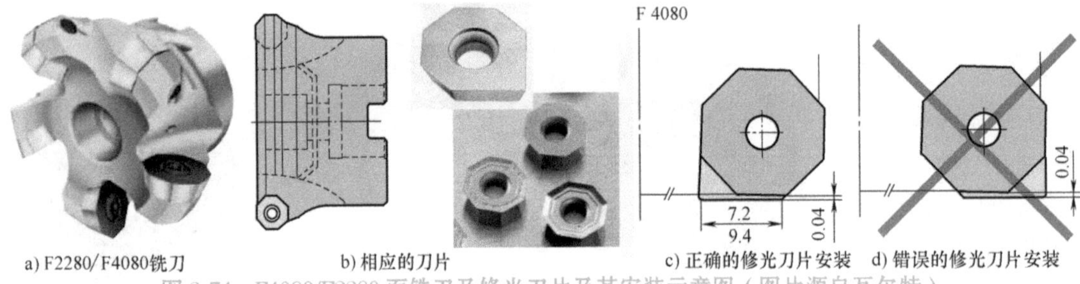

a) F2280/F4080铣刀　b) 相应的刀片　c) 正确的修光刀片安装　d) 错误的修光刀片安装

图 2-74　F4080/F2280 面铣刀及修光刀片及其安装示意图（图片源自瓦尔特）

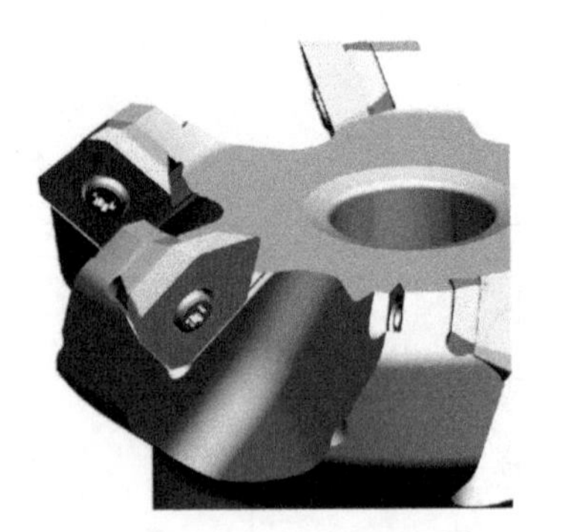

图 2-75　修光刀片正确安装位置（图片源自肯纳金属）

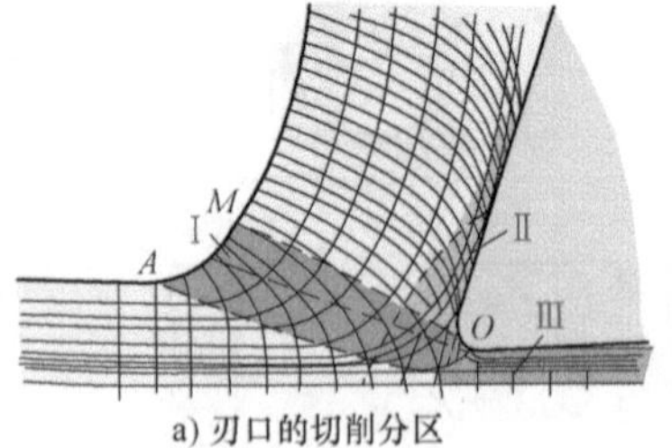

a) 刃口的切削分区

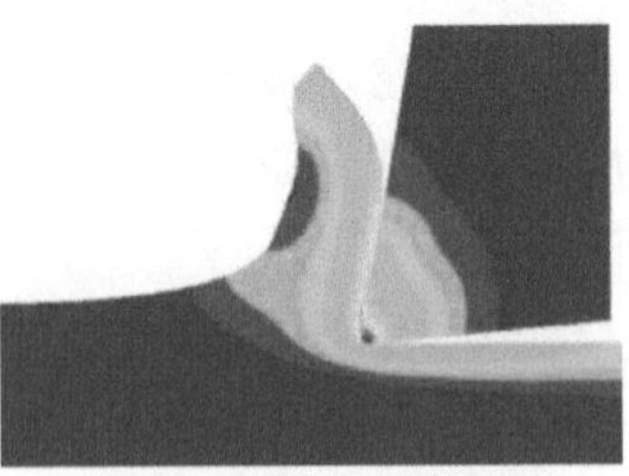
b) 刃口及其附近区域的仿真

图 2-76　刃口切削状态及其仿真（图片源自上海交通大学）

重要的影响。刃口区域处于这三个变形区的交汇处，其影响实际上绝对不容小觑的。如图 2-77 所示是瓦尔特型号中的刃口描述，用两位字符分别描述了前后面的细部特征，这些组合而成的不同的刃口结构有不同的作用，从一个侧面反映出不同的加工任务需要不同的刃口结构。

图 2-77 中的“切削刃”部分，主要就是刃口在前面上的钝化程度。字符“2”代表很大的钝化，而“8”则代表锋利的刃口。

这种钝化值与不同刀具内部温度场（见图 2-78）、切削力、前面温度、刀具应力以及倒棱宽度（见图 2-79 上图）都有影响。同样，倒棱的角度同样会对这一系列结果产生影响（见图 2-79 下图）。总体而言，上海交通大学的相关研究结论包括：倒棱宽度增大，切削力增大；倒棱宽度对前面温度影响不大；倒棱宽度为 0.1mm 刀具应力最小（见图 2-79 上图由左至右）；倒棱角度增大，对切削力和切削温度影响不大，但是可以降低刀具应力，保护切削刃；倒棱角度增大可能引入反向力。

刃口钝化的方式除了倒棱还有钝圆。许多铣刀上的刃口是倒棱和钝圆的组合。这种组合的结果，一方面是对切削过程和刀具性能产生影响，还会对工件产生影响。

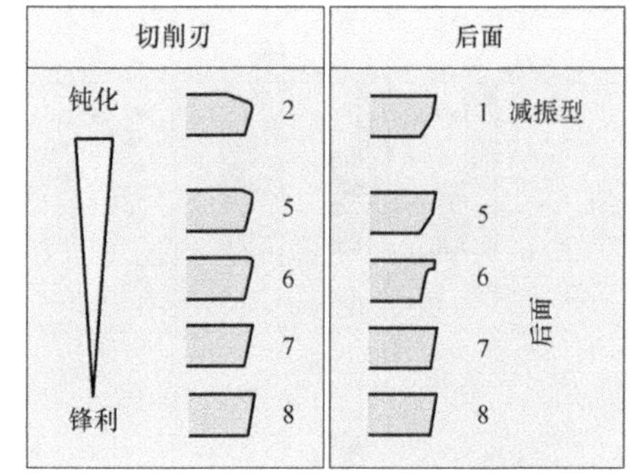

图 2-77　瓦尔特刀具型号中的刃口描述

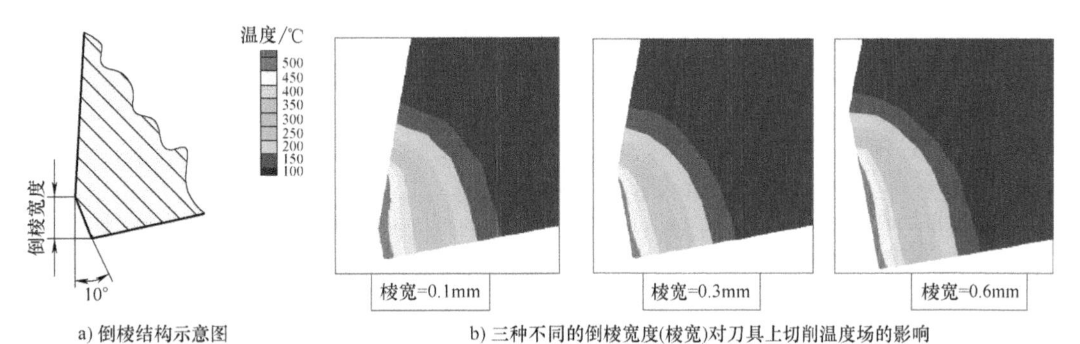

a) 倒棱结构示意图　b) 三种不同的倒棱宽度(棱宽)对刀具上切削温度场的影响

图 2-78　倒棱宽度对刀具内温度场分布的影响（图片源自上海交通大学）

刀具参数：前角 γ_o= 10°; 后角 α_o= 11° 加工参数：切削速度 v_c=100m/min; 每齿进给量 f_z=0.17mm/z; 轴向切削深度 a_p=0.5mm; 刀具材料：K 类硬质合金；被加工材料：TC4

回顾图 2-76b，工件的一部分向上变成切屑由前面流出，另一部分则被刀尖钝圆压到已加工表面。且被压到已加工表面的材料至少有一部分是弹性变形，在刀尖的作用力下被暂时压到刀尖以下，刀尖过去后弹性变形得以恢复。正是这个弹性变形的部分形成了刀具后面与工件之间的摩擦。另外可能有一部分则在切削力的作用下产生永久变形，这部分变形会改变工件的表面状态，如造成工件表面的加工硬化。

这个已加工表面状态的改变需要看有多大一部分被压到后面部分。在刀尖处存在一个点，在这个点之上的材料将变为切屑，而在这个点之下的材料被压到已加工表面，这个点称为“分屑点”。而钝圆半径会对这个分屑点的位置产生影响，如图 2-80 所示。由图可见，钝圆半径越大，分屑点就越高，可能产生的加工硬化就越严重。

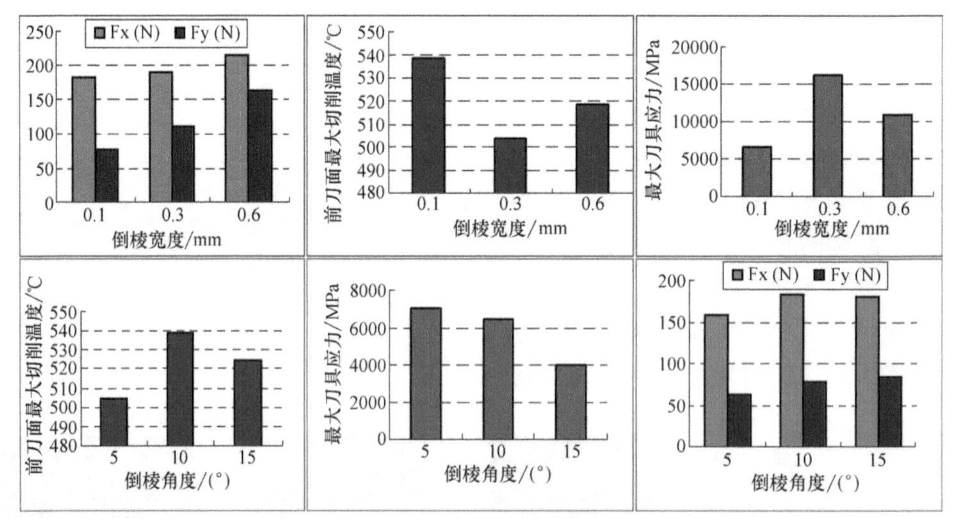

图 2-79　倒棱宽度和倒棱角度的影响（图片源自上海交通大学）

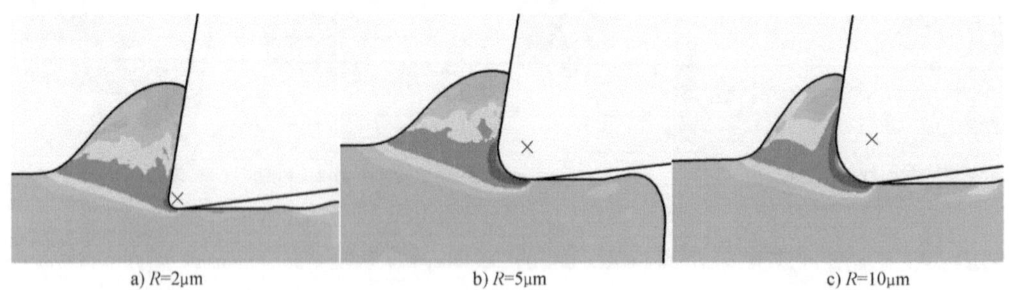

图 2-80　钝圆半径对分屑点位置的影响（图片源自上海交通大学）

当然，分屑点不仅与刀尖钝圆半径有关，它实际上与整个切削刃的锋利性有关，例如切削刃的前角、后角等。如果切削刃锋利性不够，不仅会造成工件上分屑点上移，还会造成工件表面产生鳞刺。

图 2-77 的右面主要描述的是刀片后面的结构。在这些结构中，字符“1”代表的消振结构、字符“5”代表的双后面结构、字符“6”代表的刃带结构都很具有代表性。

刀片的减振结构最易于实现的就是消振棱。消振棱是沿切削刃在后面上做出的后角负值的窄棱面，如图 2-81 所示。消振棱的原理，实质上是使刀具后面与工件间的阻力加大，更多地消耗切削过程中所产生的能量，以起到消振作用，这种作用在有些场合也被称为“熨烫”作用。在另一方面，消振棱也是增加了切削刃的强度，使刀尖更不容易发生崩刃。

但是，消振棱在增加切削阻力时，一方面能够减振消振，同时也降低了切削刃的锋利性。消振棱一般不能用于切削铝合金等需要锋利切削刃的场合。

双后角则是为既需要较小后角，又需要避免后面与工件已加工表面摩擦过于剧烈所用，如图 2-82 所示的双后角结构。从这点上，与刃带有相当的类似程度。不过，刃带通常是零后角，而双后角刀具的第一后角一般是较小的正后角。

零后角的刃带也有两种基本方式（见图 2-83）。刃带是介于双后角和消振棱之间的一种刀具结构。整体硬质合金铣刀或高速钢铣刀上经常可以找到这种刃带结构。现代的铣刀刃带一般很窄，有经验的人在仔细观察时能看到一条若隐若现的泛光的细线状刃带，这就是所谓的“白刃”。刃带增加了切削刃尺寸的稳定性，也能起到一

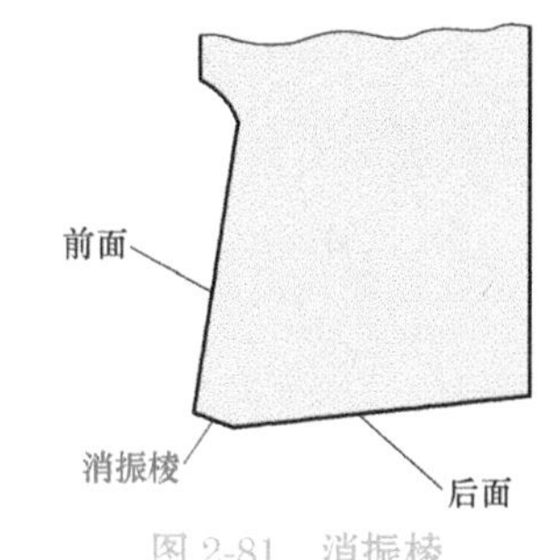

图 2-81　消振棱

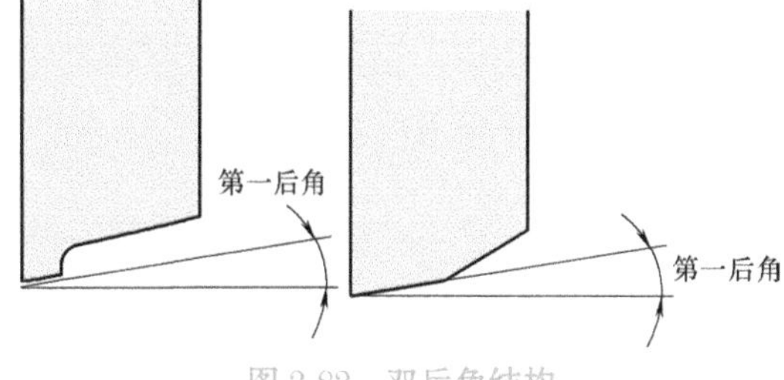

图 2-82　双后角结构

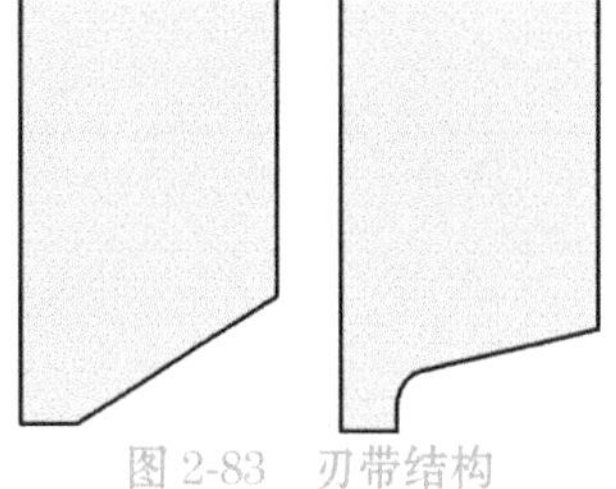
图 2-83　刃带结构

些“熨烫”的减振作用，但刃带也增加了切削阻力。实验表明，对比做刃带的铣刀，不做刃带的铣刀的切削区温度和切屑形态的变化都不大，而切削力有明显下降，如图 2-84 所示。

另一种常见的铣刀切削刃结构是带分屑槽。

分屑槽主要用于切屑与刀片接触长度比较长的场合，例如小主偏角铣刀（常规为大进给铣刀）和圆刀片铣刀。图 2-85 是

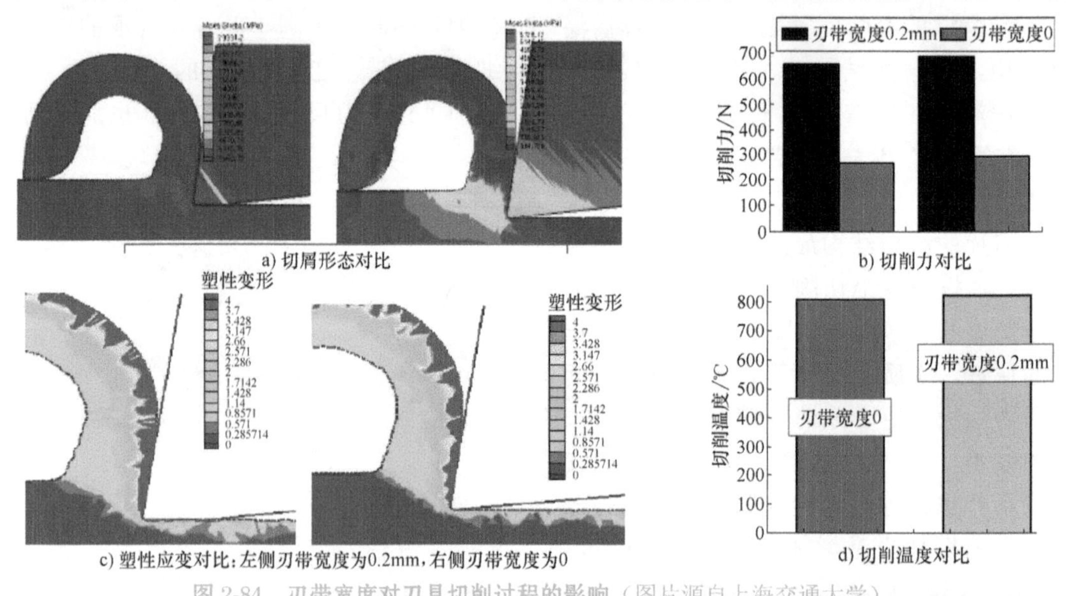

图 2-84 刃带宽度对刀具切削过程的影响（图片源自上海交通大学）

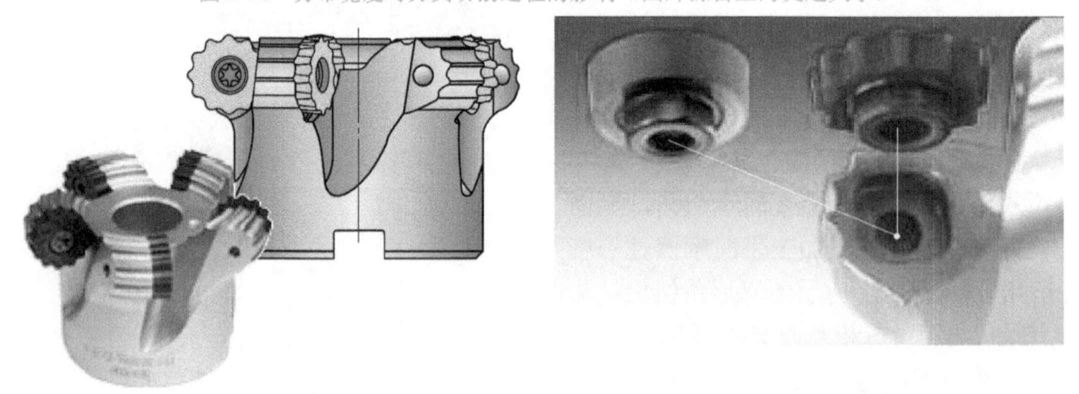

a) 风火轮铣刀　　b) 刀片安装示意图

图 2-85 “风火轮”铣刀（图片源自伊斯卡）

伊斯卡的“风火轮”铣刀，图 2-86 则是蓝帜金工的大进给 MultiEdge 4X 铣刀。这两种刀片都带有分屑槽。其中伊斯卡的“风火轮”铣刀的刀片前一个刀片与后一个刀片的分屑槽在安装时是错开的，这样的切削工件表面效果与用不带分屑槽的圆刀片相似，但切削阻力要小。从图 2-86b 可以看出，使用带分屑槽的 MultiEdge 4X 刀片的切屑比较薄，更易于卷曲，对刀片前面的压力减小，摩擦也就相应减少，刀片的磨损会减缓，刀片的寿命相应能够得到延长。

铣刀刀片的分屑槽与槽铣刀中的玉米铣刀比较类似，具体的分析将在第 4 章的槽铣刀的选用部分来介绍。

还有一种是曲线的切削刃。图 2-87 是京瓷 MFH 型铣刀刀片。据京瓷介绍，这种 3D 凸型切削刃能有效抑制切削时的冲击。就铣刀各处的切削速度而言，铣刀刀片外缘的切

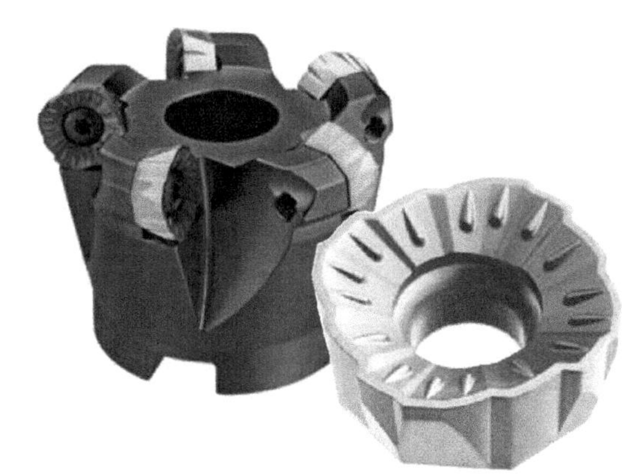

a) MultiEdge 4X铣刀及其刀片

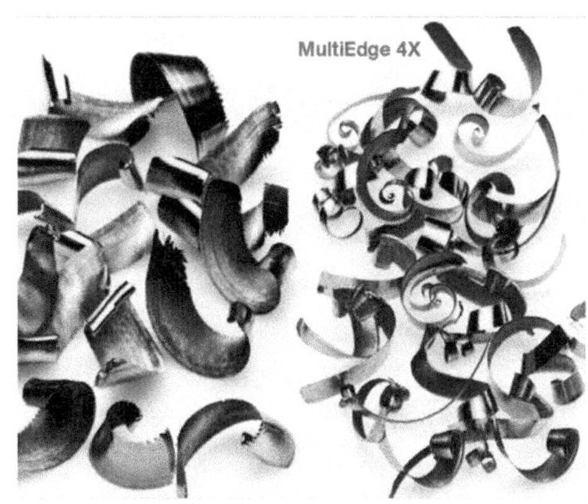

b) 切屑对照

图 2-86　大进给 MultiEdge 4X 铣刀（图片源自蓝帜金工）

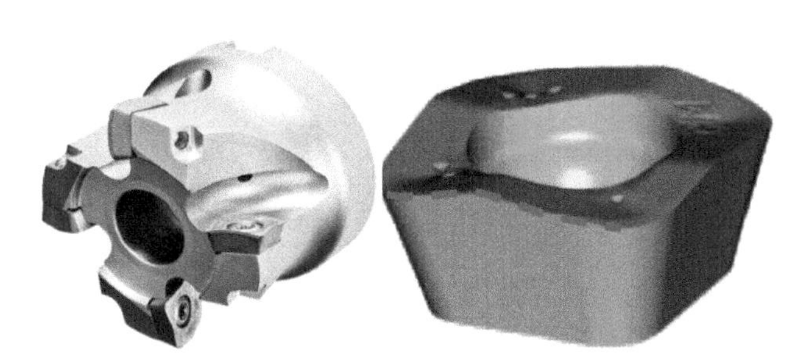

图 2-87　MFH 型铣刀刀片（图片源自京瓷）

图 2-88　瓦尔特刀具 F2010 模块化铣刀

加工				
粗加工	▲	▲	▲	
精铣	▲	▲	▲	
方肩铣				▲
方肩铣(精加工)				▲
插铣				
圆周插补铣				
型腔铣				
主偏角κ_r	45°	75°	45°/75°/90°	89°45′
面铣刀	F2010			
直径范围/mm	80～315	80～315	80～315	80～315
P 钢	••	••	••	••
M 不锈钢	••	••	••	••
K 铸铁	••	••	••	••
N 有色金属	••	••	••	••
S 难加工材料	•	•	••	•
H 硬材料	•		•	•
O 其他	•	•	•	•
可转位刀片基本形状				
可转位刀片类型	SP 1204	SP 1204	SN 1205 SN 1606**	SP 1204
最大切削深度/mm	6+7	10	6.5+8+9+10	11
每个可转位刀片的切削刃数量	4	4	8	4

图 2-89　F2010 模块化能力

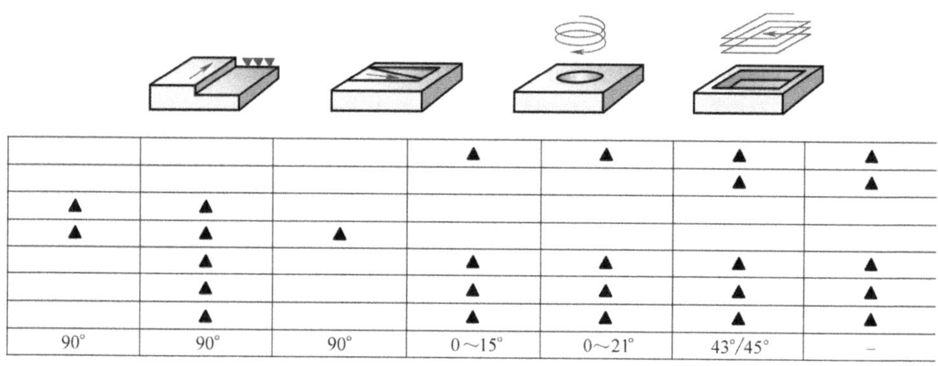

			▲	▲	▲	▲
					▲	▲
▲	▲					
▲	▲	▲				
	▲		▲	▲	▲	▲
	▲		▲	▲	▲	▲
	▲		▲	▲	▲	▲
90°	90°	90°	0～15°	0～21°	43°/45°	–

F 2010

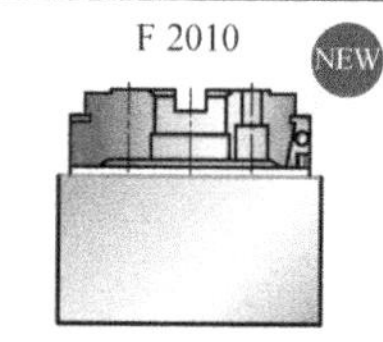

80～315	80～315	80～315	70～305	70.5～305.6	80～315	74～309
●●	●●	●●	●●	●●	●●	●●
●●	●●	●	●●	●●	●●	●●
●●	●●	●●	●●	●●	●●	●●
●●	●●				●●	●
●●	●●		●●	●●	●●	●●
●	●		●			●
●	●				●	
LNGX 1307	AD 1204 AD 1506	P 2903	P 2633–R25 P 26379–R25	P 36696–20	OD 0605	RO X 1605
13	11.7+15	1/9	2	2	2+4/10	8
4	2	3	3	6	8	6

规格刀片及特点一览

削速度会比刀片内缘的切削速度略高，在刀盘直径较小时尤其如此。3D 凸型切削刃能使刀具在较接近中心处和较接近外缘处有不同的径向前角，刀片外缘处的耐冲击性能更好。

◆ 模块式铣刀

面铣刀尤其是较大直径的面铣刀，如果刀片破损连带刀体损坏就会造成较大损失。同时，由于刀具商对大刀盘通常不太配备较多库存，甚至不备库存，一旦补不上货对价值较高的大型、重型机床的误工损失也会不小。因此，模块化的刀具就成为一个不错的选择。

如图 2-88 所示是瓦尔特刀具 F2010 模块化铣刀。该铣刀的推出至今已经有三、四十年了。但由于是模块化的结构，这个铣刀的基体模块虽然没有变化，但切削模块却一直在不断发展。图上方左一是应用了大进给技术的刀座，而左二就是应用了瓦尔特刀具最新的黑锋侠 Blaxx 技术的刀座。

图 2-89 是瓦尔特的 F2010 模块化铣刀规格刀片及特点一览，其中包括了超过 10 种的不同刀座，可以形成主偏角从 15° 到 90° 以及不计主偏角的圆刀片铣刀，刀片安装从平装到立装，从单面 2 个切削刃的正型刀片到单面 8 个切削刃的单面刀片再到双面共 8 个切削刃的双面负型刀片，可形成许多种不同的刀具形式。

这种形式对于在大型、重型铣削设备上进行小批量、多品种、交替生产的刀具使用者非常有帮助。如果这样的用户配备直径从 80mm 到 315mm 的不同刀盘，再配备若干种不同的刀座，就可以迅速方便地变换出多种不同直径、使用不同刀片、构成不同前角、不同主偏角的多种铣刀。图 2-90 是威迪亚 M4000 模块化铣刀。这种铣刀的刀块（刀座）见图下方。与瓦尔特 F2010 的刀座都带有轴向调节（见图 2-39）不同，威迪亚的 M4000 的刀座是不带轴向调节作用的，在粗加工时，它使用深蓝所示的法兰；如果精加工时，使用红色所示的法兰，这种法兰上有调整楔块，就可以进行轴向调节。

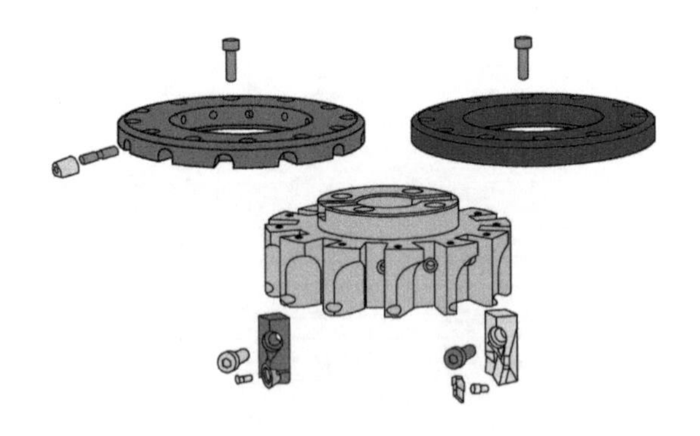

图 2-90　M4000 模块化铣刀（图片源自威迪亚）

图 2-91 是肯纳金属 KCMS 模块化铣刀，图 2-92 表示其细节。它调节楔与威迪亚相似，但依靠细节图中红色部分调节，再无须法兰盘，粗精加工就都适用了。

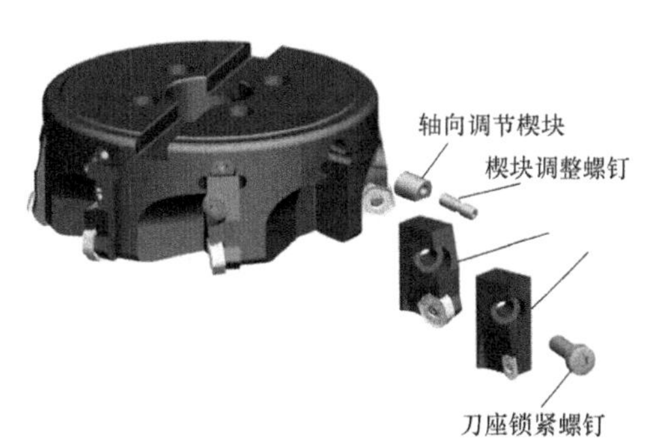

图 2-91 KCMS 模块化铣刀（图片源自肯纳）

图 2-92 KCMS 细节

2.2 铣刀选用实例

本节以一个较为简单的案例，来说明可转位平面铣刀的选择过程（本例参考瓦尔特样本及相关资料）。

该案例主要加工条件如下：

1）工件为如图 2-93 所示的某汽车直列四缸缸体，加工任务是粗铣上端面。

2）该工件为经砂型铸造的 HT200。

3）需铣削面的大致外形尺寸有 670mm 和 180mm（缸孔直径约 75mm）。

4）毛坯余量为 4 ～ 6mm。

5）加工后表面平面度为 0.075mm。

6）刀具悬伸短。

7）机床刚性足够，在机床上铣削时用已经铣削的底面定位，装夹稳固。

8）批量大，要求加工效率较高。

下面，就按照相关资料，逐步详解该加工任务的刀具选择。

■ 确定铣刀类型

按照工件的宽度为 180mm 的条件，按第 1 章的图 1-31 和相关的描述，那不小于这个宽度的第 1 档直径是 200mm，而第 2 档直径是 250mm，选取的铣刀盘直径就是 250mm。从图 2-94 中，可以看到，在这个直径上可选的铣刀类型仅 F2260 和 F2265 两种。

图 2-95 是 F2260 和 F2265 的对照。虽然两种铣刀都能够用于加工铸铁件，但 F2260 是加工的首选（两个黑点），而 F2265 则是加工的备选，因此这里选择 F2260 铣刀。

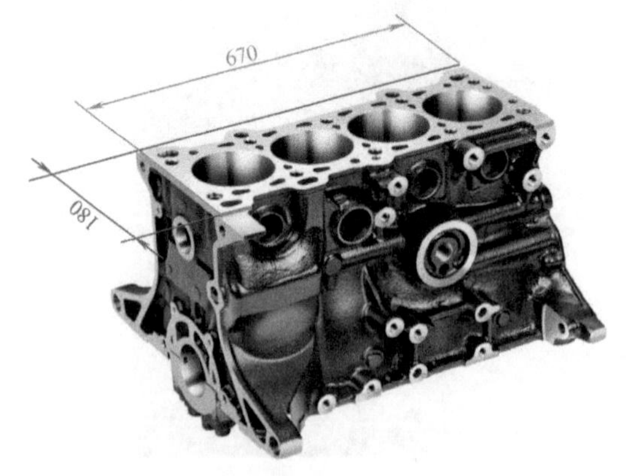

图 2-93　汽车直列四缸缸体粗铣上端面案例

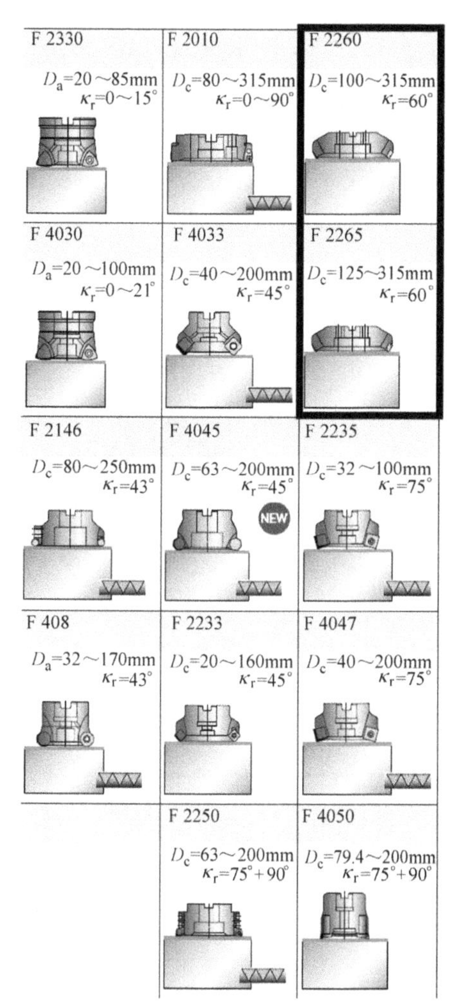

图 2-94　面铣刀一览（图片源自瓦尔特）

加工		
主偏角κ_r	60°	60°
面铣刀	F 2260 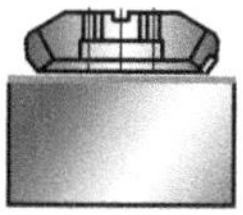	F 2265 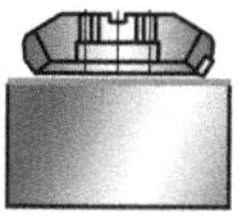
直径范围/mm	100～315	125～315
P 钢	•	••
M 不锈钢		•
K 铸铁	••	•
N 有色金属		
S 难加工材料		•
H 硬材料		
O 其他		
可转位刀片基本形状		
可转位刀片类型	LNMU 1508.. LNMU 2010..	LNKU 2010.. LNKU 3010..
最大切削深度/mm	11+15	12+20
每个可转位刀片的切削刃数量	4	4

图 2-95　F2260 与 F2265 对照

■ 选择铣刀盘

这两种 250mm 直径的 F2260 的铣刀的差别在于两种铣刀盘所用的刀片大小不同，框中上面的一个规格 F2260.B.250.Z14.11 使用 LN . . 1508 . . 的刀片（见图 2-96 框中右侧，下同），而框中下面的一个规格 F2260.B.250. Z12.15 250 268 则是使用 LN . . 2010 . . 的刀片。这两种刀片主要的差别是大小不同，LN . . 1508 . . 刀片装在相应的 F2260 刀盘可用铣削深度约 11mm（见图 2-95 倒数第 2 行，下同），而 LN . . 2010 . . 刀片装在相应的 F2260 刀盘可用铣削深度可达 15mm。因为本案例的铣削深度为 4 ～ 6mm，考虑通常尺寸较大的刀片价格相应更高；另一方面相同直径的刀盘一般较小的刀片尺寸会有更多的齿数（本案例 250mm 直径的 F2260 用较大的 LN . . 2010 . . 刀片时有 12 个刀齿，用较小的 LN . . 1508 . . 刀片时，则有 14 个刀齿），也就是说加工效率可以更高，经济效益会更好，所以暂定 F2260.B.250.Z14.11 刀盘。

重切削铗刀 F 2260

- 主偏角κ_r=60°
- 每个可转位刀片有4个切削刃
- 负型可转位刀片基本形状
- 可转位刀片切向布置

刀具	订货号	D_c /mm	D_a /mm	d_1 /mm	l_4 /mm	L_c /mm	z	kg	可转位刀片数量	型号
圆柱孔 端面键驱动 DIN 138	F2260.B.200.Z12.11	200	213	60/50 B	63	11	12	10.2	12	LN..1508..
	F2260.B.200.Z10.15	200	218	60/50 B	63	15	10	10.0	10	LN..2010..
	F2260.B.250.Z14.11	250	263	60/50 B	63	11	14	16.2	14	LN..1508..
	F2260.B.250.Z12.15	250	268	60/50 B	63	15	12	17.2	12	LN..2010..

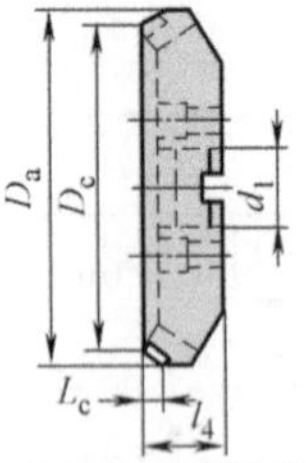

刀体和备件包括在供货范围内。

图 2-96　直径 200 ～ 250mm 的 F2260 铣刀细节

■ **选择刀片**

下面来选择相应的刀片。

从图 2-97 的材料表中找到要加工的材料，记录下与该材料对应的加工材料组，例如：P10。

步骤 1：本案例的被加工材料是灰口铸铁 HT200，属于 K 类。按照其指示至工件材料对照表，找到相对应 HT200 的材料 GG20（见图 2-98）。按照图 2-97 的要求，记下该材料相应的材料组 K3。

步骤 2：选择加工条件。根据其刀具悬伸短以及机床刚性足够，在机床上铣削时，用已经铣削的底面定位，装夹稳固的条件，可以判断其加工条件为圆形的笑脸“☻”（见图 2-99）。

标记字母	加工材料组	需加工的工件材料组	
P	P1～P15	钢	各种钢和铸钢，不包括奥氏体结构的钢
M	M1～M3	不锈钢	奥氏体不锈钢、奥氏体和铁素体双相不锈钢、铸钢不锈钢
K	K1～K7	铸铁	灰口铸铁、球墨铸铁、可锻铸铁和蠕墨铸铁
N	N1～N10	有色金属	铝合金、其他有色金属和非铁材料
S	S1～S10	高温合金和钛合金	铁基、镍基和钴基耐热合金、钛和钛合金
H	H1～H4	硬材料	淬硬钢、淬硬铸铁材料、冷硬铸铁
O	O1～O6	其他	塑料、玻璃纤维和碳纤维加强型塑料、石墨

图 2-97　刀片选择步骤 1：找到加工材料

工件材料对照表

工件材料组	加工材料组	德国			
		材料号 DIN	材料号 DIN EN	DIN	DIN EN
	灰口铸铁				
	K3	0.6010	EN-JL1010	GG-10, GG 10	EN-GJL-100
	K3	0.6015	EN-JL1020	GG-15, GG 15	EN-GJL-150
	K3	0.6020	EN-JL1030	GG-20, GG 20	EN-GJL-200
	K3	0.6025	EN-JL1040	GG-25, GG 25	EN-GJL-250
	K4	0.6030	EN-JL1050	GG-30, GG 30	EN-GJL-300
	K4	0.6035	EN-JL1060	GG-35, GG 35	EN-GJL-350

图 2-98　刀片选择步骤 1：工件材料对照表

步骤 3：选择相应的刀具（见图 2-100）。因为这一步与上面两步相互独立、互不干扰，如本例所示先走第三步再走第 1、2 步都是可以的。前面已暂时选定的铣刀是：F2260.B.250.Z14.11。之所以说暂时，是还要看看后面是否有相适应的刀片可选。

步骤 4：确定刀片的材质和槽型（见图 2-101）。同时要注意加工条件（步骤 2）和被加工材料。

图 2-102 是与 F2260 相应的铣刀刀片规格。对应的刀盘 F2260.B.250.Z14.11，应该可选的是以图中以红框框起来的两种。其中以圆形的笑脸的 K 类材质只有一种，就是 WAK15（图中蓝框部分），因此选用的刀片为：LNMU150812-F57T WAK15。

刀具悬伸	机床、夹具和工件系统的稳定性：很好	好	一般
短悬伸	☺	😐	☹
长悬伸	😐	☹	

图 2-99　刀片选择步骤 2：选择加工条件

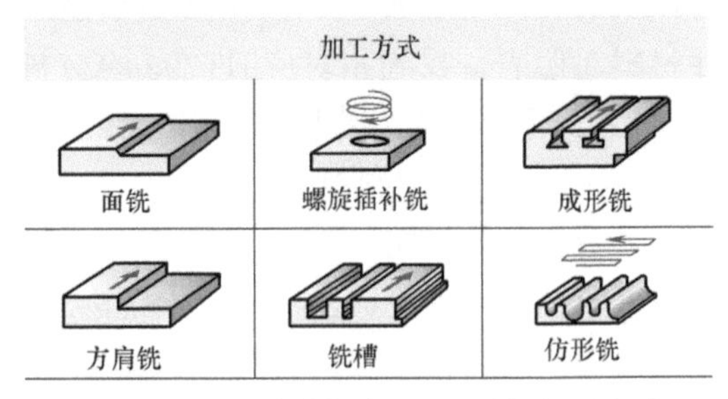

图 2-100　刀片选择步骤 3：选择加工方式

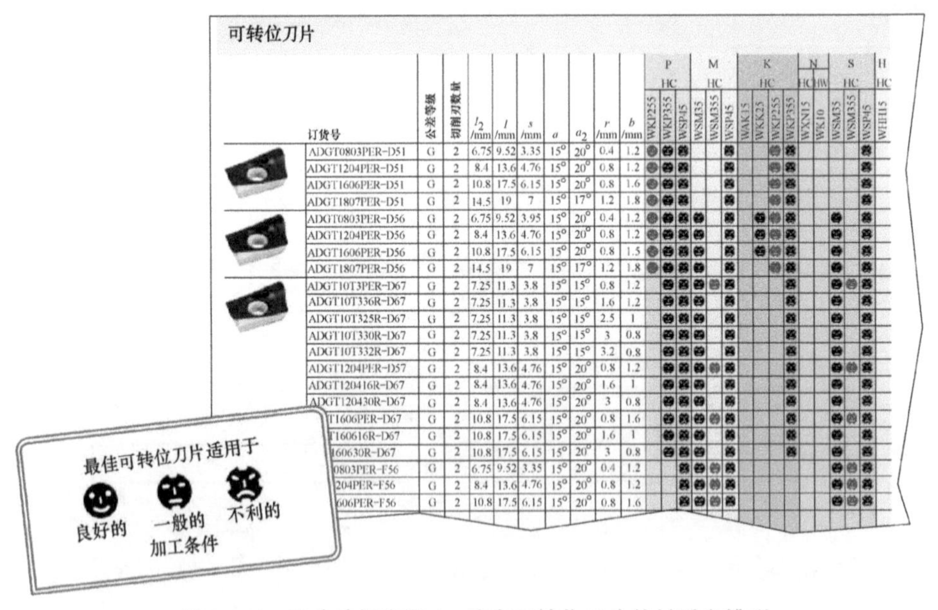

可转位刀片

订货号	公差等级	切削刃数量	l_2/mm	l/mm	s/mm	a	a_2	r/mm	b/mm	P HC WKP255	P HC WKP355	P HC WSP45	M HC WSM35	M HC WSM355	M HC WSP45	K HC WAK15	K HC WKK25	K HC WKP255	K HC WKP355	N HC WXN15	N HW WK10	S HC WSM35	S HC WSM355	S HC WSP45	H HC WHH15
ADGT0803PER-D51	G	2	6.75	9.52	3.35	15°	20°	0.4	1.2	●	●	●			●			●	●					●	
ADGT1204PER-D51	G	2	8.4	13.6	4.76	15°	20°	0.8	1.2	●	●	●			●			●	●					●	
ADGT1606PER-D51	G	2	10.8	17.5	6.15	15°	20°	0.8	1.6	●	●	●			●			●	●					●	
ADGT1807PER-D51	G	2	14.5	19	7	15°	17°	1.2	1.8	●	●	●			●			●	●					●	
ADGT0803PER-D56	G	2	6.75	9.52	3.95	15°	20°	0.4	1.2	●	●	●	●		●		●	●	●			●		●	
ADGT1204PER-D56	G	2	8.4	13.6	4.76	15°	20°	0.8	1.2	●	●	●	●		●		●	●	●			●		●	
ADGT1606PER-D56	G	2	10.8	17.5	6.15	15°	20°	0.8	1.5	●	●	●	●		●		●	●	●			●		●	
ADGT1807PER-D56	G	2	14.5	19	7	15°	17°	1.2	1.8	●	●	●	●		●			●	●			●		●	
ADGT10T3PER-D67	G	2	7.25	11.3	3.8	15°	15°	0.8	1.2		●	●	●	●	●				●			●	●	●	
ADGT10T336R-D67	G	2	7.25	11.3	3.8	15°	15°	1.6	1.2		●	●	●		●				●			●		●	
ADGT10T325R-D67	G	2	7.25	11.3	3.8	15°	15°	2.5	1		●	●	●		●				●			●		●	
ADGT10T330R-D67	G	2	7.25	11.3	3.8	15°	15°	3	0.8		●	●	●		●				●			●		●	
ADGT10T332R-D67	G	2	7.25	11.3	3.8	15°	15°	3.2	0.8		●	●	●		●				●			●		●	
ADGT1204PER-D57	G	2	8.4	13.6	4.76	15°	20°	0.8	1.2		●	●	●	●	●				●			●	●	●	
ADGT120416R-D67	G	2	8.4	13.6	4.76	15°	20°	1.6	1		●	●	●		●				●			●		●	
ADGT120430R-D67	G	2	8.4	13.6	4.76	15°	20°	3	0.8		●	●	●		●				●			●		●	
T1606PER-D67	G	2	10.8	17.5	6.15	15°	20°	0.8	1.6		●	●	●	●	●				●			●	●	●	
T160616R-D67	G	2	10.8	17.5	6.15	15°	20°	1.6	1		●	●	●		●				●			●		●	
160630R-D67	G	2	10.8	17.5	6.15	15°	20°	3	0.8		●	●	●		●				●			●		●	
0803PER-F56	G	2	6.75	9.52	3.35	15°	20°	0.4	1.2			●	●	●	●							●	●	●	
204PER-F56	G	2	8.4	13.6	4.76	15°	20°	0.8	1.2			●	●	●	●							●	●	●	
606PER-F56	G	2	10.8	17.5	6.15	15°	20°	0.8	1.6			●	●	●	●							●	●	●	

图 2-101　刀片选择步骤 4：确定可转位刀片的材质和槽型

步骤5：选择切削参数。根据图2-103，从中选择切削参数。应该说，这个切削参数是初始的一个切削参数，在开始时应该使用这一参数。如果觉得切削效果不理想，可参照刀具失效及其应对策略加以调整。

可转位刀片

订货号	刀尖圆角半径/mm	修光刃长度/mm	P HC WKP25	P HC WKP35	P HC WKP35S	P HC WSP45	M HC WSM35	M HC WSP45	WAK15	K HC WKK25	K HC WKP25	K HC WKP35	K HC WKP35S	N HC WXN15	N HW WK10	S HC WSM35	S HC WSP45	H HC WHH15
LNMU150812-F57T	1.2	–	☺	😐	☹				☺		😐	☹	☹					
LNMU150812T-F27T	1.2	–	😐	☹	☹						😐	☹	☹					
LNMU201012-F57T	1.2	–	☺	😐	☹				☺		😐	☹	☹					
LNMU201012T-F27T	1.2	–	😐	☹	☹						😐	☹	☹					

HC=涂层硬质合金
HW=无涂层硬质合金

图2-102　刀片选择步骤4：铣刀刀片规格

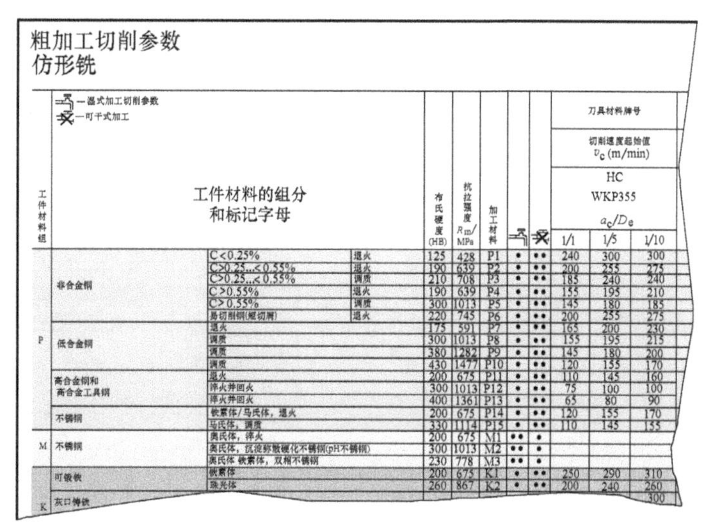

粗加工切削参数
仿形铣

—湿式加工切削参数
—可干式加工

工件材料组	工件材料的组分和标记字母			布氏硬度(HB)	抗拉强度 R_m/MPa	加工材料	湿式	干式	刀具材料牌号 切削速度起始值 v_c(m/min) HC WKP355 a_e/D_e 1/1	1/5	1/10
P	非合金钢	C<0.25%	退火	125	428	P1	•	••	240	300	300
		C>0.25...<0.55%	退火	190	639	P2	•	••	200	255	275
		C>0.25...<0.55%	调质	210	708	P3	•	••	185	240	240
		C>0.55%	退火	190	639	P4	•	••	155	195	210
		C>0.55%	调质	300	1013	P5	•	••	145	180	185
		易切削钢(短切屑)	退火	220	745	P6	•	••	200	255	275
	低合金钢	退火		175	591	P7	•	••	165	200	230
		调质		300	1013	P8	•	••	155	195	215
		调质		380	1282	P9	•	••	145	180	200
		调质		430	1477	P10	•	••	120	155	170
	高合金钢和高合金工具钢	退火		200	675	P11	•	••	110	145	160
		淬火并回火		300	1013	P12	•	••	75	100	100
		淬火并回火		400	1361	P13	•	••	65	80	90
	不锈钢	铁素体/马氏体，退火		200	675	P14	•	••	120	155	170
		马氏体，调质		330	1114	P15	•	••	110	145	155
M	不锈钢	奥氏体，淬火		200	675	M1	••	•			
		奥氏体，抗淀称散硬化不锈钢(pH不锈钢)		300	1013	M2	••	•			
		奥氏体 铁素体，双相不锈钢		230	778	M3	••	•			
K	可锻铁	铁素体		200	675	K1	•	••	250	290	310
		珠光体		260	867	K2	•	••	200	240	260
	灰口铸铁										300

图2-103　刀片选择步骤5：选择切削参数

样本中有如图 2-104 所示的指南。其中第 1 个图标代表找刀片需要到 F43 页，第二个图标代表找刀柄需要到 G2 页，而第 3 个图标代表找加工参数需要到 F246 页。找到了如图 2-105 所示的切削参数后，按步骤 1 记下的材料组 K3（图中红框），和步骤 4 选定的刀片材质 WAK15，根据 a_e/D_c=180/250=0.72，介于 1/1 和 1/2 之间，因此初始的切削速度为 v_c=380m/min。

再接着来确定每齿进给量的初始值。F2260 铣刀和被加工材料铸铁的切削每齿进给量初始值确定如图 2-106 所示。从已知条件被加工材料灰口铸铁（图中红框内）和铣刀盘直径 250mm（图中蓝框内），可以得到初始的每齿进给量 f_z 为 1mm/z。图 2-106 的下方还有按照切削宽度 a_e 与铣刀直径 D_c 之比来确定一个修正系数 Ka_e，从上面计算过的切削宽度 a_e 与铣刀直径 D_c 之比为 0.72，

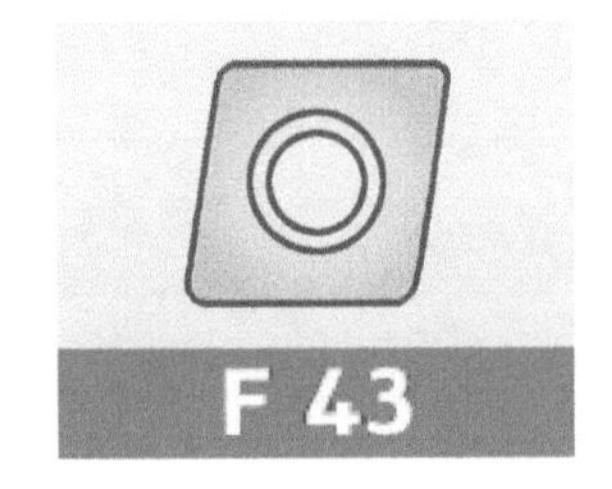

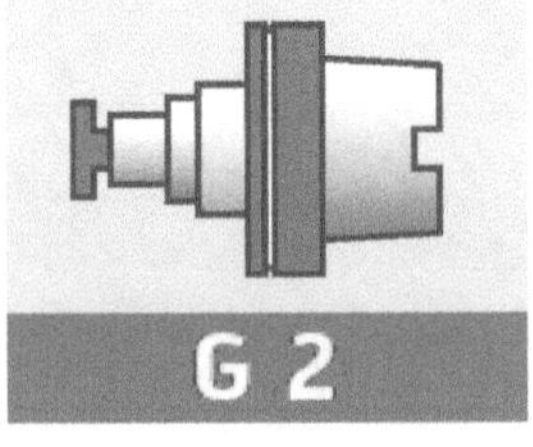

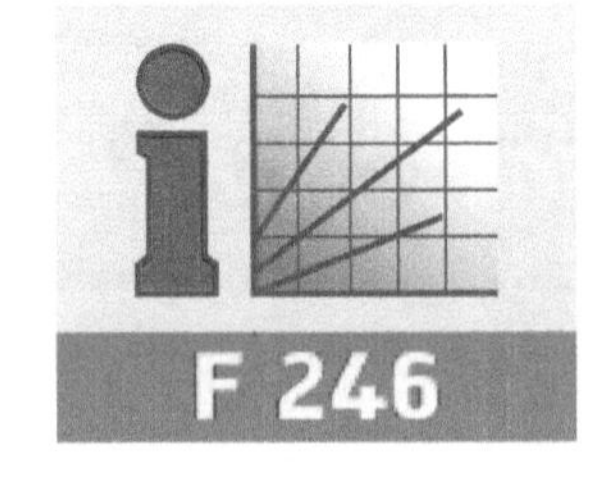

图 2-104　刀片选择指南

粗加工切削参数
面铣/方肩铣

工件材料组	工件材料的划分和标记字母（=湿式加工切削参数；=可干式加工）		布氏硬度 (HB)	抗拉强度 R_m/MPa	加工材料组	湿式	干式	刀具材料牌号 切削速度起始值 v_c (m/min) HC WKP35S a_e/D_c^* 1/1 1/2	WKP35S 1/5	WKP35 1/1 1/2	WKP35 1/5	WKP25 1/1 1/2	WKP25 1/5	WAK15 1/1 1/2	WAK15 1/5
K	可锻铸铁	铁素体	200	675	K1	•	••	160	190	160	190	180	210	210	230
		珠光体	260	867	K2	•	••	140	170	140	170	160	190	190	210
	灰口铸铁	低抗拉强度	180	602	K3	•	••	300	330	300	330	320	350	380	410
		高抗拉强度/奥氏体	245	825	K4	•	••	190	220	190	220	180	210	230	260
	球墨铸铁	铁素体	155	518	K5	•	••	200	220	200	220	220	240	260	280
		珠光体	265	885	K6	•	••	130	150	130	150	140	170	170	200
	蠕墨铸铁GGV(CGI)		200	675	K7	•	••	130	160	130	160	150	180	180	200

图 2-105　切削参数放大图

可以得知这个案例的修正系数为 1.0。在这个表上可以看到，当切削宽度 a_e 与铣刀直径 D_c 之比减小时，修正系数 Ka_e 会加大。这个修正系数实质上就是考虑到在第 1 章的比较后面的部分介绍的平均切屑厚度的影响。如果回过去再看那一部分，可以看到当切削宽度 a_e 与铣刀直径 D_c 之比减小时，平均切屑厚度是减小的，尤其是采用推荐的非对称偏心铣削的时候。

这样，此案例的选择结果如下：

铣刀盘：F2260.B.250.Z14.11

铣刀刀片：LNMU150812-F57T WAK15

起始切削参数：

切削速度 v_c：380m/min

切削深度 a_p：4 ～ 6mm（给定条件）

每齿进给量 f_z：1mm/z

进给量选定(起始值)
面铣/方肩铣刀

工件材料组		F2260	
	铣刀型号	F2260	
	每齿进给量 f_z 用于 $a_e=D_c$ $a_p=a_{pmax}=L_c$ 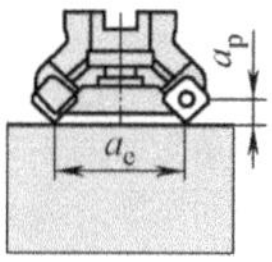	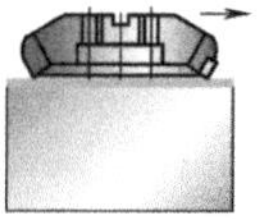	
	主偏角 κ_r	60°	
		f_z/mm	
	刀具直径或直径范围/mm	100～315	125～315
	最大切削参数 $a_{pmax}=L_c$/mm	11	15
K	可锻铸铁	0.80	0.80
K	灰口铸铁	1.00	1.00
K	球墨铸铁	0.80	0.80
K	蠕墨铸铁GGV(CGI)	0.35	0.40

可转位刀片类型		LNMU 1508..	LNMU 2010..
修正系数 Ka_e 用于每齿进给量取决于切削宽度 a_e 与铣刀直径 D_c 之比	a_e/D_c= 1/1-1/2	1.0	1.0
	1/5	1.1	1.1
	1/10	1.2	1.2
	1/20	1.3	1.3
	1/50		

图 2-106　刀片选择步骤 5：确定每齿进给量

3 立铣刀的选用

3.1 立铣的刀具

按我国标准 GB/T 21019—2007《金属切削刀具　铣刀术语》，立铣是指机床主轴垂直于被加工对象表面，这一定义对于理解立式铣床非常有帮助。对于刀具而言，立铣加工多指用于加工大约 90° 的台阶面，无论在立式的铣削机床还是在卧式的铣削机床上都是如此。如果要加工的工件的某部分是 90° 凸肩时，也许只能使用这种铣削方式。该铣削又常被称为台阶铣削、凸肩铣削或端铣削。立铣刀指用立铣方式加工台阶、凹槽用的铣刀。因此，立铣刀又被称为台阶铣刀、凸肩铣刀以及面铣刀。

立铣的主要加工形式如图 3-1 所示。有时，立铣刀也被用于加工工件的侧边（见图 1-11），斜坡铣和螺旋插补铣。

3.1.1 立铣刀的特征

■ 主偏角

立铣刀的主要特征是具有 90° 的主偏角。直径较大的立铣刀也可以被作为主偏角 90° 的面铣刀，因此这部分立铣刀又具有一些第 2 章所讨论的面铣刀的特征。但立铣刀又常常有比面铣刀更小的直径。通常，面铣刀在直径 20mm 以下的非常少，而对于立铣刀而言，3mm 直径的立铣刀很常见。

■ 切削刃

立铣刀通常有两组切削刃，一组在铣刀的端面，一组在铣刀的圆周上。位于铣刀端面的刀齿称之为“端齿”或者“端刃”，而位于铣刀圆周的刀齿称为“圆周齿”或者“圆周刃”，如图 3-2 所示。

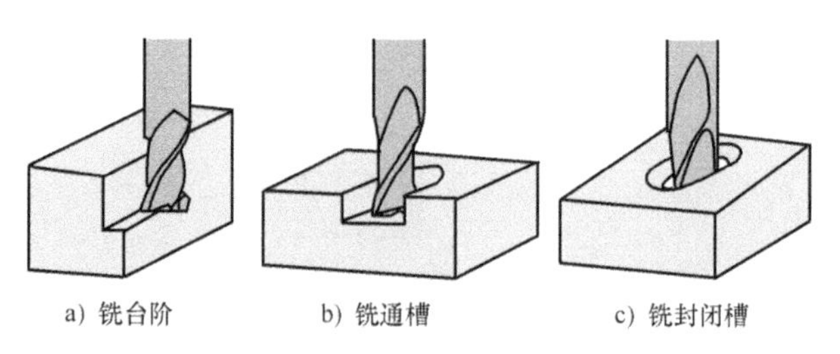

a）铣台阶　b）铣通槽　c）铣封闭槽

图 3-1　立铣的典型应用

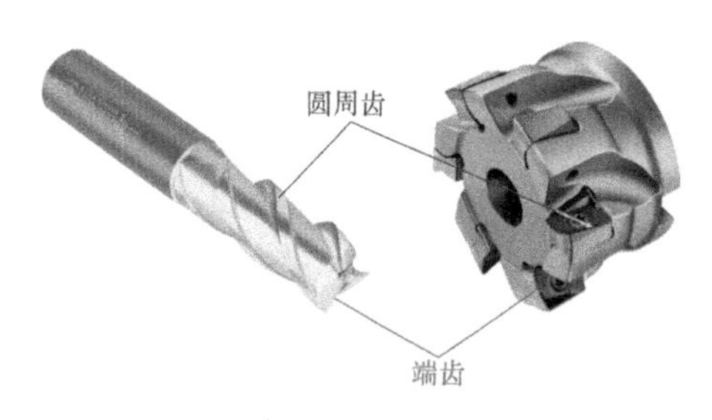

图 3-2　立铣刀的端齿和圆周齿

3.1.2 立铣刀的用途

■ 面铣

立铣刀可以用作面铣。但因为其主偏角为90°，刀具受力除主切削力外，主要是径向力（见图2-13d），易于引起刀杆挠曲变形（见图2-19），也易于引发振动，影响加工效率，因此，除了类似于薄底工件需要小的轴向力或者属面铣偶尔为之要减少刀具库存品种这类特殊原因之外，不推荐用立铣刀来加工无台阶的平面。

■ 侧壁面铣

适合用立铣刀加工的工件大多有一个或更多的垂直于底面的侧壁面（这个面平行于铣床主轴），这就带来了一个在面铣中没有的问题：侧壁形状和精度问题。

图3-3是立铣刀圆周齿所形成的侧壁面。可以看到侧壁面是由多个圆弧面包络而成。和面铣刀刀片的圆角形成的底面类似，这个包络面的平整程度是既和刀具直径与每齿进给量f_z相关，也和刀齿的径向圆跳动量有关。如果切削刃的一部分不在铣刀圆周齿刃口的圆柱之上，这个侧壁就会脱离正确的形状。可转位立铣刀有一部分就有这样的问题，将在本章3.3节的可转位立铣刀部分来讨论这一问题。

本书第1章1.3节已讨论过顺铣和逆铣的问题，立铣也存在这样的问题。同时，由于立铣常常用较小直径和较长的悬伸加工侧壁，它的顺铣和逆铣会带来侧壁加工面的精度变化。如图3-4和图3-5所示是立铣刀铣侧壁时逆铣和顺铣的受力简图。要

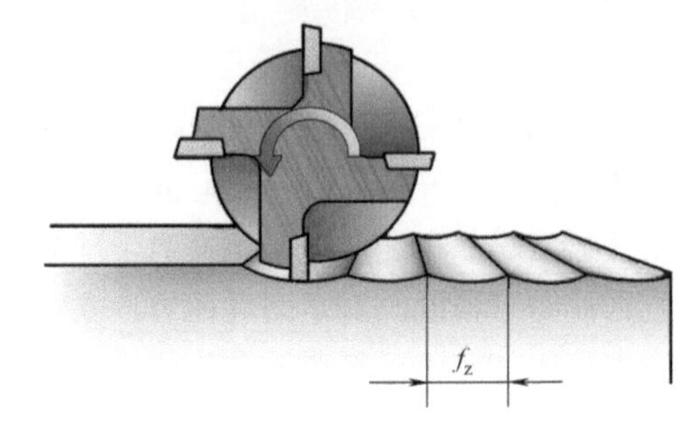

图3-3 立铣刀圆周齿所形成的侧壁面
（图片源自山特维克可乐满）

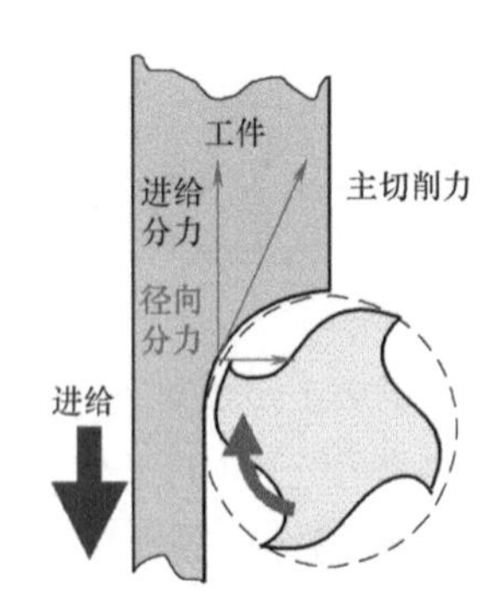

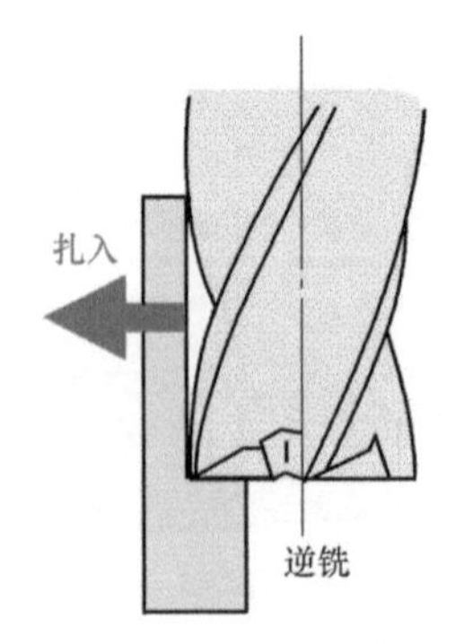

图3-4 逆铣加工工件受力

注意的是该切削力的径向分力。这个分力的作用是在工件上使工件被拉向刀具，作用在刀具上的反作用力则是将刀具拉向工件（该作用力图上未绘出）。这种作用以及刀具悬伸的结果是使刀具呈现出“扎入”的倾向，致使工件产生侧壁根部的“过切”现象（又称“根切”，见图 3-6a）。

而顺铣的切削力径向分力的作用却恰好相反。顺铣的切削力径向分力致使工件有离开刀具的倾向，而工件对刀具的反作用力也是同样将刀具推离工件。这种作用和刀具悬伸的结果是使工件侧壁根部与刀具相对分离，产生“欠切”的现象（见图 3-6b）。

因此，如果用立铣刀开槽，无论是铣通槽还是铣封闭的键槽，如果槽宽与铣刀直径相等，也就是两侧同时切削，就必定是一侧顺铣另一侧逆铣，两侧的作用力和刀具悬伸使刀具发生偏转，从而产生一侧过切而另一侧欠切，如图 3-6c 所示。

■ 数控加工的立铣刀类型

数控加工的立铣刀主要有四种：焊接齿硬质合金立铣刀、整体硬质合金立铣刀、换头式硬质合金立铣刀和可转位立铣刀（见图 3-7）。在有些场合也会用到高速钢（主要是钴高速钢立和粉末冶金高速钢）立铣刀、陶瓷立铣刀、焊接 CBN 立铣刀和焊接金刚石立铣刀。

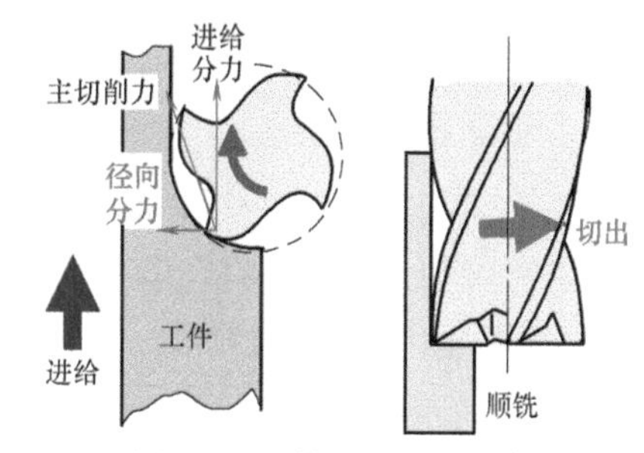

图 3-5　顺铣加工工件受力

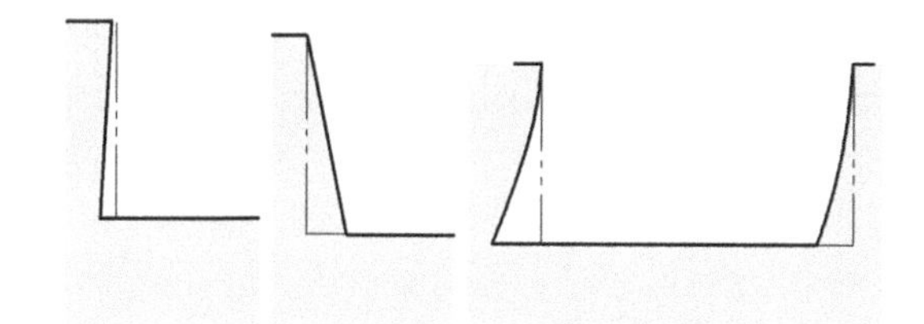
a）过切　b）欠切　c）双侧分别过切和欠切

图 3-6　侧壁变形示意图

a）焊接齿硬质合金立铣刀

b）整体硬质合金立铣刀

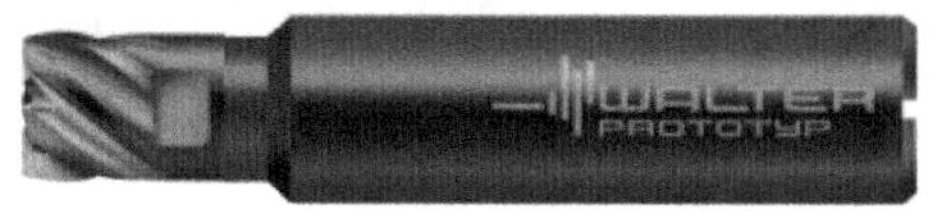

c）换头式硬质合金铣刀

d）可转位铣刀

图 3-7　常见立铣刀具

3.2 整体硬质合金立铣刀

整体硬质合金立铣刀是硬质合金铣刀的一个主要组成（另一个主要组成是硬质合金模具铣刀，将在本书第 5 章加以讨论）。整体硬质合金立铣刀的主要部分如图 3-8 所示。

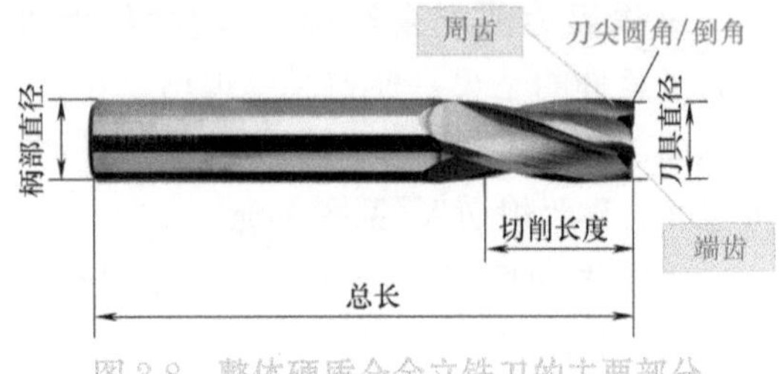

图 3-8　整体硬质合金立铣刀的主要部分

整体硬质合金铣刀主要分为工作部分和柄部两个部分。目前的常用直径范围是 3 ～ 20mm。小于 3mm 或大于 20mm 的铣刀也有厂商可以供应，但应用不太广泛，不在本书中主要讨论范围之内。

3.2.1　整体硬质合金铣刀的工作部分

铣刀的工作部分大致有三个刃口段构成：端齿、周齿和两者之间过渡的刀尖圆角或倒角。

■ **端齿**

立铣刀的端齿是在铣刀的头部垂直刀具轴线的那一部分刀齿。整体硬质合金立铣刀端齿的主要参数如图 3-9 所示。

铣刀端齿主要分为两种，一种刀齿较长的，会越过铣刀轴线，这种刀齿被称为过中心刀齿；而另一种是较短的刀齿，这种较短刀齿不会越过铣刀轴线。图 3-10 中下图的红色尺寸是长齿（过中心齿），而蓝色尺寸的则是短齿（不过中心齿）。

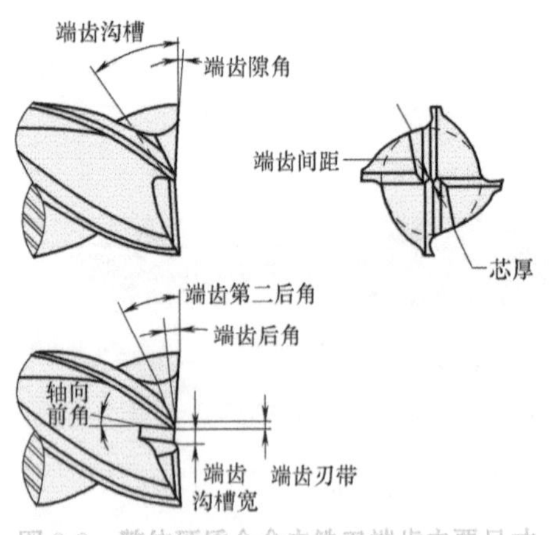

图 3-9　整体硬质合金立铣刀端齿主要尺寸

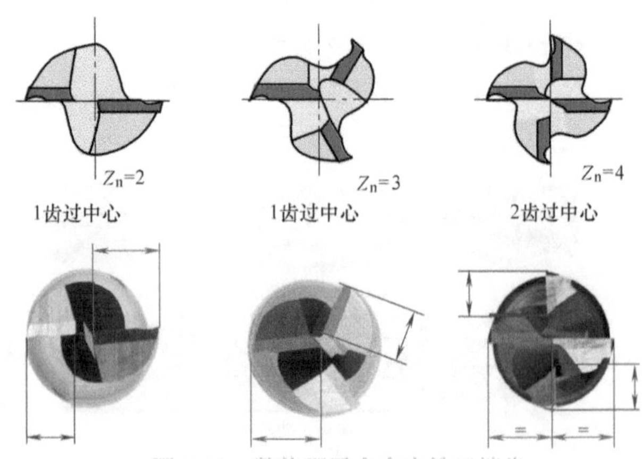

图 3-10　整体硬质合金立铣刀端齿

◆ 前角和后角

同所有刀具一样，硬质合金立铣刀的端齿也具有前角和后角。端齿在向下进给（见图 3-11 的向右进给）插入铣削（也有把这个铣削动作称为“钻削”）时，端齿是承担主要加工任务的主切削刃。以其中一个切削刃上的尖点来分析（图中蓝色的圆点），在忽略进给速度时，切削速度方向如蓝色箭头所示。该点的切削平面在图 3-11 中显示为较粗的红点线，而切削平面为图中较粗的绿线。以这些平面为基础，可以得到端齿的前角和后角。

因为立铣刀端刃需要在较狭小的空间内容纳较多的切屑，常常需要在端齿的后部去除更多的材料，借以形成端齿的第二后角。第二后角为图 3-10 中呈较暗黄色的部分。

◆ 端齿隙角

立铣刀的端齿有一个特殊的角度，在图3-11 中称为端齿隙角。这个隙角在铣刀端刃的外圆处比在近轴线处更为突出，在铣刀端面的刀齿形成一个内凹的“碟”形，因此，这个端齿隙角也被称为“碟心角”。这个端齿隙角一般均为 2° 左右。

图 3-12 是关于端齿隙角的作用示意圆。当铣刀作轴向进给时，端刃作为主切削刃，端齿隙角加上 90° 就是端齿的主偏角；而当铣刀径向进给时，圆周刃成了主切削刃，端刃成了副切削刃，周齿端齿隙角就是副偏角。

◆ 端齿沟槽

对于具有过中心切削刃的立铣刀，端齿上还会有一个结构：端齿沟槽。图 3-13 中红圈就是端齿沟槽。

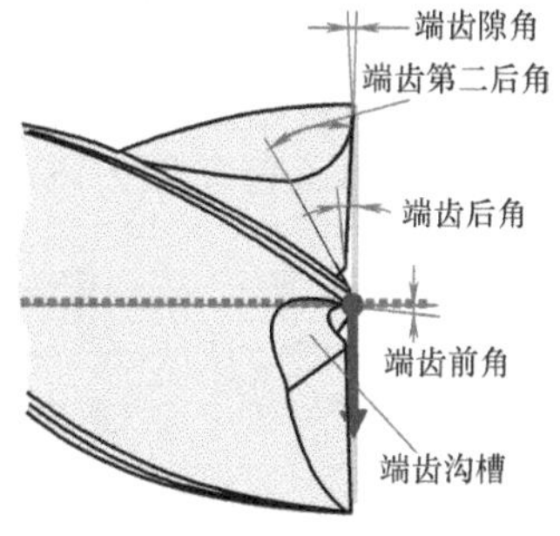

图 3-11 立铣刀端齿参数

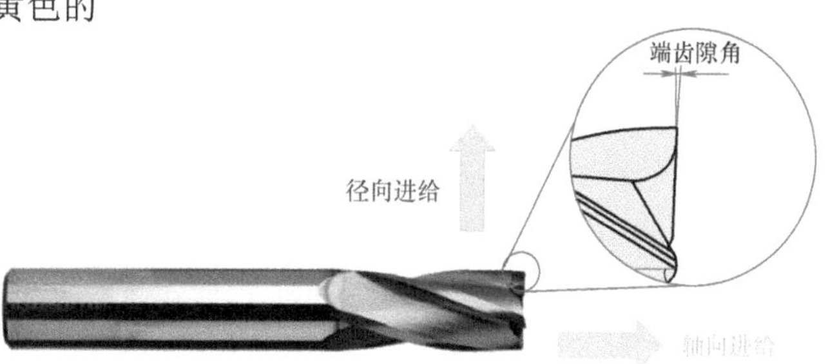

图 3-12 端齿隙角的作用

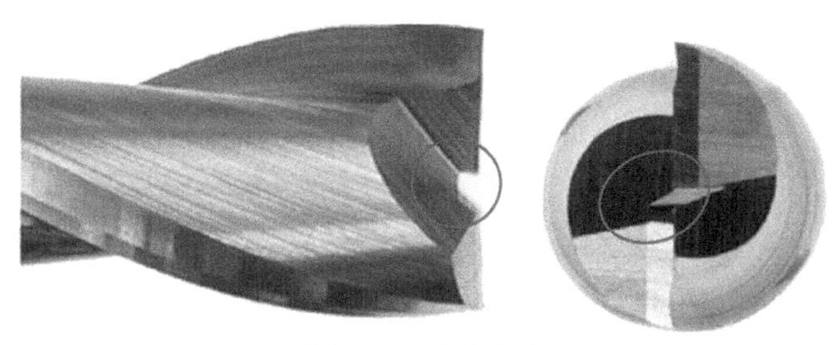

图 3-13 端齿沟槽

端齿沟槽是为端齿留出容屑空间，铣削尤其是在插铣时方便排屑；同时，端齿沟槽也是过中心切削所必须。

◆ 齿数

立铣刀上还有一个重要参数，也可以说这个参数主要体现在端面视图上，那就是立铣刀的齿数。

立铣刀的总齿数和过中心齿数有多种组合，如图 3-14 所示自左至右是：单齿铣刀、2 齿铣刀 -2 齿过中心、2 齿铣刀 -1 齿过中心、3 齿铣刀 -1 齿过中心、4 齿铣刀 -2 齿过中心和多齿铣刀 -0 齿过中心。

铣刀的刀齿数多少关系到铣削效率，通过铣刀芯部直径关系到铣刀的刚性。图 3-15 是铣刀的齿槽数与铣刀刚性、容屑能力关系的简图，总体而言，一般铣刀齿数越少，芯部直径就越大，反映到铣削性能上则是容屑能力越强、铣刀刚性越差。

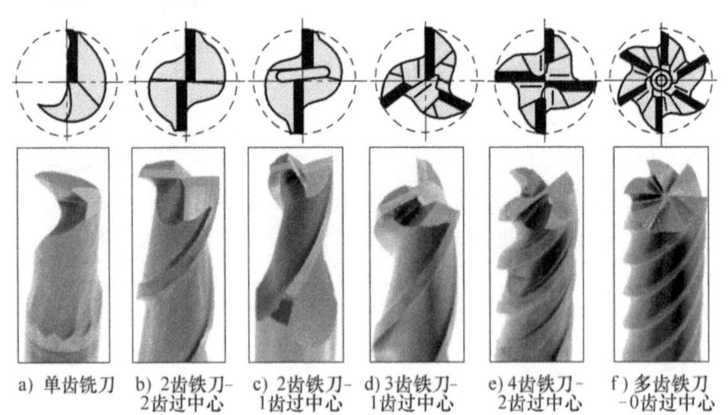

图 3-14 立铣刀齿数

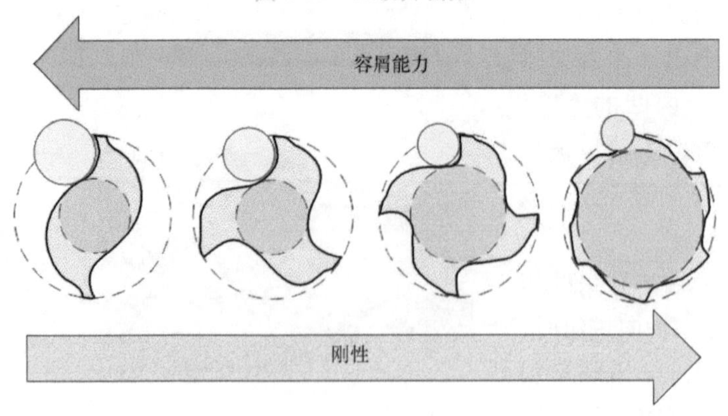

图 3-15 立铣刀齿数与铣刀刚性、容屑能力关系

2 齿（槽）铣刀的特点是排屑空间很大，刚性不足，适合于长切屑材料。

3 齿（槽）铣刀的特点是排屑空间大，刚性好，切削效率高，通用性好。

4 齿（槽）铣刀的特点是排屑空间略有不足，但铣刀刚性很好，适合于高效精加工，工件表面质量好。

6 齿（槽）铣刀的特点则是排屑空间极小，但铣刀刚性极好，这种铣刀很适合于精加工，高效加工，高硬度加工，加工表面质量非常好。

当然，保证齿数不变时，也可增加容屑空间，但这会导致刚性下降。这样的槽形（见图 3-16）对于加工铝、铜等强度不高的非铁材料时比较合适。一方面是因为这类金属强度较低，刀具切削时的切削力小，刀具所需承受的力也较小，较低的强度对于这样的铣削任务还是可以胜任的；另一方面是这类材料因切削力小故切削热也低。

但是正是由于这类材料的切削力、切削热较低，加大了容屑能力后可以加大切削用量，但加大的切削用量又增大了切削力，从而又需要提高刀具的刚性，因此，需要采用如图 3-17 所示的双芯部直径的立铣刀。图示的铣刀彩色的是山高刀具的 Jabro-Solid[2]，而灰色的则是瓦尔特刀具的 Proto · max ™ $_{TG}$。双芯部直径的设计在某种程度上能实现容屑能力和刀具刚性的平衡。

图 3-18 是一个专门修型的铣刀容屑槽槽底的示意图。这个案例经过修型的铣刀的刚性比普通默认的槽底提高了不少，切屑的排出时的变形加剧，卷屑更紧。

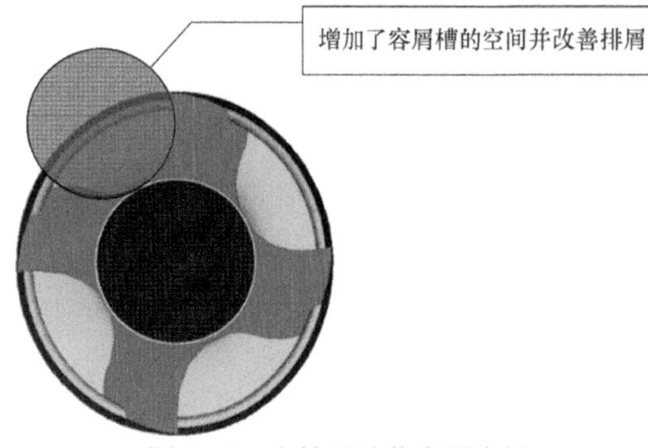

图 3-16　立铣刀改善容屑空间
（图片源自山高刀具）

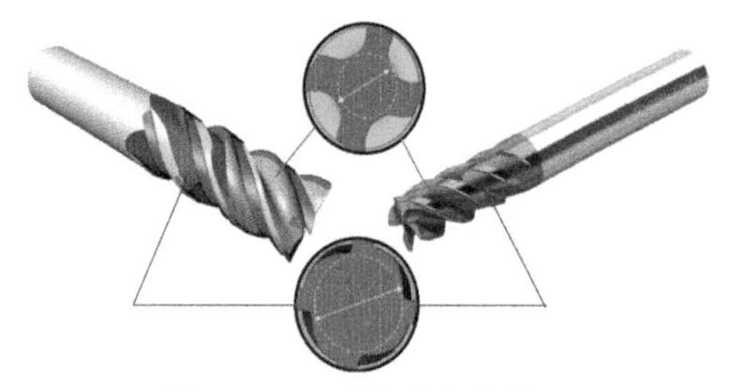

图 3-17　双芯部直径立铣刀
（部分图片源自山高刀具）

a）普通的默认槽底
(VHM)

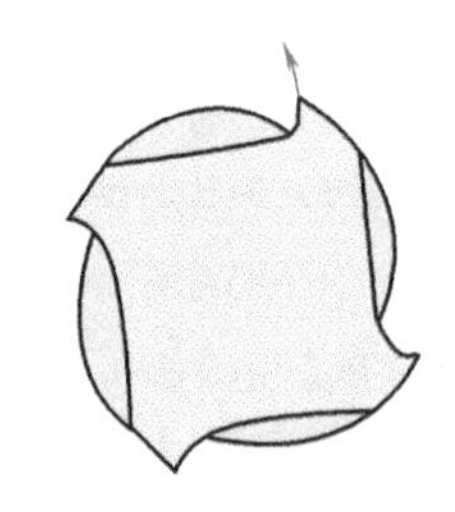

b）专门修型的槽底
(hpM)

图 3-18　专门修型的铣刀容屑槽槽底
（图片源自山高刀具）

同样的刀齿数还有一个不同的结构，就是不等分齿。图 3-19 是两种不等分铣刀的示意图。不等分的刀齿在切削时能产生交变的切削频率，不易与机床发生共振，抑制铣削中刀具振动。

铣刀的容屑除了与齿数有关，还与周齿的几何参数有关，下面讨论铣刀的周齿。

■ 周齿

立铣刀外圆上的刀齿称为周齿。周齿是立铣刀从事侧壁铣削的主要部分。

◆ 螺旋角

要讨论的周齿第一个参数是螺旋角。所谓螺旋角，就是铣刀螺旋切削刃的切线与铣刀轴线的夹角，如图 3-20 所示。

螺旋角在切削理论上，也是刀具外圆处的轴向前角（关于轴向前角请见图 1-33 至图 1-35 及相关文字）。

立铣刀不同螺旋角对切削性能的主要影响如图 3-21 所示。从图中可以看到，右侧的直槽立铣刀（螺旋角 β=0°）由于轴向前角为零，其轴向切削力为零，全部的切削力都在刚性最弱的径向上，因此容易发生振刀。而左侧和中间的两种螺旋槽铣刀则由于一部分切削力分到了轴向（轴向是铣刀刚性最好的方向），径向的负荷就减轻了，就不容易发生振刀。

另一方面直槽铣刀的切屑流是横向的，容易受到工件切削区的干涉而形成二次切削，排屑性能差。而螺旋槽铣刀的切屑沿着与切削刃垂直的方向排出切削区，排屑性能大大改善。

图 3-22 表示了铣刀齿数和螺旋角对总切削长度轴向分量的影响。就直径 10mm 的铣刀承担切削宽度（又称“径向切削深

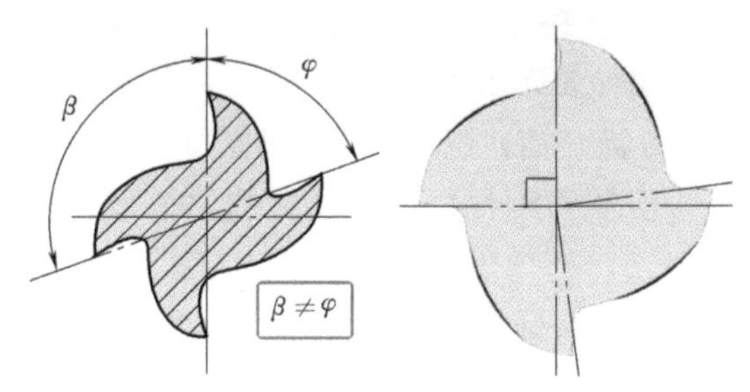

图 3-19 不等分的刀齿分布
（图片源自肯纳金属和山高刀具）

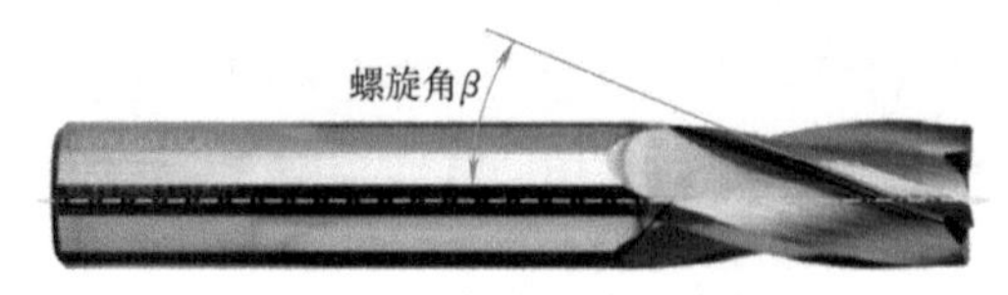

图 3-20 立铣刀的螺旋角
（图片源自山高刀具）

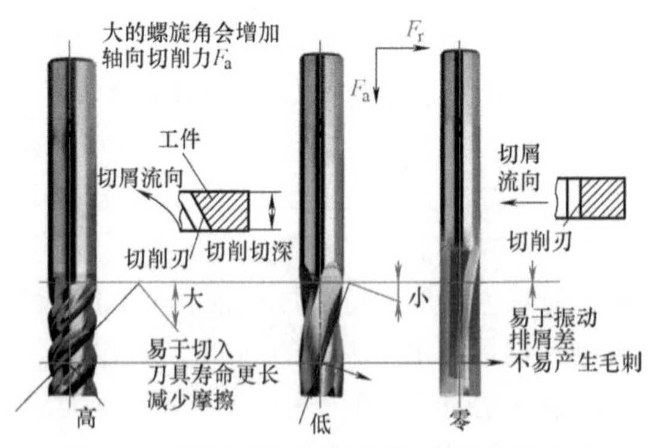

图 3-21 不同螺旋角对切削性能的主要影响
（图片源自山高刀具）

度”）10mm、切削深度（又称“轴向切削深度”）15mm 的切削任务而言，用 2 槽 30° 螺旋角的铣刀加工的总接触刃长轴向投影约为 17mm；当改用 3 槽 30° 螺旋角的铣刀加工时，总接触刃长轴向投影增加到约 25mm；再改用 4 槽 30° 螺旋角的铣刀加工时，总接触刃长轴向投影又增加到约 30mm，最后改用 6 槽 60° 螺旋角的铣刀加工时，总接触刃长轴向投影还可以增加到约 47mm。这些数据说明，随着铣刀齿数的增加，接触工件的切削刃数也相应增加，总接触刃长轴向投影得到增加，增大螺旋角的作用也类似。随着总接触刃长轴向投影的增加，一是降低了单位刀齿长度上的负荷量，二是在刀齿负荷不变的前提下可以提高切削效率。

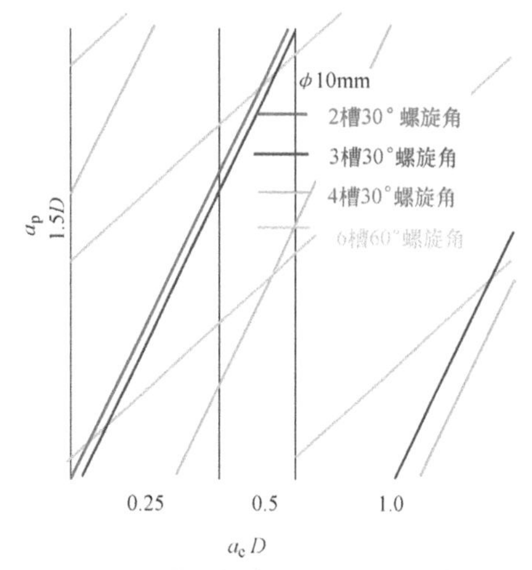

图 3-22　齿数和螺旋角对总切削长度轴向分量的影响

图 3-23 则是不同切削方向和螺旋槽旋向的四种组合，常见的是右螺旋齿右切削方向。一般而言，铣刀的切削方向主要由铣削机床的主轴旋向确定，而在切削方向确定之后，螺旋线则决定了轴向切削力的方向。

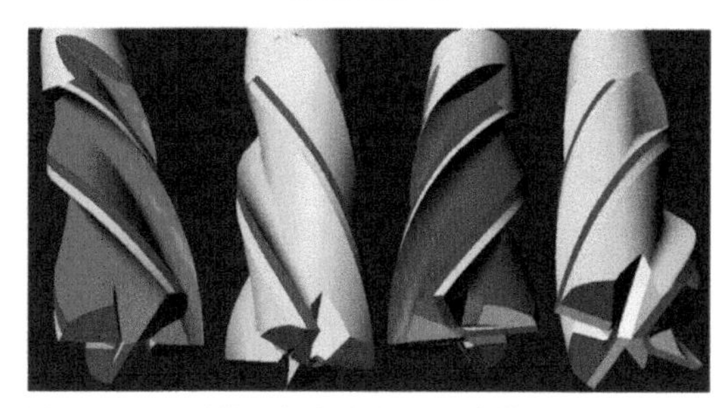

图 3-23　不同的切削方向和螺旋向的四种组合（图片源自山高刀具）

图 3-24 是一个双螺旋方向的铣刀 JS840。该铣刀用于加工碳纤维复合板的侧边。由于碳纤维复合板由几种不同的材料复合而成，通常的铣刀很难避免产生分层现象。JS840 铣刀的优点是：使反方向的切削力分为向下压力和中置力；容屑空间大，利于排屑；切削接触区小，产生更少的切削热和切削力；只对纤维产生剪切力，而不会产生向中间的扭拉。

图 3-24　用于加工复合板的 JS840 铣刀（图片源自山高刀具）

图 3-25 是住友电工的 GSXVL 型防振立铣刀。这种立铣刀不但使用了与图 3-19 那样的不等分齿，且不等螺旋角在侧面加工时能提高防振效果。

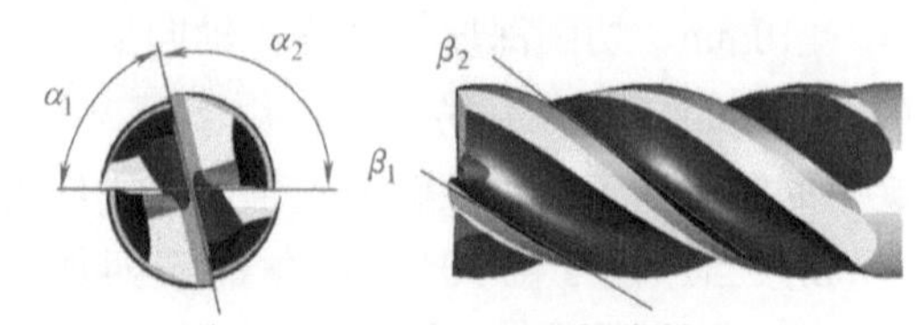

图 3-25 GSXVL 型防振立铣刀
（图片源自住友电工）

◆ 前面和后面

周齿也具有前面、后面、前角、后角、刃带等几何参数。图 3-26 就是典型的一种周齿结构。放大图中的红线是前面，这是切屑从工件上切下并被排出的必经之路；蓝点线是第一后面，绿短线则是第二后面。这第二后面虽说不是立铣刀的必备结构，却是许多立铣刀都具有的结构，它能够增加容屑空间，减少后面与被加工表面摩擦。

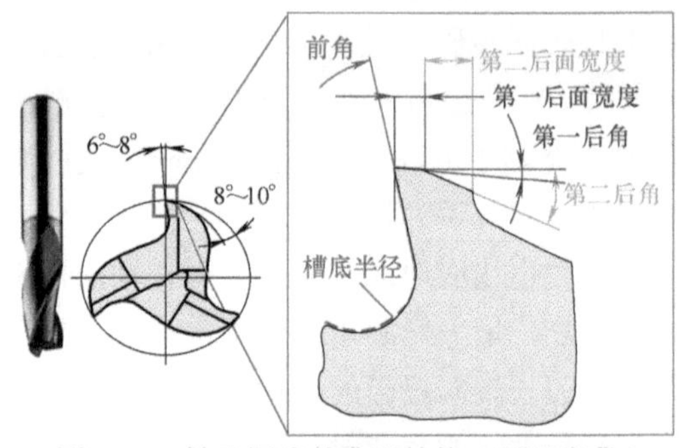

图 3-26 铣刀圆齿的典型结构（平面齿背）

1）前面的槽底圆弧是切屑流出卷曲的路径。有些时候，需要缩短切屑与刀具前面的接触长度，加强切屑的变形。这时，可以采用如图 3-18b 图所示的方法。但这种方法在增强了铣刀芯部直径的同时减少了容屑空间。图 3-27 是另一种改变切屑流出状态的方案即周齿前刀面的变化。通过这种方法，卷屑加强了，刀—屑接触长度缩短了，而容屑空间还能得到保证。

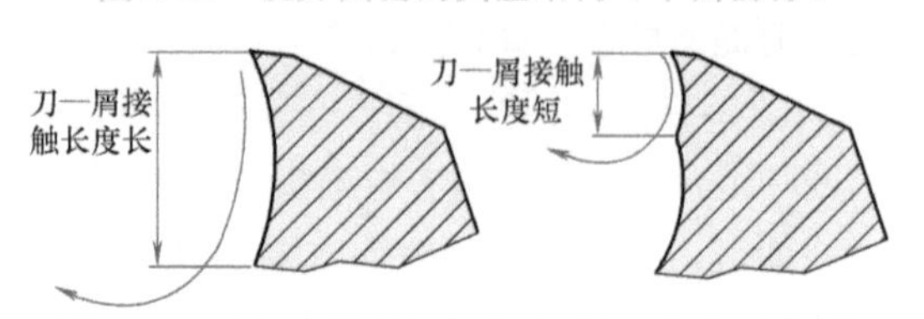

图 3-27 周齿前刀面的变化（图片源自肯纳金属）

图 3-28 是两种不同类型的周齿前角（径向前角）。正的周齿前角能形成较轻快的前角，易于切入被加工材料，切屑在前面上形成弯曲应力，这种弯曲应力如果太大会造成刀具崩刃，一般推荐用于加工软钢、铝和不锈钢等材料；负的周齿前角则形成强壮的切削刃，切屑对刀具的前

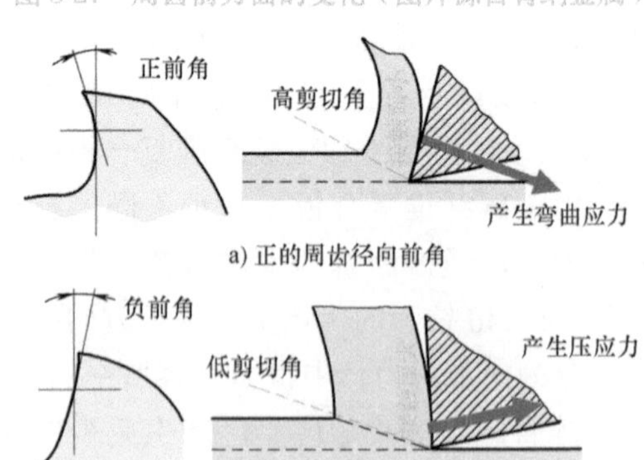

图 3-28 周齿径向前角

面产生压应力，这种应力对刀具而言不易产生破损，一般推荐用于加工中碳钢和硬化钢等。

2）周齿后面的形状也会对立铣的使用产生影响。通常，周齿的后面有三种基本形式：平面型、凹面型和铲磨型，如图 3-29 所示。

① 平面型后面比较简洁，是加工铝、铜等非铁材料时最常见的类型。它既可用于周齿，也可用于端齿，包括端齿的第一后面和第二后面。

② 凹面型后面是在切削刃的后边制造出一个凹形的空隙，这种后面结构显得十分锋利，后面磨削很简单，但切削刃之后的大后角使刀具变得脆弱和易被切屑损伤，因此，通常不推荐使用，制造厂也很少销售这种后面的铣刀。

③ 铲磨型后面又叫铲背型后面，它的特点是背部成曲线（这种曲线是阿基米德螺旋线），只要在重磨前面时保证前角不变，铣刀的后角就不会改变。这种后面主要用于周齿后角，能构成强壮的切削刃。目前，许多立铣刀的周刃径向后面都采用这种铲磨型后面，包括第一后面和第二后面，但也能偶见用平面型构成第二后面。

◆ *刃带*

一些铣刀的第一后面或第一、二后面呈凸起状，这种结构通常被称为“棱带”，也称之为“刃带”，但切削理论的“刃带”限定后角为 0°，因此称为“棱带”。图 3-26 的两个后面就在这样一个“棱带”上。过窄的棱带会使刀齿易于折断，而过宽的棱带可能导致摩擦过大。

真正 0° 的“刃带”在消振等方面有非常强的作用。前面提到过的带有不等分齿和不等螺旋角的住友电工的 GSXVL 型防振立铣刀就具有呈圆弧状的零度刃带，这个刃带在消振方面很大作用。图 3-30 右图中红色椭圆内的白色细条，就是这种刃带。

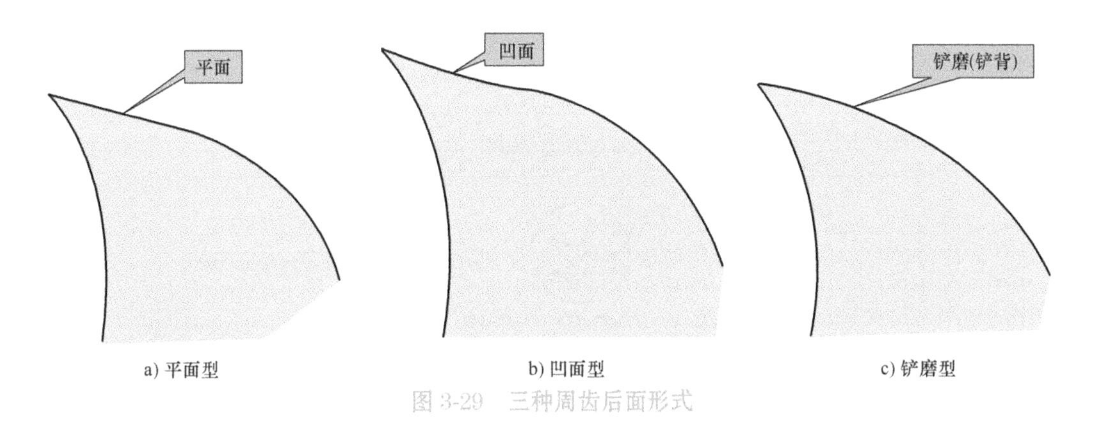

图 3-29　三种周齿后面形式

对于侧面较长的加工任务而言，带分屑槽的铣刀（见图 3-31）在粗加工范围内的应用也很广泛。

图 3-32 则是瓦尔特带分屑槽的粗加工铣刀的分屑槽类型。圆形外形（圆顶圆底）的分屑槽制造比较简单，而扁平外形（平顶圆底）的分屑槽的顶部通过外圆磨削完成。相对而言，平顶的分屑槽能使铣刀的切削刃更锋利些。

图 3-33a 是带分屑槽铣刀的分屑槽齿距

圆弧刃带
前面
外圆后角
铲背

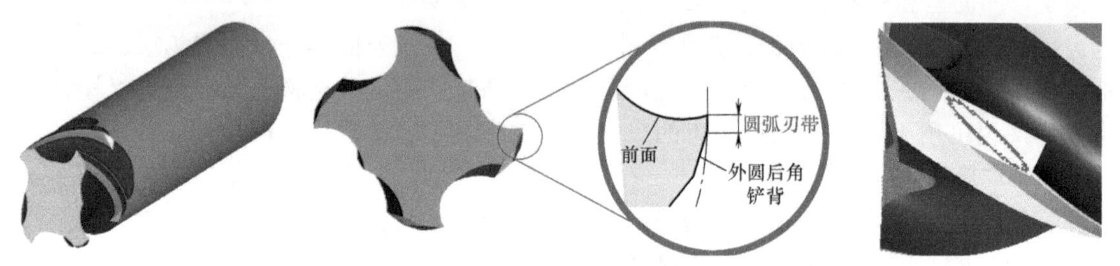

图 3-30　零度圆弧刃带铣刀

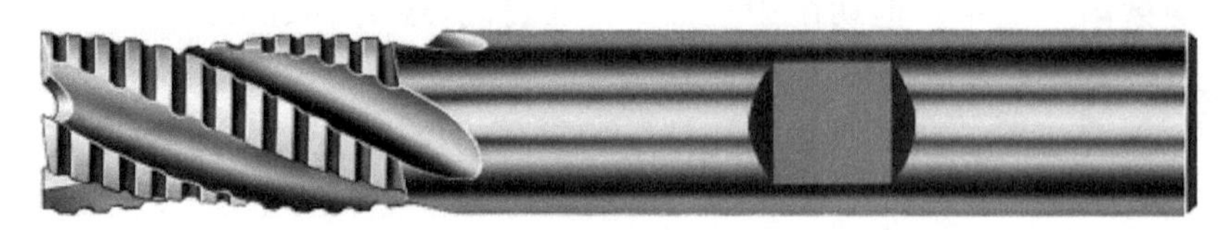

图 3-31　带分屑槽的铣刀

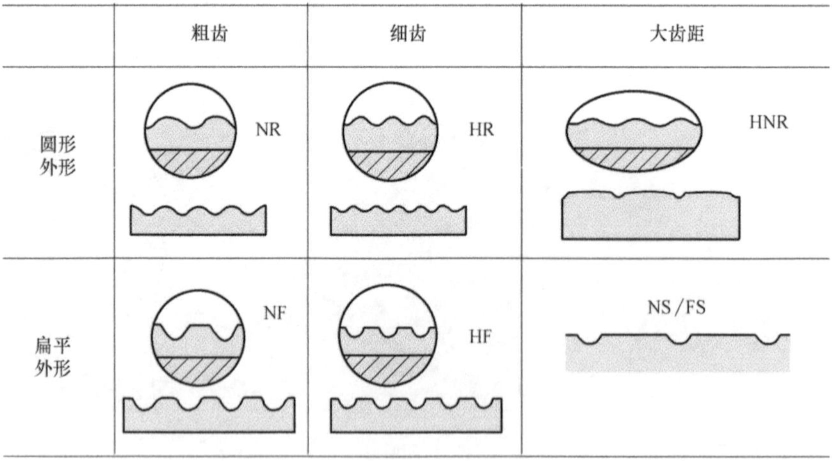

粗齿
细齿
大齿距
圆形外形
NR
HR
HNR
扁平外形
NF
HF
NS/FS

图 3-32　带分屑槽的粗加工铣刀分屑槽的类型（图片源自瓦尔特）

示意图，不同的颜色代表不同的切削刃，而一条比另一条高则包含了进给的影响。两条切削刃之间的区域就是这个切削刃的切削图形。可见，这切削图形不仅同分屑槽的齿距有关，也会与使用的切削用量有关。这与将在第 4 章讨论的玉米铣刀有些不同，波浪齿的分屑槽间一个切削刃分屑槽遗留的被加工材料不能完全被后一个刀齿所切除。

图 3-33b 则是不同的分屑槽齿距对功率和磨损的影响。密齿（齿距小）的分屑槽磨损较低，但对机床功率的需求大，因此细齿用于难加工材料和小的切削深度，而粗齿则用于高的材料去除率的切除材料，且可以用于小功率机床。

■ 拐角

拐角是指立铣刀的周齿和端齿之间过渡部分。

立铣刀的拐角有两类主要形式：倒角型和圆角型。

图 3-34a 是倒角型。倒角型的主要参数有两个：倒角宽度 K 和倒角角度（通常为 45°）；图 3-34b 则是倒圆型，倒圆型的主要参数就是圆弧半径。

拐角的后角，对于倒角型是一个独立的后角，而倒圆型要求是从周刃后角到端齿后角的自然过渡。

拐角的前面要实现自然过渡会有些困难。因此，拐角的前面有两种基本的处理方式：与周齿前面相连（见图 3-34b）和与端齿前面相连（见图 3-34c）。由于拐角处强度偏低，取端齿和周齿两个前角中数值偏低的那个相连。

a) 分屑槽齿距示意

b) 分屑槽齿距的作用

图 3-33　铣刀分屑槽的齿距（图片源自肯纳金属）

a) 倒角型

b) 倒圆型(与周齿前刃面相连)

c) 与端齿前刃面相连

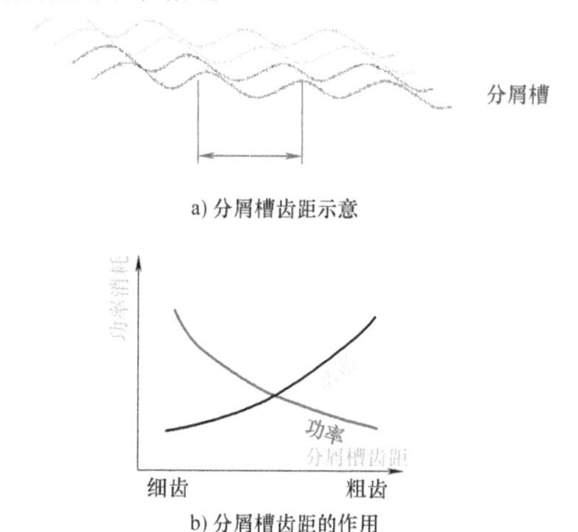

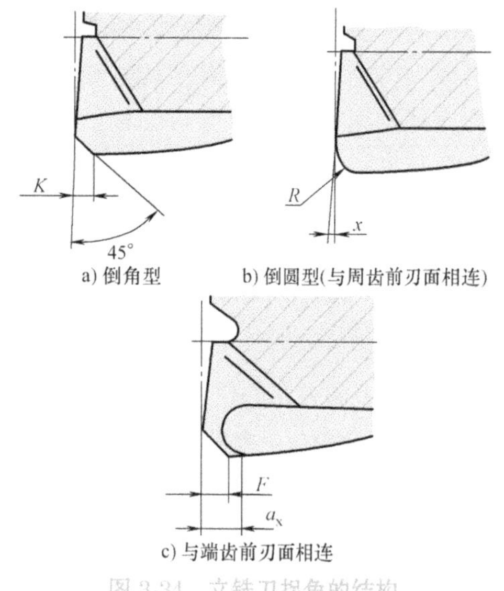

图 3-34　立铣刀拐角的结构

3.2.2 整体硬质合金铣刀的柄部

整体硬质合金铣刀的柄部主要是完整圆柱的直柄（见图 3-35）和带削平面的圆柱柄（俗称“侧固式”或“侧固柄”）。

■ 直柄

直柄铣刀的柄部是一个完整的圆柱，因此这类刀柄从柄部本身而言，精度和夹持时的对中性很好。所谓的直柄，并不意味着柄部直径尺寸 d_1 和工作部分直径尺寸 D_c 是相同的基本尺寸。有时，工作部分直径尺寸 D_c 会大于柄部直径尺寸 d_1（$D_c > d_1$），称为“缩径”；而另一种情况则是工作部分直径尺寸 D_c 会小于柄部直径尺寸 d_1（$D_c < d_1$），称为“增径”，如图 3-36 所示。

用一般的夹持方式（如弹簧夹头）夹持直柄时，主要依赖摩擦力，因此，有时会出现夹持力不够。如果在具有较大轴向力的大螺旋角铣刀使用直柄结构，比较容易被拉出夹头，尤其是在出现如图 3-5a 所示的“过切”现象时。

因此，如果使用大螺旋角铣刀进行侧铣 / 铣槽时，应采用更为安全的夹头，如强力夹头或带安全锁（Safe Lock）的夹头，也可以使用下面介绍的带削平面的圆柱柄。

■ 带削平面的圆柱柄

整体硬质合金立铣刀另一种主要的柄部结构是带削平面的圆柱柄（见图 3-37）。带削平面的铣刀的驱动并不依赖摩擦力，它依赖削平面强制驱动力，因此不会产生打滑现象。同时，削平面在轴向上对铣刀也有所限制，退刀时不会发生“掉刀”现象。

这种结构按照柄部的直径不同，可以是如图 3-37 所示，只有一个削平面，也可以是更大的尺寸有两个削平面。这两种并不是两种标准，只是一个标准刀柄在不同尺寸段的两种类型。但因为两个削平面的结构是在柄部直径大于或等于 25mm 时才使用，因此 20mm 及以下的铣刀基本上都是单削平面的结构。

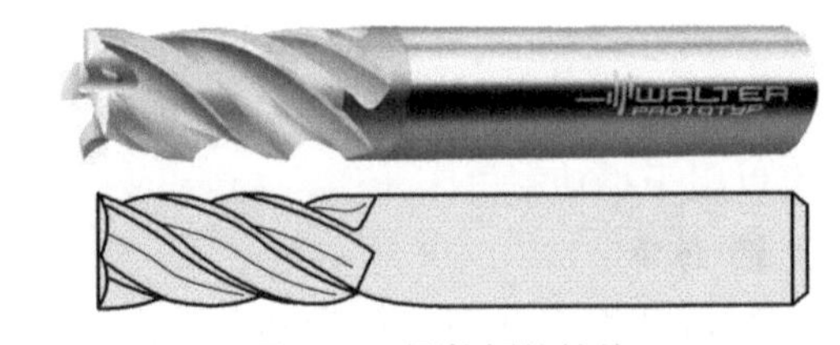

图 3-35　圆柱柄的结构

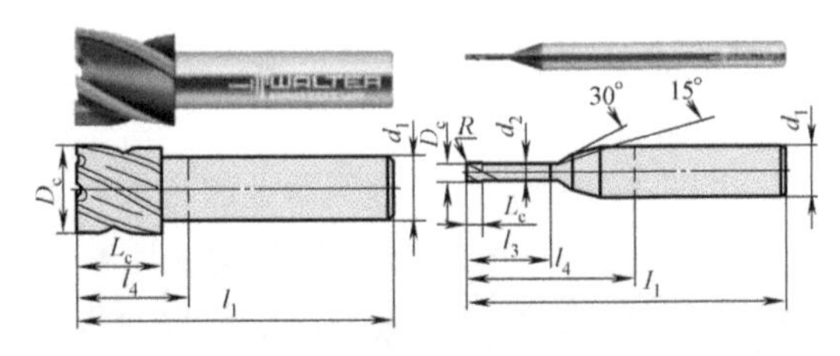

图 3-36　缩径和增径的结构

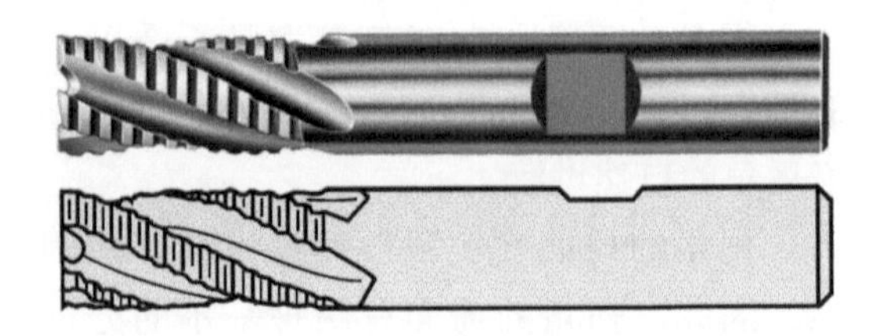
图 3-37　带削平面的圆柱柄的结构

由于存在削平面，理论上刀柄的重心会与刀柄轴线有一个小的偏差，而且这是偏离有压力面一侧的。这一点在下面的分析中会用到。

这种结构虽然能避免直柄用摩擦力带动的一些问题，但也存在三个缺点。

1）第一个缺点是刀具与刀柄的同轴度不好。带削平面的圆柱柄和其装夹用的圆柱孔之间理论上总是有一点间隙的。当圆柱柄被装入刀柄的圆孔并用螺钉锁紧后，刀具被压向一侧，其夹紧状态如图 3-38 所示，刀具的轴线与刀柄轴线会产生一个偏移，造成刀具与刀柄的不同轴。

2）第二个缺点是接触刚性不佳。由图 3-38 可以看出，在铣刀夹紧之后，铣刀与刀柄的一侧是较窄的接触带，而另一侧则不接触。这种接触带的大小和空隙的大小根据两者的间隙有所不同。如果接触带较窄和空隙过大，这会造成接触面易变形，而这样的变形会对刀具刀柄互换产生不良影响。

3）第三个缺点是动平衡不理想。除了前面提到的刀柄的重心与刀柄轴线小偏心，这种削平结构本身造成的不平衡之外，压紧的过程使这个不平衡会加剧。这对于高速加工是非常不利的。

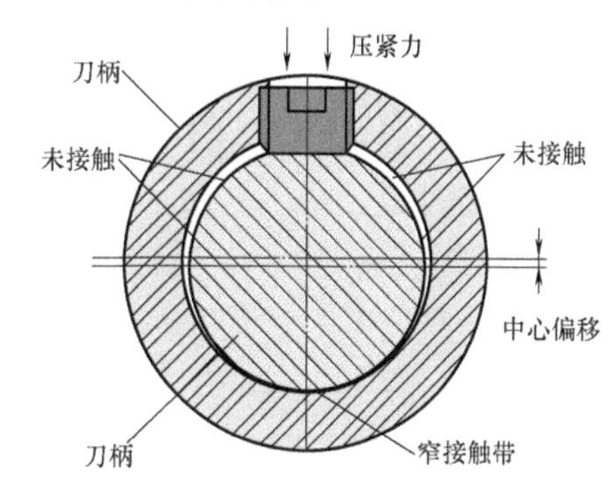

图 3-38　带削平面的圆柱柄的夹紧状态
（图片源自肯纳金属）

3.3 换头式硬质合金铣刀

换头式硬质合金铣刀是近年来国际上开始推广的。图 3-39 是瓦尔特换头式硬质合金铣刀 ConeFit 一览。这一体系还有其他铣刀，因不在本章叙述范围内，没有列入。

ConeFit 的连接示意如图 3-40 所示。山特维克可乐满也采取了同样的结构。该结构是用刀头大端锥形的锥面和端面两个定位面同时定位的“过定位”系统。通过双面定位，刀具具有极好的轴向和径向精度，传递的转矩大，为铣削的精度和切削力、切削转矩的传递提供保障。具有自定心功能的带锥度梯形螺纹能使装卸十分快速，刀头后部的圆柱提高了安全性，也避免刀头部分发生挠曲。

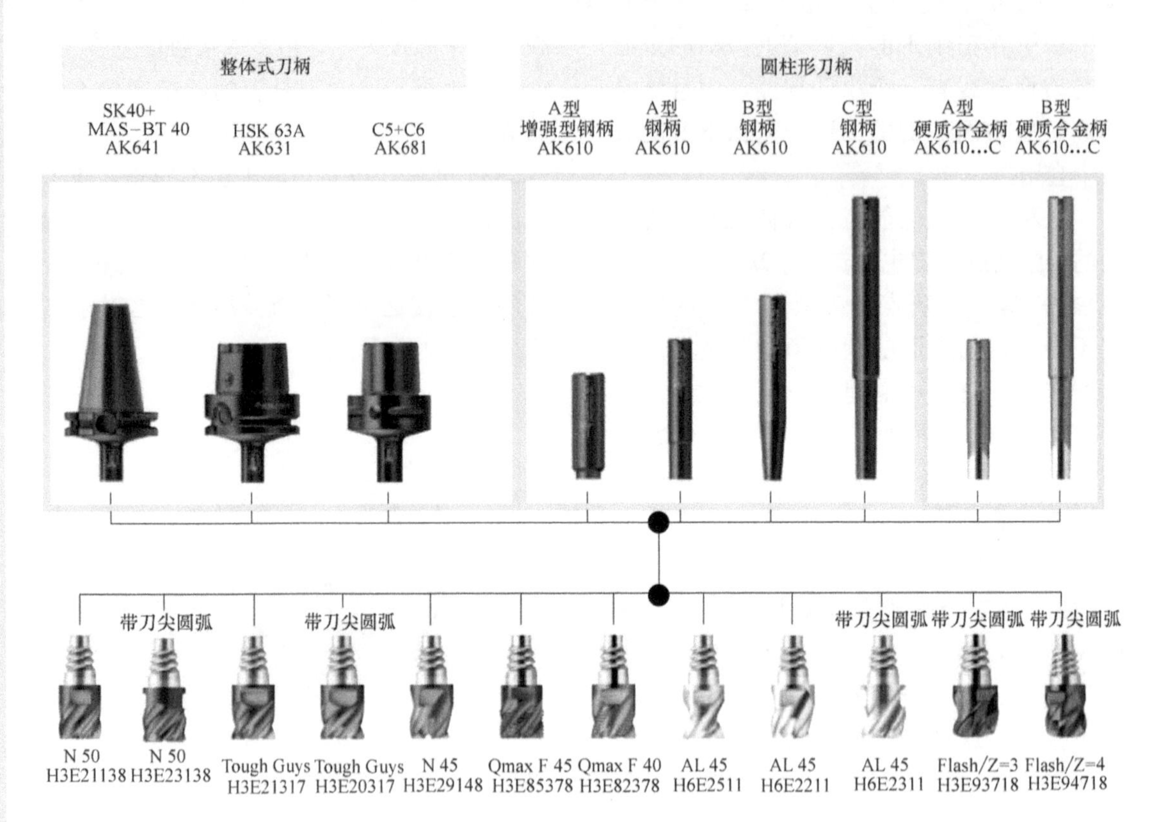

图 3-39 换头式硬质合金铣刀 ConeFit 一览

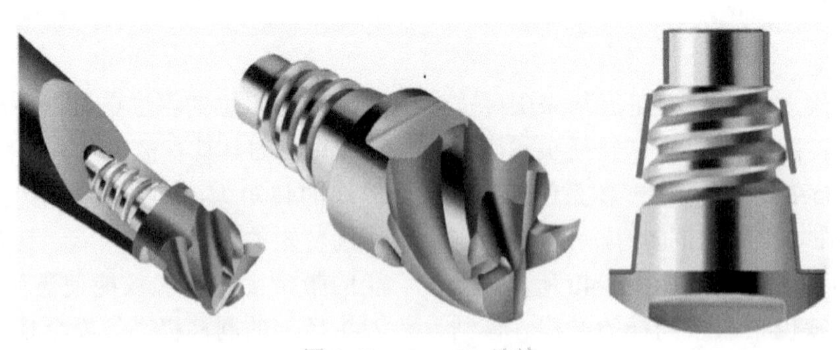

图 3-40 ConeFit 连接

图 3-41 是山高刀具第一代的小魔王的连接示意图。它通过钩形的拉杆拉紧刀头。这种结构依靠圆锥定位，不属于刚性的两面定位系统。图 3-42 则是山高刀具改进的第二代小魔王连接示意图，它的双头螺钉与刀杆是过盈联接，一经安装不再卸下，更换时只是由螺钉右侧的梯形螺纹承担。整体硬质合金的刀头的内部是连接螺纹，外部则是一个短圆锥，其定位任务由短圆锥承担，它也是属于刚性连接的两面定位系统。

图 3-43 是伊斯卡的 Multi Master 刀头实例。伊斯卡的 Multi Master 结构与山高刀具第二代小魔王原理相似，只是山高刀具第二代小魔王的螺杆是固定在刀杆上，刀头与其用梯形螺纹连接；而伊斯卡 Multi Master 则是采用刀头与梯形螺纹螺杆一体的结构，使用时与刀体连接（这一点与瓦尔特及山特维克可乐满相同）。Multi Master 结构刀头上也有一个短圆锥，连接时也是刚性的两面连接。

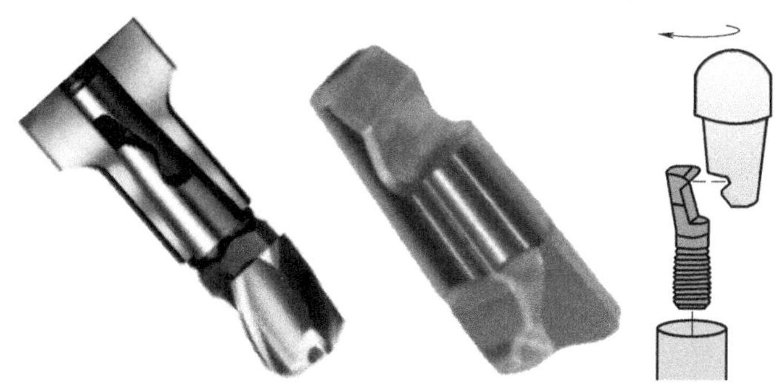

图 3-41　第一代小魔王连接（图片源自山高刀具）

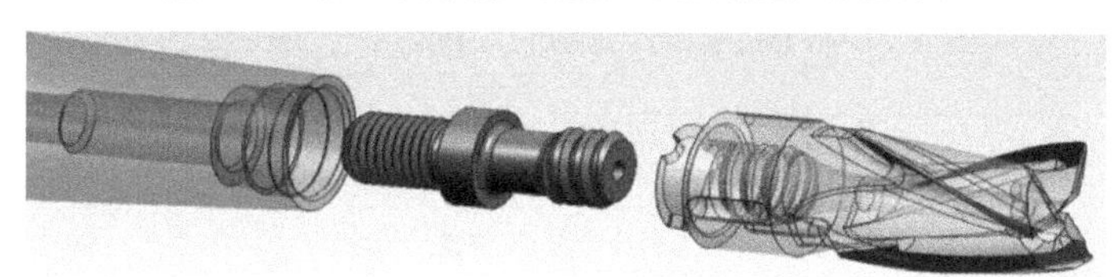

图 3-42　第二代小魔王连接（图片源自山高刀具）

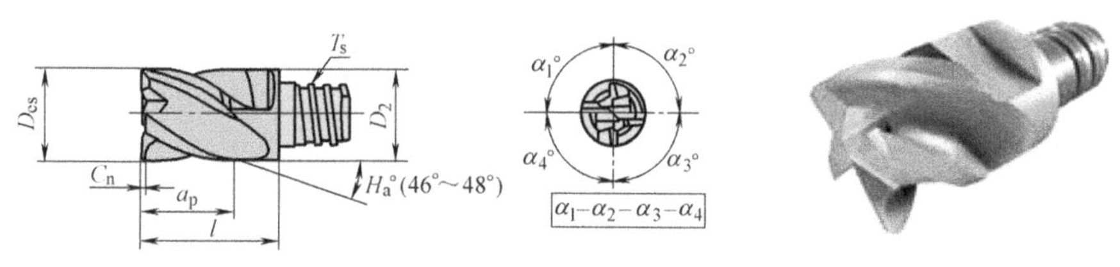

图 3-43　Multi Master 刀头实例（图片源自伊斯卡）

图3-44是瓦尔特的4种ConeFit立铣刀头。ConeFit还有用于仿形加工的刀头，因为不在本章范围之内，就不在此介绍了。

ConeFit系统是一个带有专利自定心螺纹的模块式铣削系统，它的锥形定心带来最高同轴精度，轴向支承面又保证最佳刚度。初期推出的刀杆包括了不同结构和长度的米制和英制钢刀柄（见图3-39上部绿框）和整体硬质合金刀柄（见图3-39上部红框），以及HSK63、SK40、MAS BT 40以及Capto C5和C6等的整体式刀柄（见图3-39上部蓝框）。

使用可换刀头的硬质合金铣刀可以获得与整体硬质合金铣刀相似的切削性能（钢

应用	刀具类型	应用领域注释	工件材料组							螺旋角	涂层
			P 钢	M 不锈钢	K 铸铁	N 有色金属	S 难加工材料	H 硬材料	O 其他		
粗加工	Qmax 	Qmax HR –整体硬质合金粗加工铣刀，带HR Kordel槽型 –无内冷 –可用于纯粗加工 –特别适用于不稳定的加工条件	•	••	•					45°/50°	TAX
粗加工/精加工	Proto.max™ST 	4刃刀 –高效整体硬质合金立铣刀，用于深度最大达$0.4D_c$的开槽加工 –带或不带刀尖圆角 –专门用于钢件，但也可用于不锈钢材料	••	•						50°	TAZ
粗加工/精加工	Tough Guys 	N50至45HRC –高效整体硬质合金立铣刀，带或不带刀尖圆角 –通用性好	••	•	•		•	•		50°	TAX
精加工	密齿立铣刀 	N50 –高效整体硬质合金立铣刀，带6至8个切削 –D_c直径10～25mm –50°螺旋角，专门用于精加工	••	•			•			50°	TAX

图3-44　4种ConeFit立铣刀头

刀杆时，刀具的挠度会低于整体硬质合金铣刀，但使用硬质合金刀杆时，刀具刚性与整体硬质合金铣刀基本相同），但由于和消耗品和可更换的刀头，其成本可以比整体硬质合金铣刀有所降低。同时，钢刀柄可以根据需要自行切短，这样使刀具悬伸更合适，短的悬伸刀具变形会更小，更合适用较高的切削参数来获取较高的生产率。

硬质合金刀杆主要应用于较大的悬伸。

ConeFit 的装卸也非常简便，其安装步骤如图 3-45 所示。

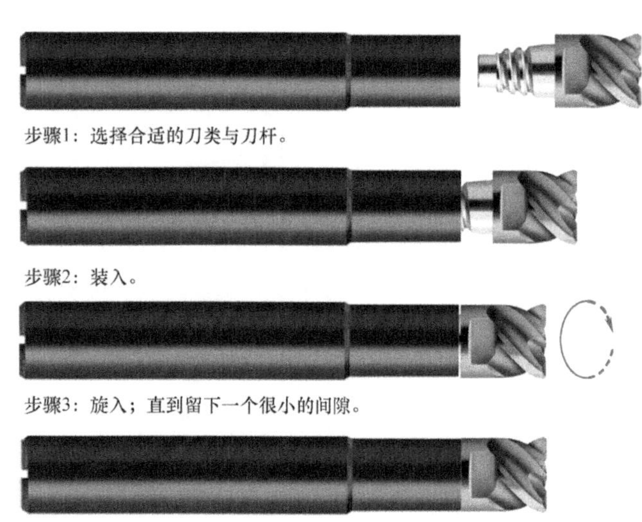

图 3-45　ConeFit 安装步骤

3.4 可转位立铣刀

可转位立铣刀在很大程度上可以看作是主偏角 90° 的面铣刀。因此，考虑可转位立铣刀的大部分因素与可转位面铣刀的选用类似，这些类似的部分在此不再讨论，这里要讨论的是立铣刀的特殊问题。

可转位立铣刀的一个特别的问题是刃口形状。如果需要加工一个平行于铣刀轴线的平面（侧壁面），就需要铣刀的刃口在一个圆柱上，如图 3-46a 所示。要实现这一目标，一个简单的途径，就是用一个与轴线平行的直线刃口（红色粗线），由这个刃口回转构成圆柱，如图 3-46b 所示。

但如果需要有一个较合适的轴向前角，也就是在一个与轴线有个夹角的平面上去设计切削刃，那么这个切削刃就应该是圆柱与这个倾斜面交线的一部分，如图 3-46c 所示。因此，如果刀具要有一个准确的侧壁面加工能力，刀片的切削刃应该是椭圆的一部分。

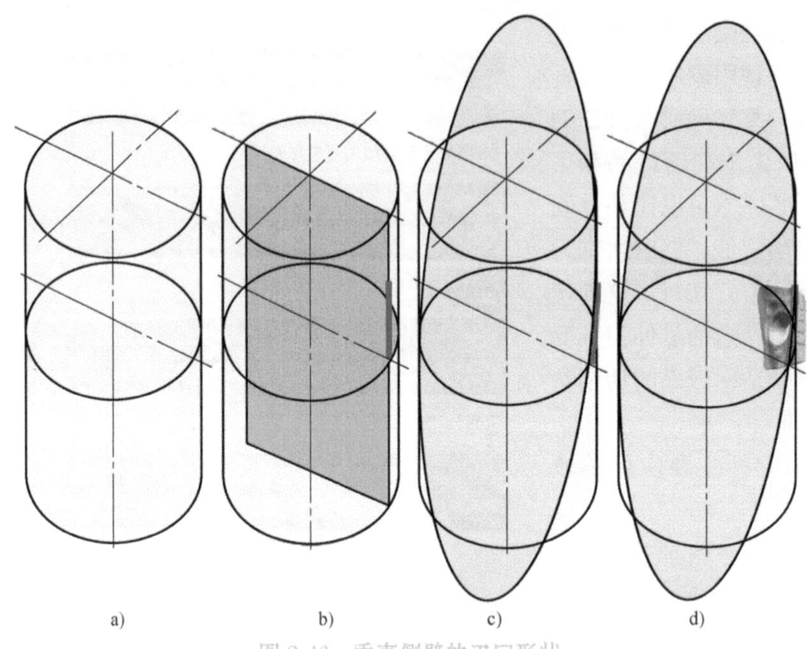

图 3-46　垂直侧壁的刃口形状

但是，要真正获得准确的侧壁面加工能力并不是如此简单。从理论上说，如果圆柱的直径不同，这个椭圆就有所不同。但出于制造成本的考虑，不可能为每一个直径都配备一种刀片。因此，要在所有的直径上使用一种刀片且都达到准确或基本准确的侧壁面加工能力，还需要其他措施。

这个椭圆一部分的曲线弯曲程度，不仅同铣刀直径有关，还同这个椭圆面的倾斜程度（即轴向前角）有关。因此，一般铣刀直径越大，轴向前角也就越大。但轴向前角并不能无限制地增大，它还受到刀片后角的影响。瓦尔特刀具按这个原理的一款刀片（见图 3-47a），刀片后角为 20°（见图 3-47b），如较小直径的刀体安装成 11° 的轴向前角，此时刀具尚有 9° 的后角（见图 3-47c），但随着刀体直径的增大，为了更好地满足刃口加工理想侧壁的需求，加大刀片的轴向前角，但如果把轴向前角增加到 16°，后角就只剩下 4°（见图 3-47d），这个大小的后角连切削平面都有些勉强，斜坡铣就完全不可能。因此，大部分这类铣刀都会留出至少 6° 的后角，这样轴向前角就不能超过 14°。

表 3-1 是瓦尔特的装 AD..160608 刀片（曲线刃口）的 F4042 刃口铣刀的加工出的侧壁垂直度数据。可以看到，在较小的刀

具直径段（40 ～ 63mm）内侧壁垂直度偏差可以基本上都为“零”。随着直径的进一步增大，由于轴向前角无法再增大，侧壁垂直度偏差开始慢慢增大。到了大的刀体直径，垂直度误差甚至会超过 F3042（直线刃）的刀具（见表 3-2）。

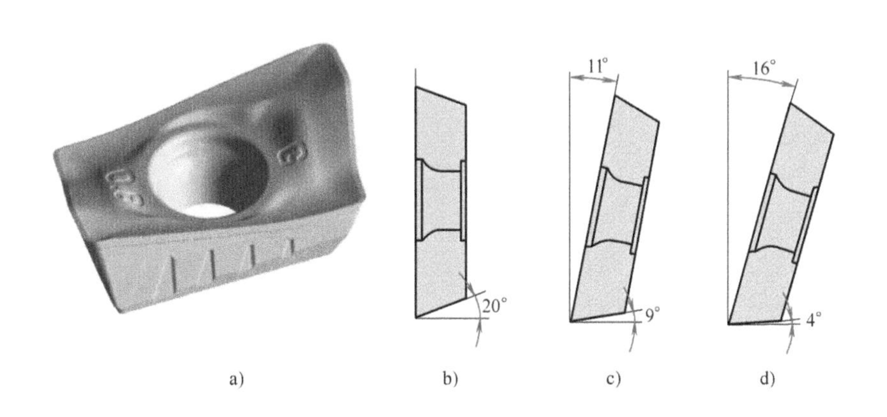

图 3-47　曲线刃口铣刀片及其安装角度

表 3-1　F4042 刃口铣刀片的垂直度

刀片编号	D_c /mm	垂直度偏差 /mm
AD..160608	40	0
	50	0
	63	0
	80	0.03
	100	0.05
	125	0.07
	160	0.08

表 3-2　F3042 刃口铣刀片的垂直度

刀片编号	D_c /mm	垂直度偏差 /mm
AP..15T3	40	0.1643
	50	0.1315
	63	0.1044
	80	0.0823
	100	0.0658
	125	0.0527
	160	0.0411

4 槽铣刀的选用

槽铣刀顾名思义，就是用于加工“槽”的铣刀。这样的槽包括键槽（普通平键槽及半圆键槽）、半封闭槽或通槽、窄槽、退刀槽、T 形槽、燕尾槽等。从结构上，数控加工中的槽铣刀同样有可转位槽铣刀、可换头槽铣刀、整体硬质合金槽铣刀等，个别场合也有使用高速钢槽铣刀的。

4.1 可转位槽铣刀

4.1.1 键槽铣刀

所谓键槽铣刀，一般是指有两个端齿而至少其中一齿过中心的立铣刀。图 4-1a 是瓦尔特 F2237 的可转位键槽铣刀及其应用。

键槽铣刀以前铣削时的典型方法是先轴向铣削（见图 4-1b 中的红色箭头），制出一个基本尺寸与铣刀基本尺寸相同的圆形平底孔，然后再横向走刀（见图 4-1b 中的蓝色箭头），完成整个键槽的加工。这种加工方法也被称为“啄铣”。啄铣不是推荐的加工方式，这里推荐的加工方式是向下的斜坡铣。关于啄铣和斜坡铣的方法，随后介绍。

精铣平键键槽的方式走刀如图 4-2 所示，以免发生类似图 3-5 的键槽侧壁倾斜的现象。

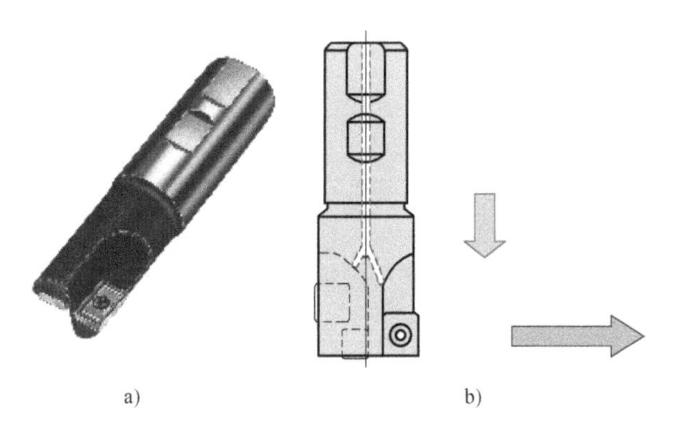

a)　　b)

图 4-1　F2237 键槽铣刀及其应用
（图片源自瓦尔特）

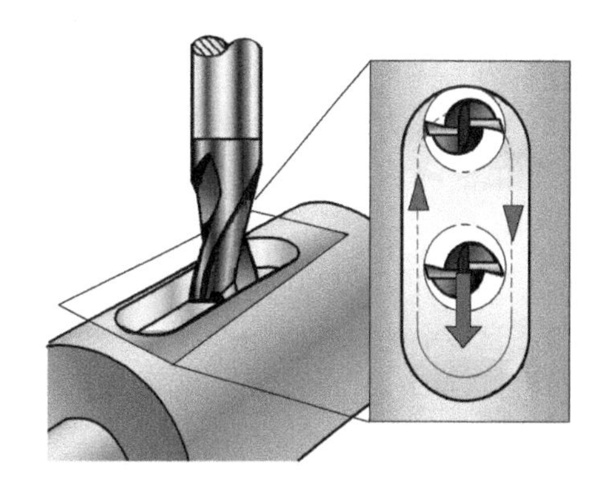

图 4-2　精铣平键键槽的走刀方式
（图片源自山特维克可乐满）

4.1.2 玉米铣刀

玉米铣刀是一种用于铣槽或铣较高的侧壁面的刀具，一般具有多个容屑槽，因每个容屑槽上有多个切削刃（刀片），因酷似玉米棒而得名，如图4-3所示。

图4-3 玉米铣刀（图片源自瓦尔特）

玉米铣刀的刀齿结构分为两种：错齿玉米铣刀和全齿玉米铣刀。下面分别加以介绍。

■ 错齿结构玉米铣刀

错齿结构的玉米铣刀（见图4-4），一个容屑槽上的两个相邻刀片之间有一个空隙，这个空隙由另一个容屑槽上的一个刀片来完成。错齿结构的玉米铣刀有一个需要特别提醒使用者的，就是这种错齿结构的玉米铣刀两个容屑槽只能作为一个刀齿。

图4-4 错齿结构玉米铣刀（图片源自瓦尔特）

■ 全齿结构玉米铣刀

全齿结构的玉米铣刀（见图4-5），一个容屑槽上的两个相邻刀齿通过空间位置的安排，在轴向上有所重叠，这样一个容屑槽上的刀齿就能完成一个刀齿的任务。错齿玉米铣刀和全齿玉米铣刀的刀齿轴向位置如图4-6所示。

图4-6a是错齿结构，它的两个刀片之间有一个空隙（见图中两条红色虚线的中间部分），它留下的切削任务需要下一个容屑槽上的刀片来承担；同样，这条容屑槽上的两个刀片间也有一个空隙（见图中两条黄色虚线的中间部分），它留下的切削任务需要下一个容屑槽上的刀片来承担。

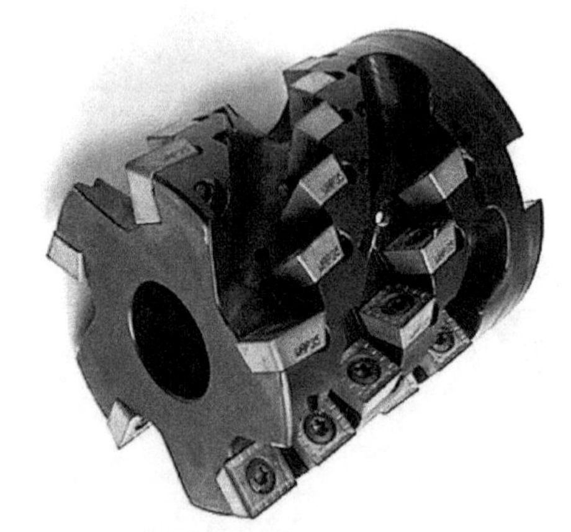

图4-5 全齿结构玉米铣刀（图片源自瓦尔特）

图 4-6b 则是全齿结构，它上一个刀片与下一个刀片的轴向有一个重叠（见图上绿色及紫色的粗虚线）。因此，全齿玉米铣刀每个容屑槽就可以作为一个刀齿来使用，效率比错齿结构高出一倍。

a) 错齿结构的F2338铣刀

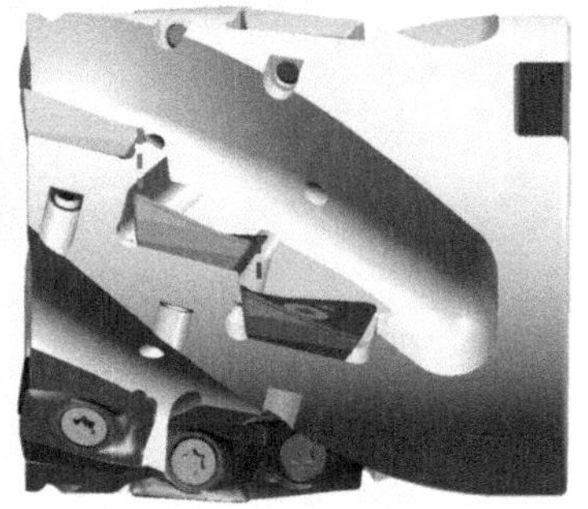

b) 全齿结构的F4238铣刀

图 4-6 玉米铣刀刀齿轴向位置（图片源自瓦尔特）

■ **换头玉米铣刀**

可转位玉米铣刀有直柄（包括削平直柄）、莫氏锥柄、套式、模块式、7∶24 锥柄等多种形式，其中模块式和 7∶24 锥柄的有一种可换头结构，如图 4-7 所示。

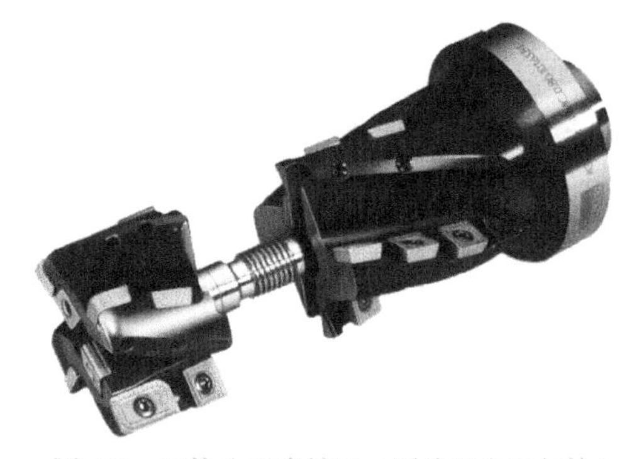

图 4-7 可换头玉米铣刀（图片源自瓦尔特）

玉米铣刀头部的切削受力非常大，比较容易损坏。可换头部的玉米铣刀的头部可以与后部分离成为独立的单元，损坏后单独更换成本会有所降低。

可换头部的另一个好处是头部的形式更多：基本直角、大圆角甚至球头都是有可能的选项，这样加工的柔性更强。

4.1.3 T 形槽铣刀

T 形槽是机床台面和夹具表面等平面间连接的一种常见结构。可转位 T 形槽铣刀是用于加工这种结构的专用铣刀，如图 4-8 所示。

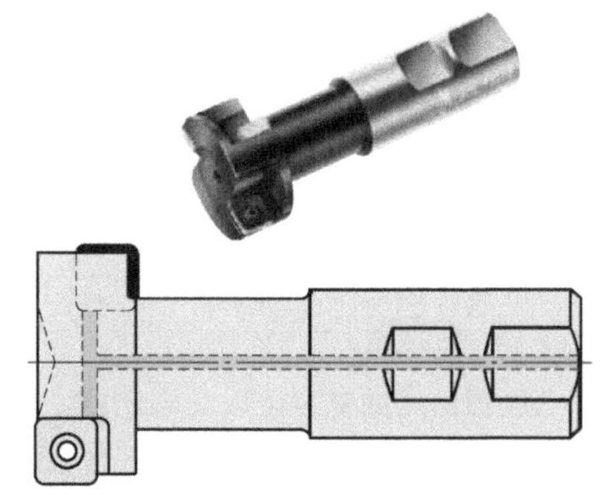

图 4-8 可转位 T 形槽铣刀（图片源自瓦尔特）

4.1.4 环槽铣刀

图 4-9 是瓦尔特可转位环槽铣刀。环槽铣刀主要用于切削孔类零件的环形密封槽。

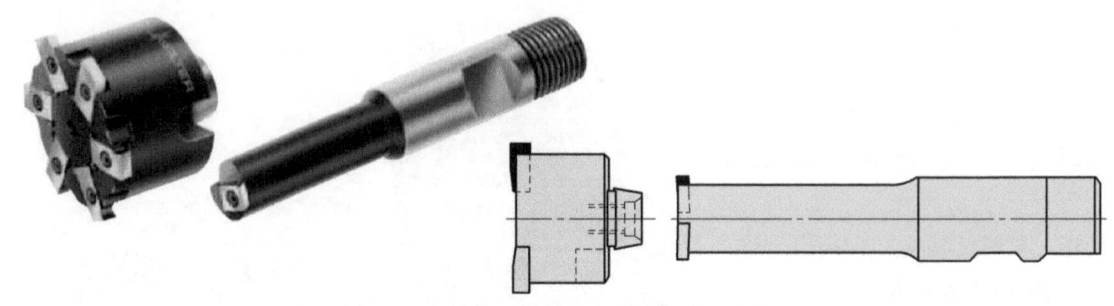

图 4-9　可转位环槽铣刀（图片源自瓦尔特）

4.1.5　切深槽铣刀

对于切深槽而言，首选应该就是这类深槽铣刀，而不是立铣刀或者玉米铣刀。

■ *两面刃和三面刃铣刀*

图 4-10 是一组分别为左侧和右侧铣削的可转位两面刃铣刀。

图 4-10　可转位两面刃铣刀（图片源自瓦尔特）

两面刃是指铣刀的外圆和一个端面共两个面有刀齿。如果铣刀的外圆和两个端面都有刀齿，就会称为三面刃铣刀。

图 4-11 就是可转位三面刃铣刀。图 4-10 和图 4-11 两种铣刀的区别还在于：图 4-10 是轴向尺寸不可调的铣刀，而图 4-11 轴向可调（调节方式见图 2-40）；图 4-10 是立装刀片铣刀，而图 4-11 是平装刀片铣刀。当图 4-11 安装左右两种刀座时，是如图所示的三面刃铣刀；但如果只装一种切削方向的刀座，就是一种两面刃铣刀。

图 4-11　可转位三面刃铣刀（图片源自瓦尔特）

三面刃铣刀的宽度可以是固定的，但为了适应更大范围以获得较好的经济效益，许多三面刃铣刀都有可调的方式。除了图 2-40

介绍的瓦尔特调整方式外，还有其他不同的调节方式，如图 4-12 所示的山高刀具三面刃铣刀调整机构。在图 4-12 的方式有一个嵌入刀座的调整螺钉，通过拧动在铣刀端面的螺钉，就能带动刀座沿轴向移动。

图 4-13 是山特维克可乐满的三面刃铣刀调节示意图。其结构只有一个调整销，刀座可以让调整销在销钉槽内移动。这种刀具的调节是依靠手动轻轻锤击刀座侧面来完成的。

三面刃铣刀可以多个排成一队同时进行铣削，以加工一组侧面，如图 4-14a 所示。排铣的切削力会比较大，也比较容易引起振动。应用飞轮（见图 4-14b 的左侧就是飞轮）通常是减少这些振动的良好解决方案，机床中的功率、转矩和稳定性不足带来的问题，通常可以通过正确使用飞轮来解决。在具有

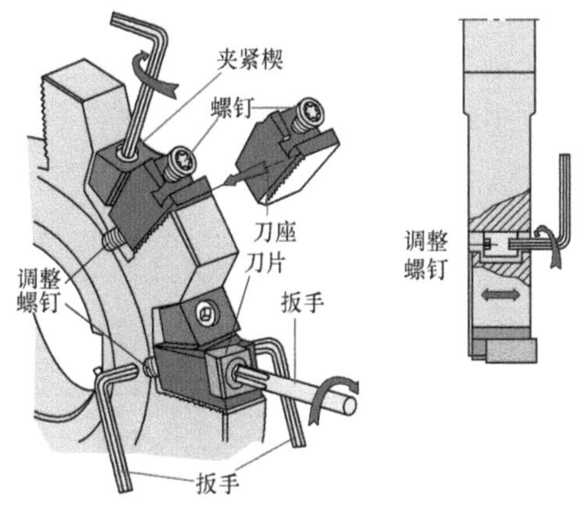

图 4-12　三面刃铣刀调整机构
（图片源自山高刀具）

图 4-13　三面刃调节
（图片源自山特维克可乐满）

a) 排铣与错齿

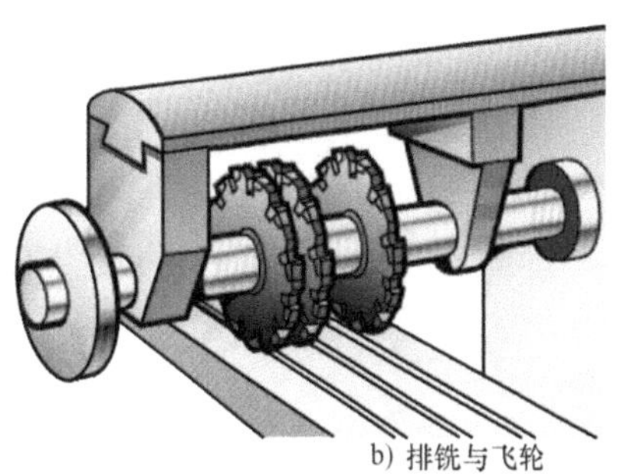

b) 排铣与飞轮

图 4-14　排铣方式（图片源自山特维克可乐满）

低功率的小机床中或具有较大磨损的机床中，常常会需要飞轮。使用飞轮会使加工更平稳，进而减小噪声和振动，延长刀具寿命。进行三面刃铣削时，为了进一步改善稳定性，在应用许可的范围内，使用尽可能大的飞轮，并使飞轮尽可能靠近刀具。

另一方面，各个两面刃或者三面刃的刀盘之间应错开齿距布置，这样也有利于避免振动。

■ **可转位锯片铣刀**

图 4-15 是瓦尔特的两种锯片铣刀 F2255 和 F5055，都是用于切很窄的细缝或切断。

图 4-16 是图 4-15 的锯片铣刀 F5055 的刀片夹紧方式。与 F5055 相配的刀片后部具有一个弧形，这种结构可以使切削力被引至刀片座的固定部分，其优化的上压板又提供特别高的夹紧力，使得大前角的刀片与刀体之间的锁紧能够严丝合缝。刀片的装卸需要使用专用的扳手，图 4-17 是用专用扳手在 F2255 刀体上装卸刀片的示例。

薄片的锯片铣刀的使用通常有一个要求：必须使用两个驱动环或者垫圈，如图 4-18 所示。图 4-15b 则是套式的锯片铣刀，

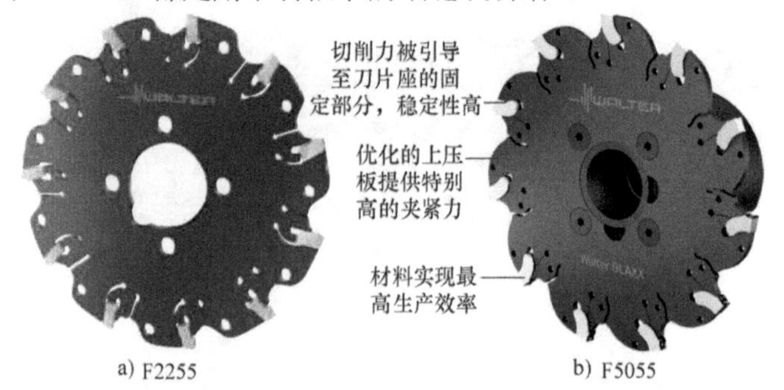

图 4-15 两种锯片铣刀（图片源自瓦尔特）

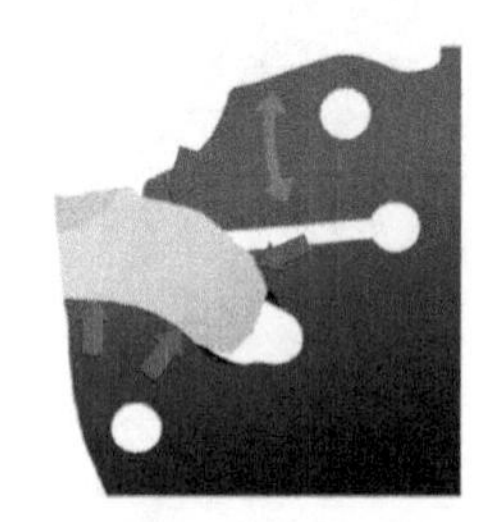

图 4-16 F5055 的刀片夹紧方式

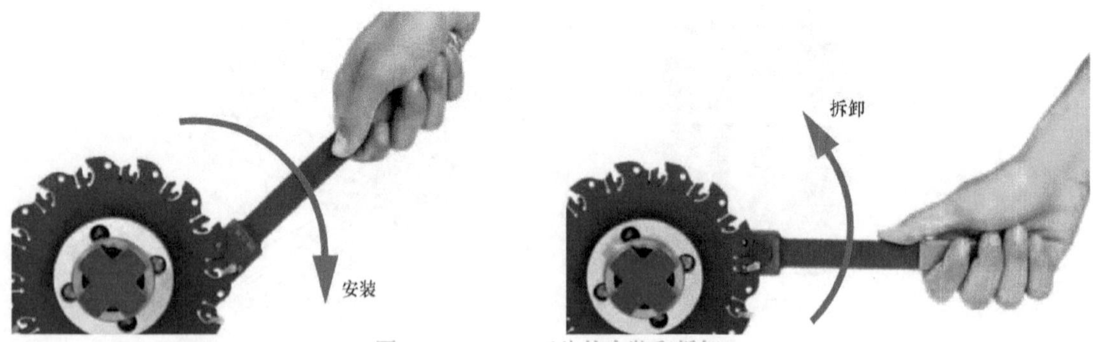

图 4-17 F2255 刀片的安装和拆卸

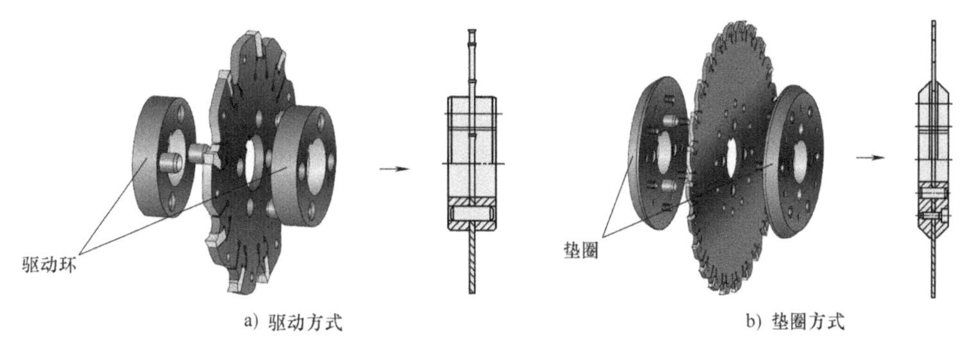

图 4-18　薄片的锯片铣刀使用

其简图如图 4-19 所示。这种套式的锯片铣刀不需要驱动环或垫圈，铣刀端面上也没有干扰性锁紧元件。当 F5055 卸下后面的套式夹持件之后，其可以与 F2255 一样用驱动环和垫圈装夹；同样，如果在 F2255 的驱动钉孔口增加锥形沉孔，也能用套式夹持件装夹。

4.1.6　小直径内孔槽铣刀

对于较小的直径，一般的内孔槽铣刀难以加工。图 4-20 是号恩的小直径孔槽铣刀 M308 系列的头部为整个刀片或刀头的内孔铣槽刀具能够成为一个补充。

这类可替换的刀头有单齿、三齿、六齿等多种形式，供不同直径或有些相同直径但不同加工任务选用，如图 4-21 所示。单齿的切槽刀头，最小的可加工直径 6.5mm 以上的孔中间的槽。刀杆同样具备钢刀杆与硬质合金刀杆两种，硬质合金刀杆的刚性较钢刀杆要高出约三倍。

更小的则同样是整体硬质合金的刀头连带刀杆（见图 4-22），这样的结构甚至可以完成 4 ～ 10mm 孔中的切槽，最小的槽宽可以到 0.5mm。

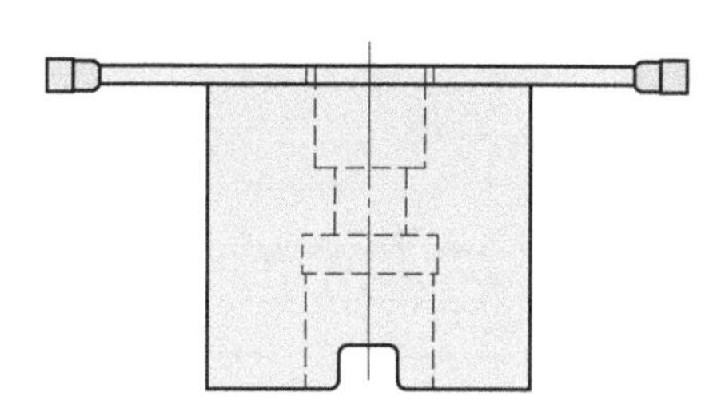

图 4-19　F5055 套式薄片锯片铣刀简图

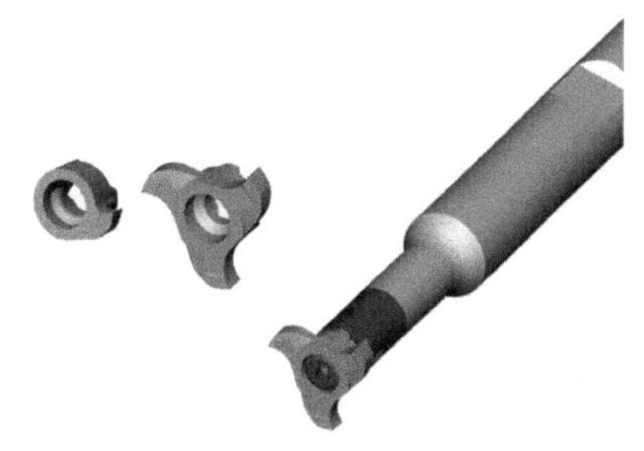

图 4-20　小直径孔槽铣刀 M308 系列（图片源自号恩）

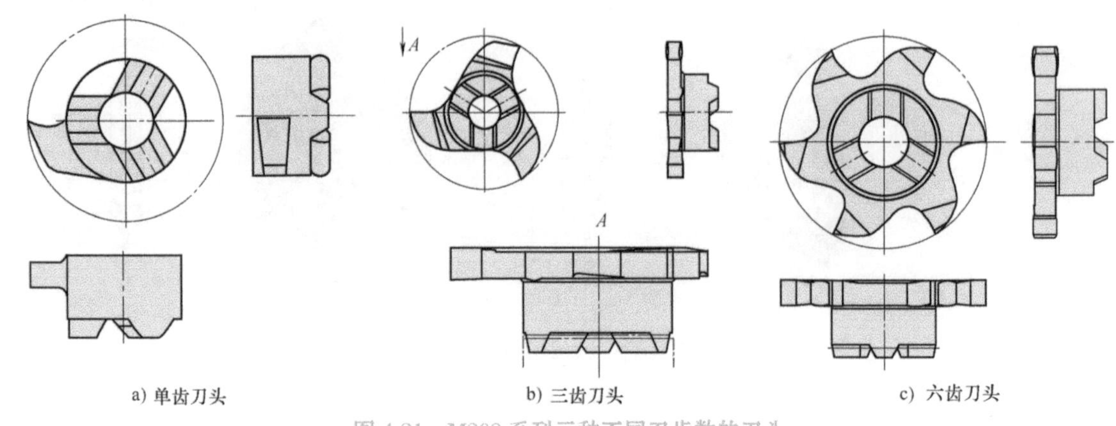

a) 单齿刀头　　b) 三齿刀头　　c) 六齿刀头

图 4-21　M308 系列三种不同刀齿数的刀头

图 4-22　小直径孔槽铣刀 DCN 系列的刀头连带刀杆（图片源自号恩）

4.2 整体键槽铣刀

4.2.1　整体硬质合金键槽铣刀

整体硬质合金键槽铣刀是两槽的硬质合金立铣刀的一种。其端齿上的两齿必须有一齿过中心（通常两齿都过中心），如图 4-23 所示。

键槽铣刀必须要具备相对比较强的轴向进刀能力，因此，其端齿的排屑能力比一般的立铣刀要高一些。

4.2.2　高速钢槽铣刀

小尺寸的 T 形槽、半圆键和燕尾槽铣刀基本上是整体高速钢材质的。但要在数控机床上高效率地使用，应选用含钴（Co）量较高（>5%）、用粉末冶金方法制造的高速钢，因为含钴高速钢的耐高温性能（热硬性）更高，能承受更高的切削速度，粉末冶金高速钢（PM-HSS）则很多性能都能

得到明显改善。

■ T形槽铣刀

T形槽铣刀实际上可以看成是一个带有刀柄的错齿三面刃铣刀，如图4-24所示。这种铣刀的两个端面（垂直于轴线的面）都有刀齿，但刀齿一般都不过中心。

有些T形槽尺寸偏大，一次切削难以完成整个加工任务，这时就需要T形槽粗铣刀。T形槽粗铣刀的周齿与立铣刀的周齿一样，也会设置分屑槽。

■ 半圆键槽铣刀

半圆键槽铣刀外形上与T形槽相似，但由于加工对象不同，铣刀在刀具尺寸及刀具径部的安排上都有所不同。T形槽铣刀的大径和厚度是按T形槽的宽度和高度设计的，而半圆键槽铣刀（见图4-25）的大径和厚度则是按半圆键的圆弧和厚度要求设置的。

■ 燕尾和燕尾槽铣刀

图4-26是燕尾和燕尾槽铣刀的示意。

选用时需要根据燕尾槽 α 角，常规的燕尾槽有55°和60°两种，而有些厂商所供应的标准燕尾槽铣刀，也许并不符合用户的需要。

另外，有些燕尾槽铣刀是带端齿的，当然也有不带端齿的。

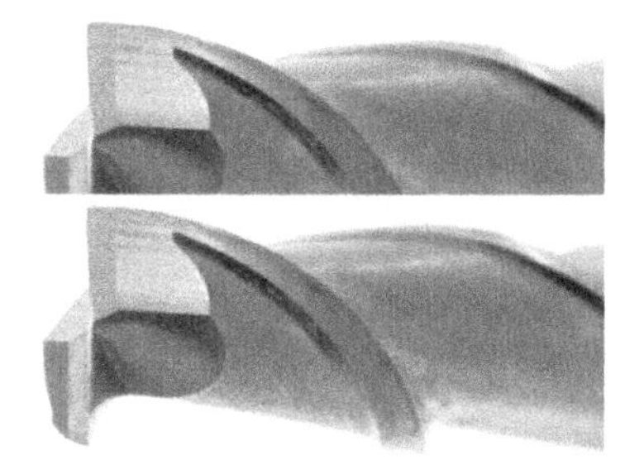

图4-23　整体硬质合金键槽铣刀

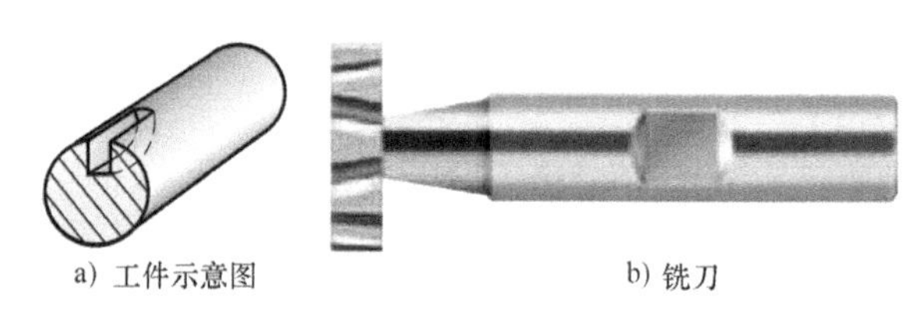

a）工件示意图　b）铣刀

图4-25　半圆键槽铣刀

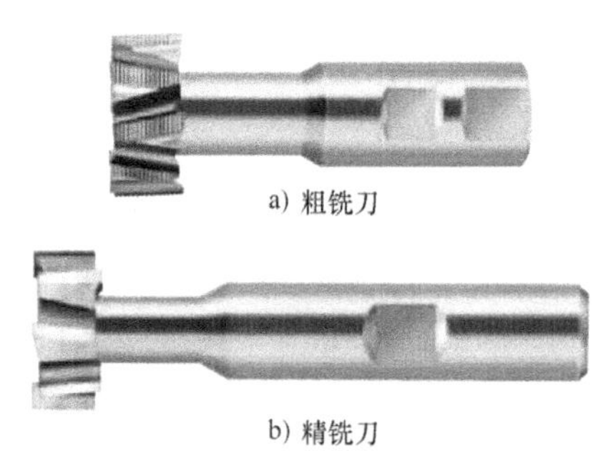

a）粗铣刀

b）精铣刀

图4-24　T形槽铣刀

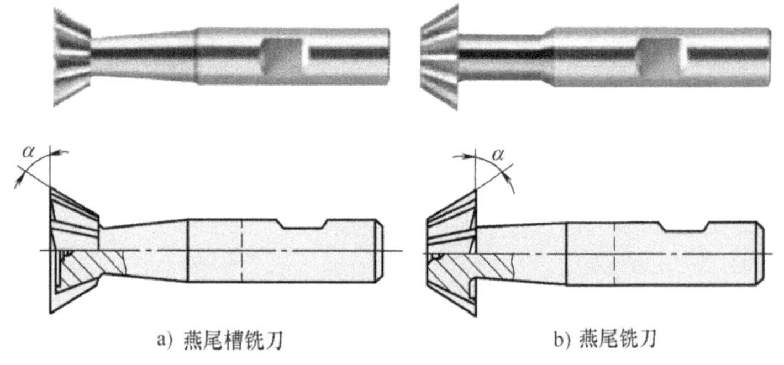

a）燕尾槽铣刀　b）燕尾铣刀

图4-26　燕尾和燕尾槽铣刀

5 仿形铣刀的选用

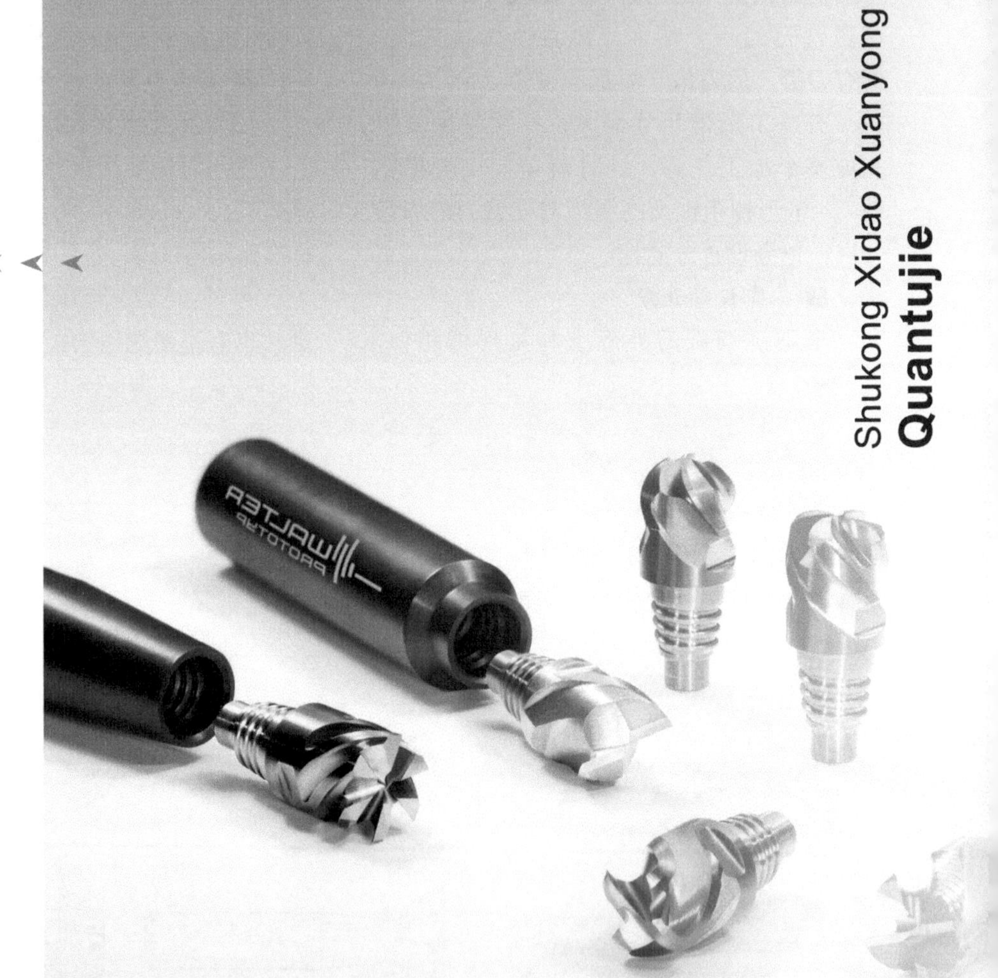

仿形铣刀又称模具铣刀，是用于模具制造的仿形加工的一类铣刀。仿形铣刀主要有球头铣刀、圆角铣刀、大进给铣刀、插铣刀四类。面铣刀、立铣刀、键槽铣刀在模具加工中也会经常用到。从刀具结构上，常用的仿形铣刀有可转位结构、可换头可转位、可换头硬质合金、整体硬质合金几种。本章将先介绍可换头可转位刀具的结构，然后分球头铣刀、圆角铣刀、大进给铣刀、插铣刀四类对各种结构的仿形铣刀进行介绍。

5.1 可换头可转位铣刀

可换头可转位铣刀可以说是一种小型的模块化铣刀。瓦尔特的 ScrewFit 就是其中的一个典型。如图 5-1 所示是瓦尔特 ScrewFit 系统简图。

ScrewFit 系统的刀杆是钢的，也有长的刀杆是硬质合金的。钢的刀杆除了直柄的、莫氏锥柄的，还有 7∶24 锥柄的、瓦尔特自有的模块化系统 NCT、HSK 等，而硬质合金刀杆主要是直柄的。ScrewFit 系统的刀头是钢制的，几乎都是装硬质合金刀片。就目前的系统，主要是铣刀，也有少量的钻头、扩孔钻、镗刀等孔加工刀具，以及弹簧套夹头等结构。

如图 5-2 所示是 ScrewFit 锁紧示意图。

图 5-1　ScrewFit 系统简图（图片源自瓦尔特）

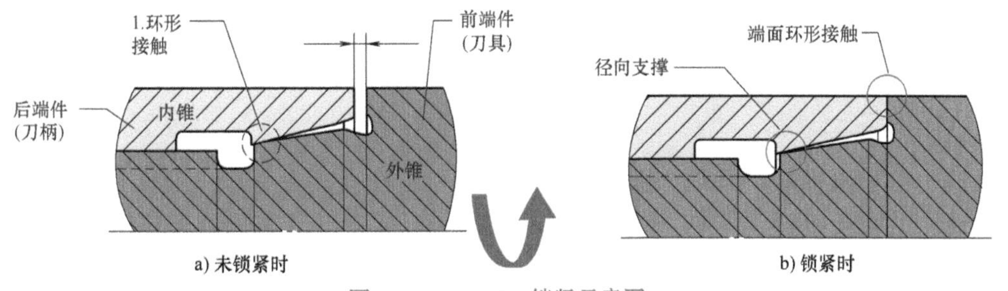

图 5-2　ScrewFit 锁紧示意图

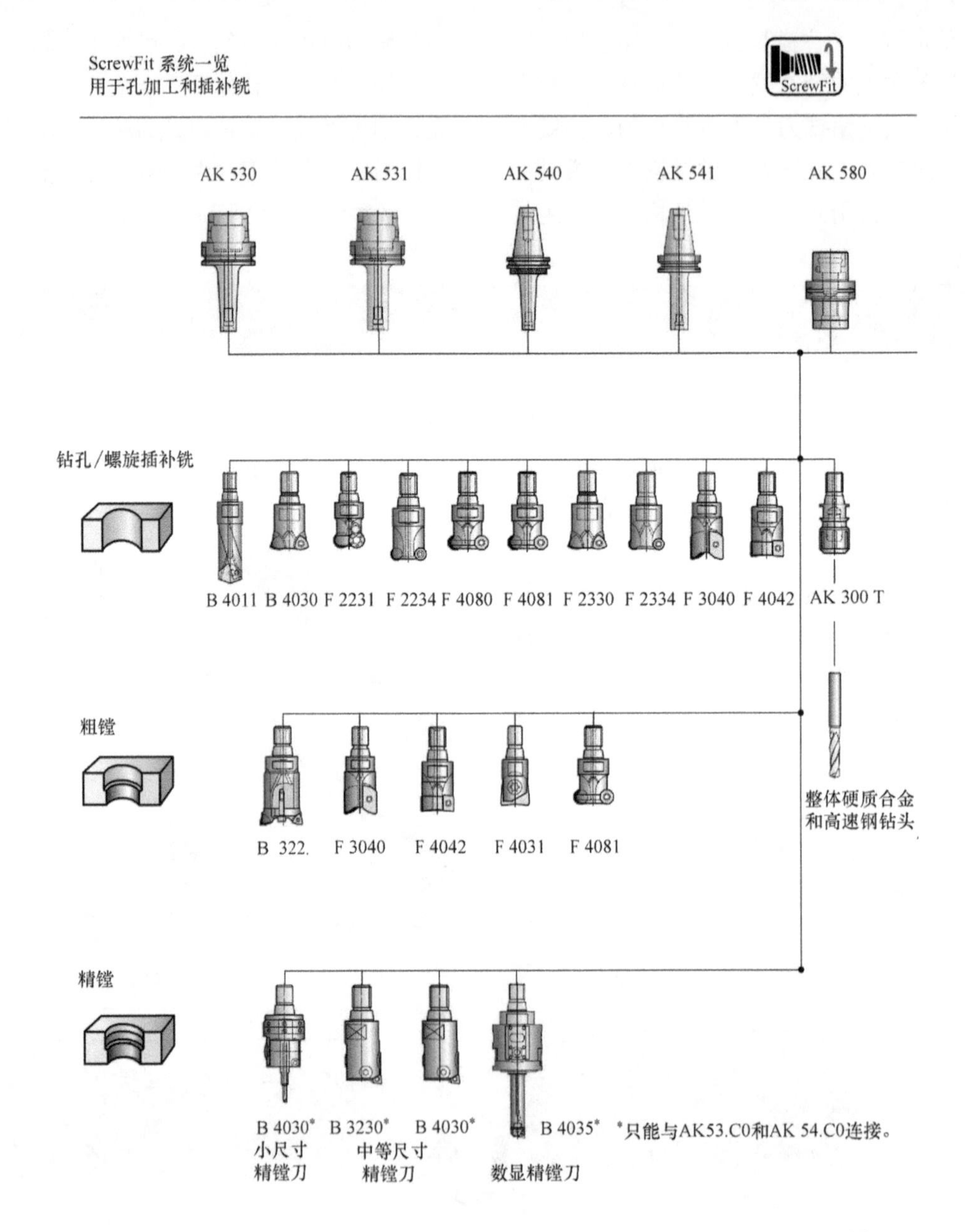

图 5-3 ScrewFit

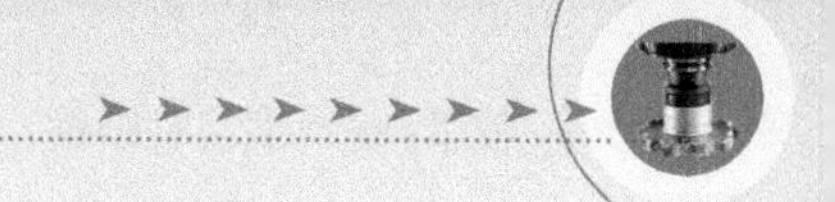

ScrewFit 系统一览
用于铣削

ScrewFit

AK 550 AK 510 AK 520 AK 521 AK 522

面铣

F 2232[1] F 4080 F 2330 F 4033 F 4047 F 4048 F 4030

方肩铣/槽铣

AK 300 T F 2241 F 3040 F4.38 F 4041 F 4042 F 4042R F 4722

仿形铣

整体硬质合金
和高速钢铣刀

F 2139 F 2231 F 2234 F 2239 F 2339 F 2334 F 4031

[1]用于铣45°倒角

系统图

当刀头未被锁紧时，内外圆锥只是在圆锥的小端处形成环形接触，两者的端面间存在一个微量的间隙。在刀头的锁紧过程中，内外圆锥的小端部分产生弹性变形，从而形成有一定接触宽度的环形支承，同时，两者端面的间隙被逐渐消除并同样通过弹性变形形成接触刚度。这种过定位的方式完全解决了其他一些结构在加工中由于切削力而导致的轴向或（和）径向的尺寸漂移，从而保证了加工有更的高精度和刚性。

图 5-3 是包括孔加工与铣削的瓦尔特 ScrewFit 系统图。

由于 ScrewFit 有相当大的柔性，其或短或长都比较容易取得较为合适的刀具总长。在第 2 章的铣刀长度和直径的影响中已讨论过刀具长度的影响，刀具的总长越短，刀具刚性越强。在大部分场合，铣刀总长哪怕短 1mm 也是有价值的。图 5-4 是肯纳金属的一种有些与 ScrewFit 类似的模块刀杆，它在技术上与 ScrewFit 的区别就是它不是用圆锥定位，而是用圆柱定位。虽然圆柱定位径向精度不如圆锥定位，但肯纳金属的这种模块刀杆在调整刀具总长方面有独到之处。

该系统的接杆上具有长度定位的一组定位孔，刀柄上有两个锁紧螺孔。请注意接杆上的定位孔孔距与刀柄上的锁紧螺孔孔距并不一致，刀柄上的孔距是接杆上孔距的 2.5 倍。这意味着接杆每拉出或缩进半个孔距，就有一个且仅有一个锁紧螺钉可以将接杆与刀柄的相对位置固定，这样可保证仅需一个刀柄和接杆组，就能变化出许多较合适刀具总长的组合，这对提高刀具的刚性很有意义。而且，这种接杆也有内部有硬质合金芯的高刚性接杆，可进一步提高系统在较长悬伸时的刚性。

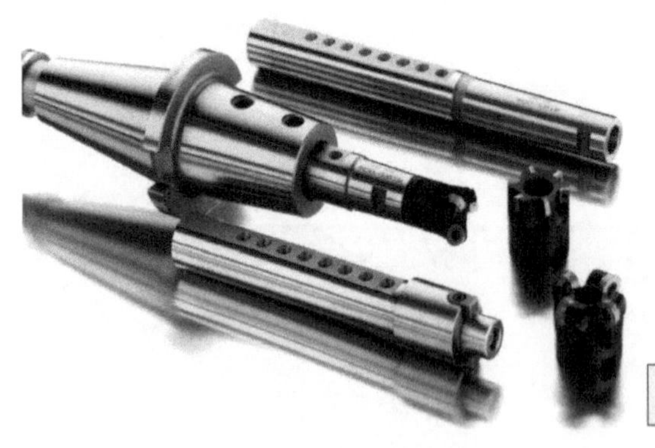

a) 部件及总成照片

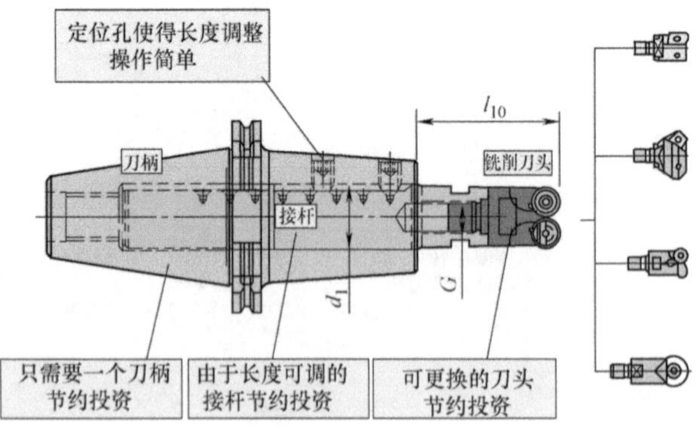

b) 原理图

图 5-4 模块刀杆（图片源自肯纳金属）

5.2 球头铣刀

球头铣刀顾名思义就是头部为球形的铣刀。球头铣刀可分为粗加工球头铣刀和精加工球头铣刀两种。

从结构上看，可转位球头铣刀、可换头可转位球头铣刀、整体硬质合金球头铣刀、可换头硬质合金球头铣刀都是可选的，如图 5-5 所示。

图 5-5 的两种可转位球头铣刀都是类似于可转位玉米铣刀的搭接齿的方式。其中的左起第一个是全齿的球头铣刀并且带有边齿，也可以说是带球头的玉米铣刀，它的一个容屑槽上的刀片在轴向可以完全接上，完成从第一个刀片至最后一个刀片的完整切削（但有多个容屑槽时一般只会有一个容屑槽上有过中心的刀片）。而左起第三个则是错齿的结构，两个相邻的弧形三边形刀片间有一个空隙，需要由另一个容屑槽上的一个同样的弧形三边形刀片来完成其余下的切削任务。

一般的球头铣刀的端齿是一个完整的半球形，而图 5-5 的左侧第三个则是圆弧超过半球的形式。这种过半球的球头铣刀是可以用后面的刀齿进行所谓的背铣，如图 5-6 所示。

可转位球头铣刀的第二种结构是整个球头部分由一个刀片完成，不做搭接，因为由于刀片总有制造误差，由搭接形成的圆弧总会有一些接刀的痕迹，整个圆弧由一个刀片完成就是基于这种考虑。图 5-7 就是这样的铣刀，又常称为柳叶铣刀 F2339，这是因为这类铣刀的刀片常常呈现柳叶的造型。柳叶球头铣刀的圆弧值并不十分精准，但对于大部分塑料模具的加工还是足够的。对于更高精度要求的球头铣刀，则可使用下面介绍的第三种可转位球头铣刀或整体硬质合金球头铣刀。

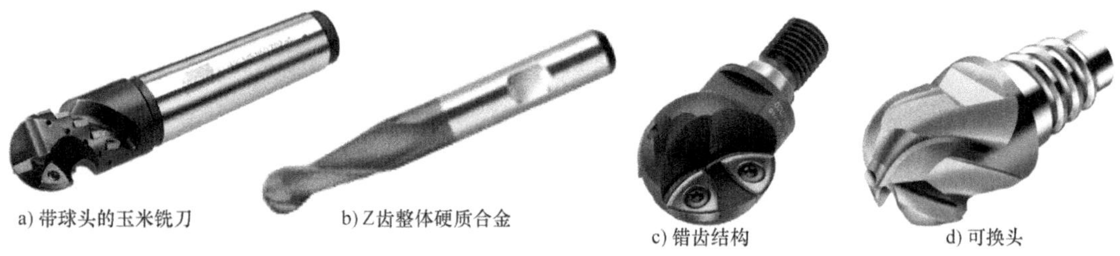

a) 带球头的玉米铣刀　b) Z齿整体硬质合金　c) 错齿结构　d) 可换头

图 5-5　多种结构的球头铣刀

柳叶球头铣刀F2339的其他信息可参考图2-45及其说明。

第三种可转位球头铣刀是单刀片的可转位球头铣刀，如图5-8所示。这类球头铣刀的刀片精度一般比较高，两个切削刃都可以过中心切削。这类铣刀许多刀具厂商都有提供，但刀片与刀杆的定位方式却不尽相同。

整体硬质合金球头铣刀和换头式硬质合金球头铣刀大致都有2～4齿的。图5-5中左起第二个是2齿的整体硬质合金球头铣刀，而图5-5中左起第四个是4齿的可换头球头铣刀。4齿的球头铣刀较2齿的球头铣刀容屑槽小，刚性强，适合已有型腔的加工，而2齿的球头铣刀更合适在实体上直接加工出型腔。

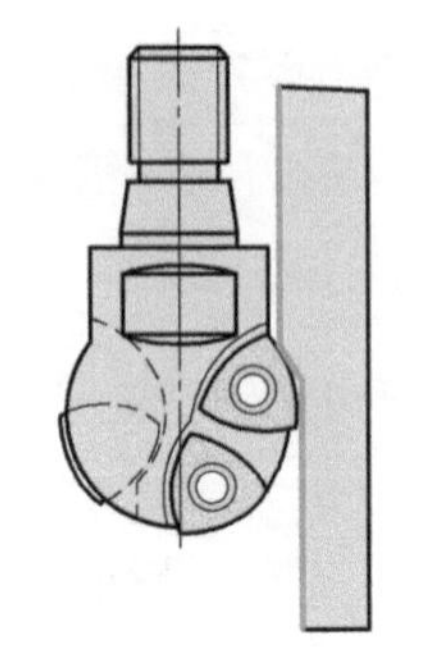
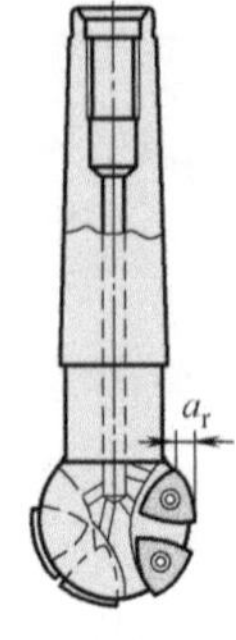

刀具直径 D_c /mm	a_r /mm
20	2.0
25	2.8
30	3.5
32	4.4
40	4.6
50	5.0

图5-6　背铣加工及其可用背铣极限

图5-7　柳叶球头铣刀F2339

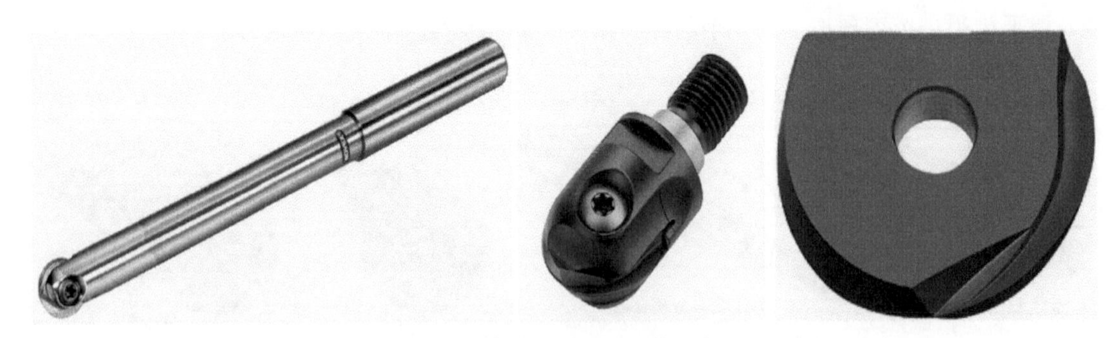

图5-8　单刀片可转位球头精铣刀F2139及其刀片（图片源自瓦尔特）

5.2.1 球头铣刀的有效直径

球头铣刀的一个加工特点是基本上都会需要计算有效直径。如图 5-9 所示显示了球头铣刀在加工时的有效直径 D_{eff} 示意及计算图。我们的切削速度应采用这个直径来进行计算。

在图 5-9 中左侧偏下方的数据中，铣刀的直径 D_c 为 12mm，切削深度 a_p 为 1.5mm，在图 5-9 右部的纵坐标中找到代表 a_p=1.5mm 的点，然后向右引黑色虚线至代表 D_c=12mm 刀具直径的黑线，找到交点，然后将黑色虚线向下引至横坐标，就得到在这个条件下的铣刀有效直径 D_{eff} 为约 8mm。如果将铣刀的直径 D_c 为 25mm，切削深度 a_p 依然为 1.5mm，就是在图 5-9 右部的纵坐标中代表 a_p=1.5mm 引出的黑色虚线用红色虚线延伸至代表 D_c=25mm 刀具直径的蓝线，找到交点，然后将红色虚线向下引至横坐标，就得到在这个条件下的铣刀有效直径 D_{eff} 为约 12mm。这就是计算球头铣刀有效直径 D_{eff} 的方法。

但是这个方法会让有很多球头铣刀遇到一个问题：由于在铣刀轴线上的切削速度永远为零，因此在这种形式的最低点不是在切削，而是刮过表面，这样就会在工件底下产生一条筋（刀齿未通过中心点），而在筋的两侧则由于切削速度极低的刮削而造成光亮带。其解决方法之一是将铣刀

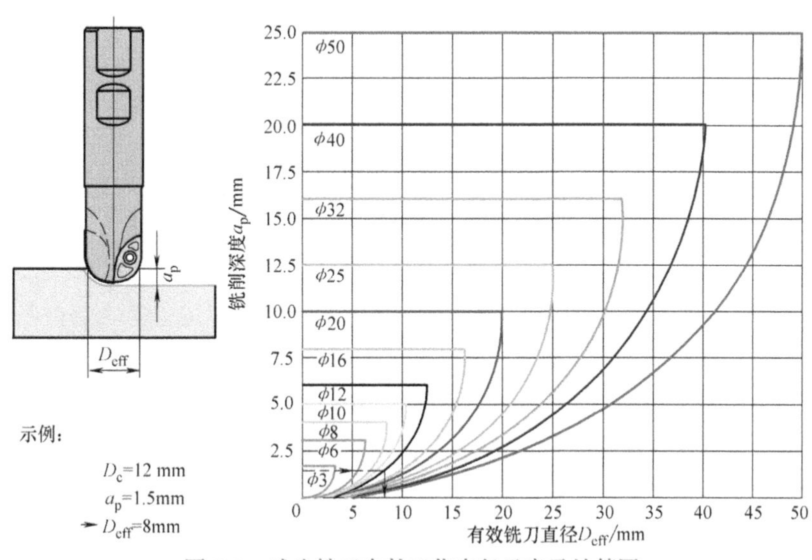

图 5-9　球头铣刀有效工作直径示意及计算图

倾斜一个角度（典型的倾斜角度是10°，如图5-10所示），这样使切削速度极低的部分不承担切削任务，因此，可避免不切削和刮削现象。但是，由于铣刀倾斜，其有效直径D_{eff}的计算发生了一些改变。

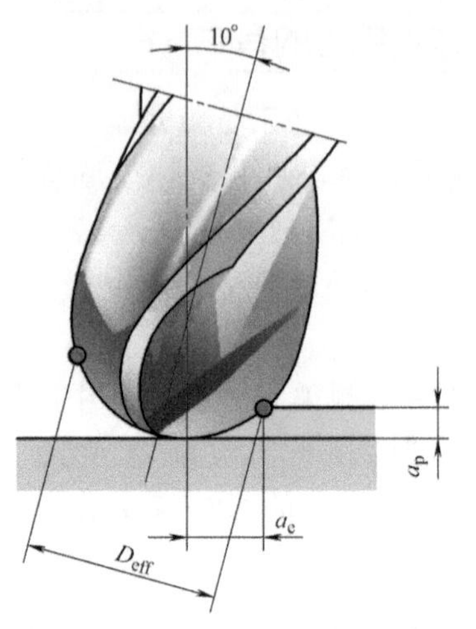

图5-10　球头铣刀倾斜时的有效直径
（图片源自山特维克可乐满）

图5-11是铣刀轴线倾斜时的有效直径D_{eff}计算图。如果继续用上面铣刀的直径D_c为12mm，切削深度a_p为1.5mm，铣刀倾斜10°的那组数据，来计算铣刀倾斜时的有效直径D_{eff}，看看会得到什么结果。

例1：

a_p/D_c=1.5mm/12mm=0.125

从0.1和0.15之间的0.125引橙色虚线向上至代表倾斜10°的棕色曲线，再向左引橙色虚线至纵坐标，可读到其D_{eff}/D_c值为0.78，即该铣刀的有效直径D_{eff}为$0.78D_c$=0.78×12mm≈9.4mm。

例2： 铣刀的直径D_c为10mm，切削深度a_p为2mm，铣刀同样倾斜10°。

a_p/D_c=2mm/10mm=0.2

从0.2引蓝色点线向上至代表倾斜10°的棕色曲线，再向左引蓝色点线至纵坐标，可读到其D_{eff}/D_c值为0.89，即该铣刀的有效直径D_{eff}为$0.89D_c$=0.89×10mm≈8.9mm。

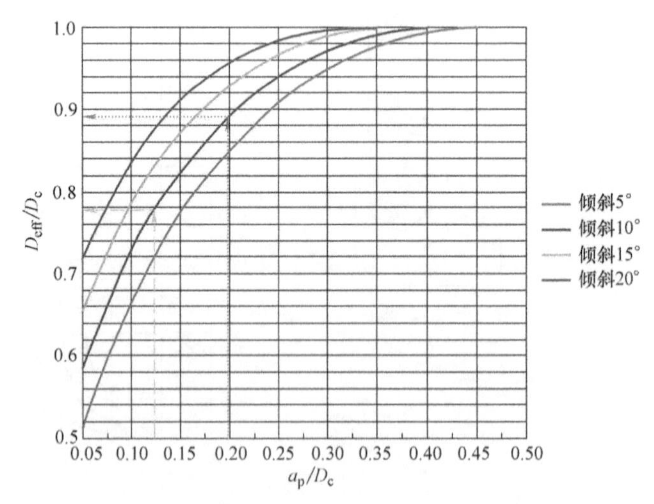

图5-11　球头铣刀倾斜时的有效直径计算图

5.2.2 雕刻面

球头铣刀加工的另一个问题是产生雕刻面。即使只在理论上，根据球头铣刀的两次铣削中的步距和球头的半径，总会产生如图 5-12 所示高度为 *h* 的隆起，这样的隆起称之为“雕刻面”。在实际加工中，由于工艺系统的刚性和仿形加工常常伴随的加工余量不均匀，这些隆起可能会更高。

图 5-13 是较低雕刻值时的球头铣刀加工参数。例如：用 8mm 的球头铣刀以 0.3mm 的步距进行加工，在图 5-13 的横坐标上找到步距 0.3mm，向上引红色箭头至代表直径 8mm 的绿色实线，转向左侧至纵坐标，就可以得出雕刻值为 0.003mm。

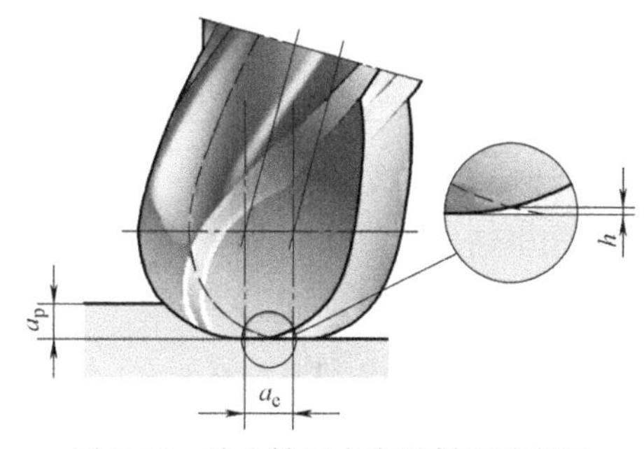

图 5-12　球头铣刀产生雕刻面示意图
（图片源自山特维克可乐满）

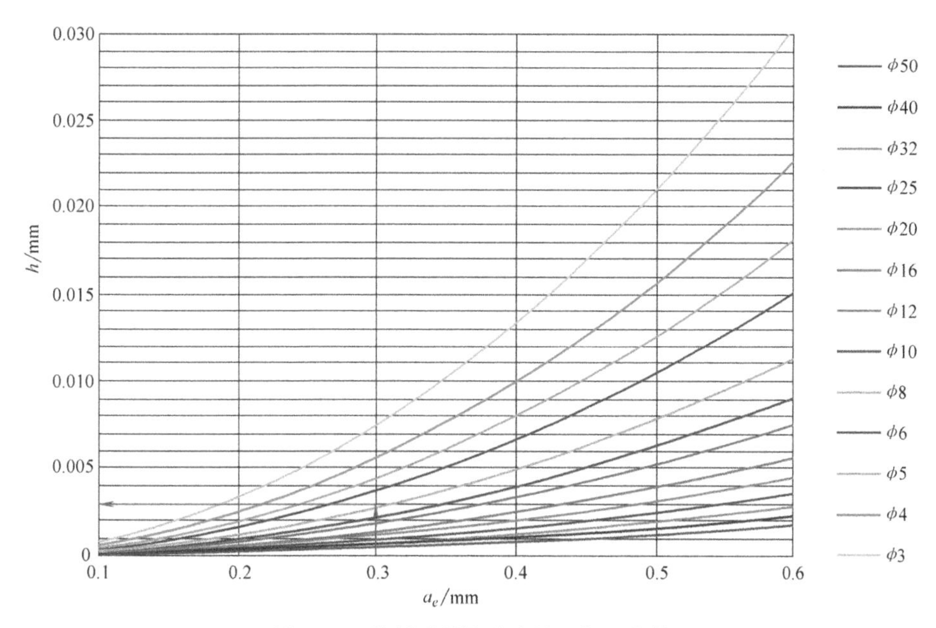

图 5-13　较低雕刻值球头铣刀加工参数

图 5-14 是较高雕刻值的加工参数图。这个图上的案例是用 8mm 的球头铣刀以 2.5mm 的步距进行加工，得到的雕刻值时 0.2mm。

一般而言，图 5-13 所示参数主要适合用于精加工，而图 5-14 所示参数主要用于粗加工和半精加工。

对于表面要求高的加工任务，要尽可能减少雕刻值。较大的球头直径和较小的步距是降低雕刻值的有效手段。另外，山特维克可乐满还建议采用顺铣，并让刀具沿两个方向（步距方向和进给方向）倾斜大约 10°，这能确保良好的表面质量和可靠的性能。

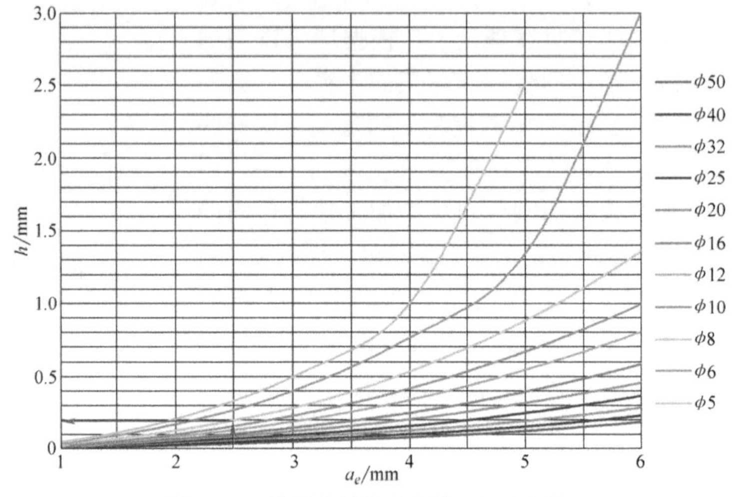

图 5-14　较高雕刻值球头铣刀加工参数

5.3 圆角铣刀

圆角铣刀可以理解为在端齿和圆周齿的连接处采用大的圆角的立铣刀。当然，如果这个圆弧的半径大到等于铣刀半径，那就成了球头铣刀。因此，圆角铣刀是介于立铣刀与球头铣刀之间的一种铣刀，也是在仿形加工中常用的一种铣刀。

从结构上看，可转位圆角铣刀、可换头的可转位圆角铣刀、整体硬质合金圆角铣刀、可换头硬质合金圆角铣刀都是可选的，如图 5-15 所示。

可转位圆角铣刀有两个主要形式：其一是在拐角用圆刀片如图 5-15 所示左起第一、第二个，称为圆刀片铣刀；其二是使用大圆角的正方形或长方形或菱形的刀片，如图 5-16 所示的刀片。

大圆角刀片安装在标准刀体上使用通常会有一个问题，刀体很可能会突出在大圆角之外，从而影响正常切削。因此，需

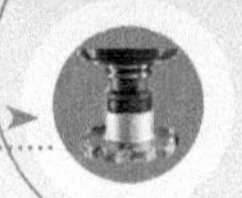

图 5-15　**多种结构的圆角铣刀**（图片源自瓦尔特）

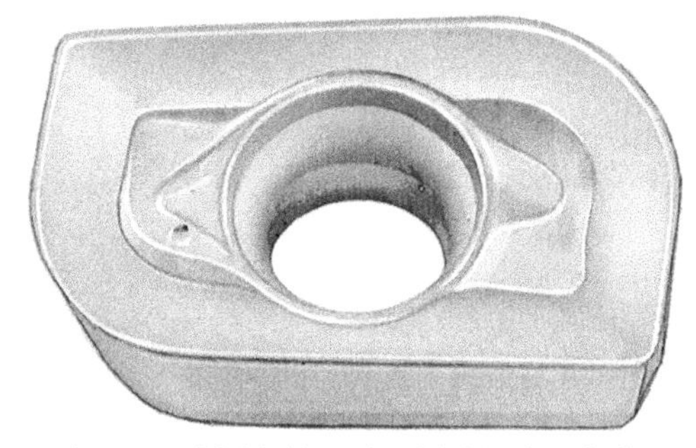

图 5-16　**大圆角铣刀片**（图片源自瓦尔特）

要请刀具商或用户自己对刀体进行一些小改动，将突出刀片大圆角之外的刀体去除。去除操作的建议是使刀片能突出刀体约0.5mm，并注意去除刀片槽和刀体改制圆角部分的毛刺，以防刀片安装时定位不良。

可转位圆角铣刀中应用面更广的是圆刀片铣刀。这种铣刀不但大量应用在模具制造中，而且在汽轮机等行业的叶片加工中也有很广的应用。

叶片经常采用耐高温的合金制造，切削时的切削力比较大。这种切削力常常会在刀片上产生一个力矩，这一力矩很可能导致刀片微微转动并造成刀片破损。因此，现在很多圆刀片铣刀都在考虑防止刀片转动的措施。本书第 2 章的图 2-45 至图 2-49 已经介绍了一些防止刀片转动的措施，有兴趣的读者不妨返回去再琢磨一番。而图 5-15 左起第二个图也是一种简易的刀片防转措施：这种结构用带定位销钉的压板来压紧刀片，压板两端的两个定位销钉分别压在刀体和刀片的定位凹坑中，这样刀片也就不太容易转动。

在用圆角刀片铣刀加工难加工材料时，人们用相对刀片直径较小的切削深度常常会获得比较理想的结果，其原因是可以获得较小的平均切削厚度。图 1-39 中的圆弧切削刃平均切屑厚度 h_m 计算能说明这种加工方法的优势。

5.4 大进给铣刀

大进给铣刀（见图 5-17）实质上是一种小主偏角、小切削深度的刀具。因为其小的主偏角（例如瓦尔特的 F2330 主偏角为约 15°），其切削力主要就表现为轴向力，而径向切削力就比较小，如图 5-17b 中红色箭头所指方向。

这种小主偏角、小切削深度的特点为大进给铣刀带来两个有价值的用途，或者它可以用极大的进给，大部分这类铣刀的每齿进给量都可以达到 3.5mm/z；或者它可以以大的悬伸进行加工，常规进给加工时的悬伸最大可达到长径比 8 倍。

与前面两类仿形铣刀类似，大进给铣刀在结构上也具有可转位大进给铣刀、可换头可转位大进给铣刀、可换头硬质合金大进给铣刀和整体硬质合金大进给铣刀几种，如图 5-18 所示。图 2-86 也是一种大进给铣刀。

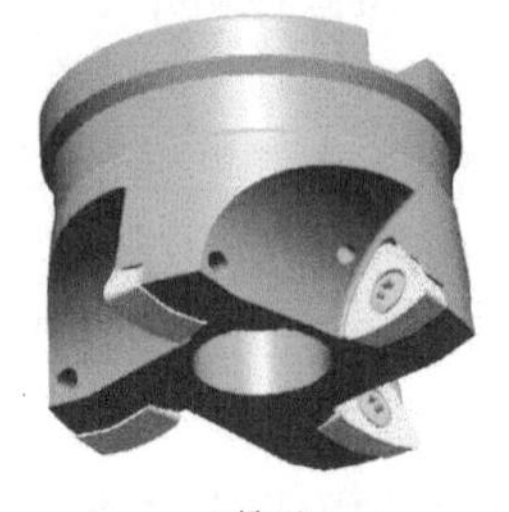

a) 铣刀

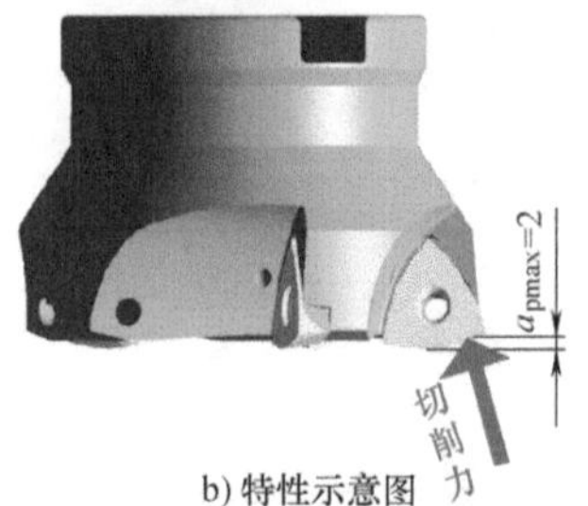

b) 特性示意图

图 5-17 大进给铣刀 F2330（图片源自瓦尔特）

图 5-18 多种结构的大进给铣刀（图片源自瓦尔特）

大进给铣刀是一种新型的铣刀结构，这一新结构在使用时也有一些需要注意的问题。

图 5-19 是用大进给铣刀进行面铣的示意图。当大进给铣刀面铣的步距 a_e 超过铣刀有效直径 D_c 时，将产生被加工表面的凹凸不平。因此，当用大进给铣刀进行面铣加工时，应保证步距 a_e 小于铣刀有效直径 D_c（注意：是铣刀有效直径 D_c，而不是铣刀大径）。

大进给铣刀用于仿形加工时，需要用 CAM 软件来计算刀具的轨迹，但许多 CAM 软件还没有适合大进给铣刀轨迹计算的刀具模型。

图 5-20 是大进给铣刀的编程信息。一般，使用大进给铣刀进行仿形加工时，会用上一段介绍的圆角铣刀的模式来替代，刀具厂商也许会提供一个编程用的 r_t 值，编程者可以用这个 r_t 值作为圆角铣刀的圆角值进行编程。这一替代会造成一个“欠切”现象，即有些理论上已经被切除掉而实际上并未被切除的材料依然存在。这个欠切部分形似一个球冠，而球冠高度 X 很有限，只要在最后精加工前，用合适的球头铣刀或圆角铣刀加工一次，这个欠切的球冠不会影响最后的仿形精度。图 5-21 是瓦尔特的两种大进给铣刀三种刀片的编程信息参数，其他的类似铣刀需要向刀具制造商索取。

图 5-22 是整体硬质合金大进给铣刀 Protostar Flash 的加工特征。图 5-22a 为大进给铣刀在每齿进给量比常规的圆角铣刀大一倍的情况下，切屑厚度依然比常规铣刀更小，这表示了其刀具刃口的负荷并不是非常重。

图 5-22b 和图 5-22c 则是常规圆角铣刀与大进给铣刀仿形误差的比较。比较表明大进给铣刀仿形的误差会比常规圆角铣刀更小。

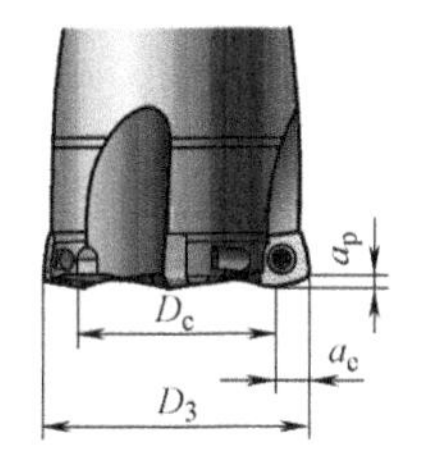

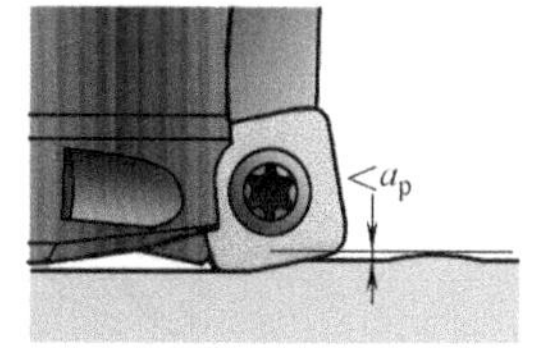

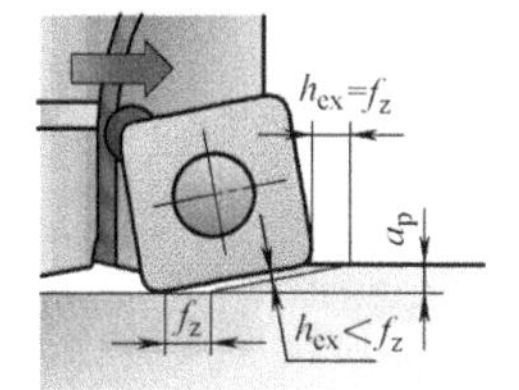

图 5-19　大进给铣刀的面铣
（图片源自山特维克可乐满）

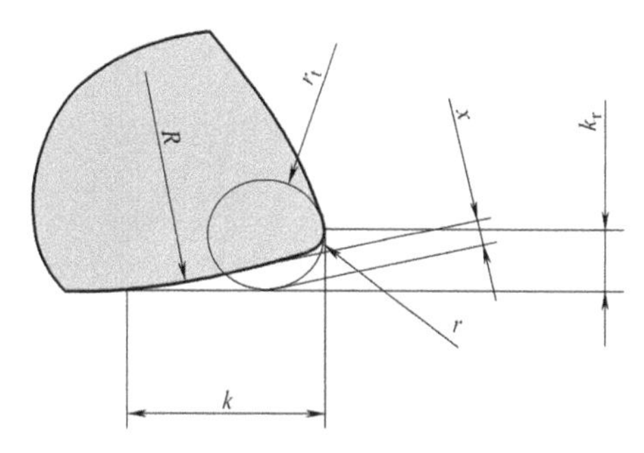

图 5-20　大进给铣刀的编程信息

可转位刀片	R/mm	r/mm	r_t/mm	k/mm	k_r/mm	x/mm
P 2633 – R10	10.0	0.8	2.0	4.0	1.8	0.5
P 2633 – R14	14.0	1.2	2.5	5.5	2.6	0.8
P 2633 – R25	25.0	2.0	3.0	8.0	3.4	0.9
P 26379 – R10	10.0	0.4	1.5	4.8	1.5	0.63
P 26379 – R14	14.0	0.4	2.2	7.2	2.2	0.91
P 26379 – R25	25.0	0.4	2.8	9.6	2.8	1.05
P 23696 – R1.0	14	1.2	2.0	5.8	2.1	0.6
P 23696 – R2.0	18	1.6	3.5	9.2	3.5	1.1

图 5-21 两种大进给铣刀三种刀片编程信息参数

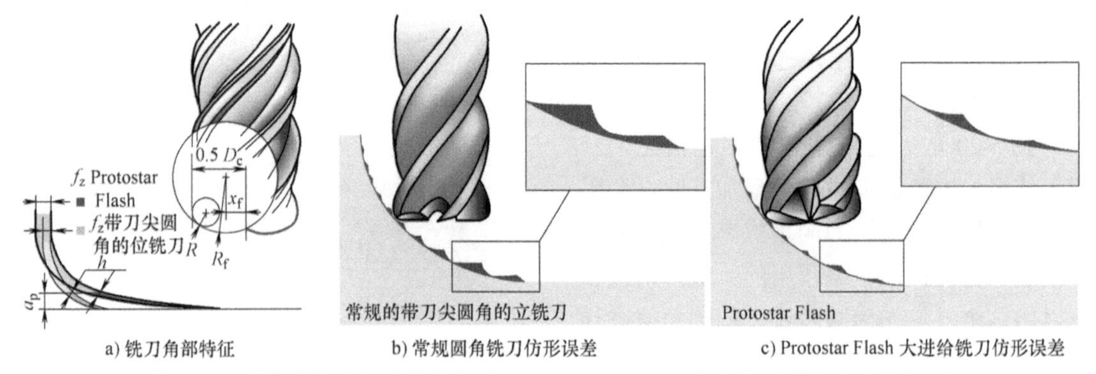

a) 铣刀角部特征　b) 常规圆角铣刀仿形误差　c) Protostar Flash 大进给铣刀仿形误差

图 5-22 整体硬质合金大进给铣刀 Protostar Flash 加工特征（图片源自瓦尔特）

5.5 插铣刀

插铣是铣刀只沿铣刀轴线方向进给的铣削方法，它具有类似插键槽或齿轮加工的插齿的刀具轴向往复运动的特点，又有常规铣刀的主轴旋转的特点，因此被称为插铣（可参见图 1-24）。专门用于这类加工的铣刀被称为插铣刀、垂直进给铣刀，或 Z 轴铣刀，如图 5-23 所示。

插铣刀的切削力基本上是轴向的，因此特别适合长悬伸的加工，例如长径比超过 4 倍。它特别适合侧壁与机床主轴基本

a) 瓦尔特插铣刀

b) 山特维克可乐满插铣刀

c) 肯纳金属插铣刀

图 5-23　三家不同公司的插铣刀

平行的深型腔加工，也经常用于一些难加工材料的曲面加工，如在三轴或四轴的机床上粗加工涡轮的叶片。当机床功率或转矩有限时，插铣也是一种可选的替代方法。但在型腔加工中，插铣的金属去除率不是很高，并不推荐作为首选。

图 5-24 是插铣和面铣两种铣削方式的受力示意和切削图形，与传统铣削显著不同的是，插铣使用刀具末端而不是周边进行切削，将切削力从以径向为主变为以轴向为主，这一点对长悬伸的加工很有利。

图 5-25 是插铣的加工工艺示意。一般而言，切削深度 a_p 取决于刀具上刀片的尺寸，而间距 S 则一般受铣刀直径的限制（$S \leqslant 0.75D_c$）。在插铣的工步上，应从外缘起加工，一层层地铣去，如图 5-25b 所示。插铣的切削深度应逐渐减小，以将振动减至最低。图 5-25c 则提示快速回程时，应在切削深度的反方向退出 1mm 左右，以防回程中的再切削。

上节介绍的瓦尔特大进给铣刀 F2330 和 F4030 也适合用于插铣。相对于面铣，F2330 和 F4030 的可用最大切削深度要大很多，但推荐的每齿进给量却要低很多。图 5-26 是 F4030 对钢件的面铣和插铣的推荐数据，从中可以清楚地看到这些。

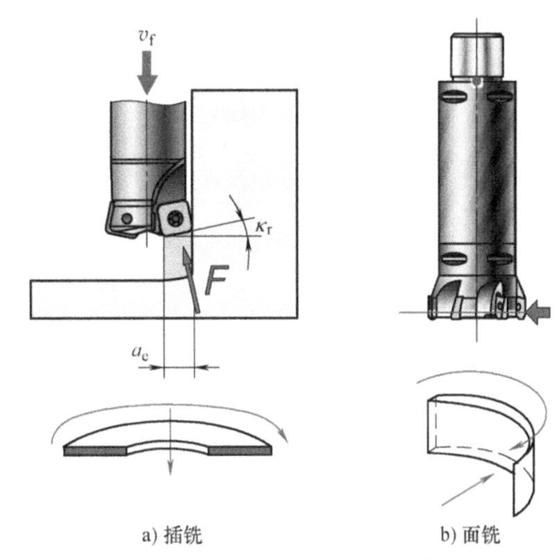

a) 插铣　　b) 面铣

图 5-24　两种铣削方式的受力图示和切削图形

（图片源自山特维克可乐满）

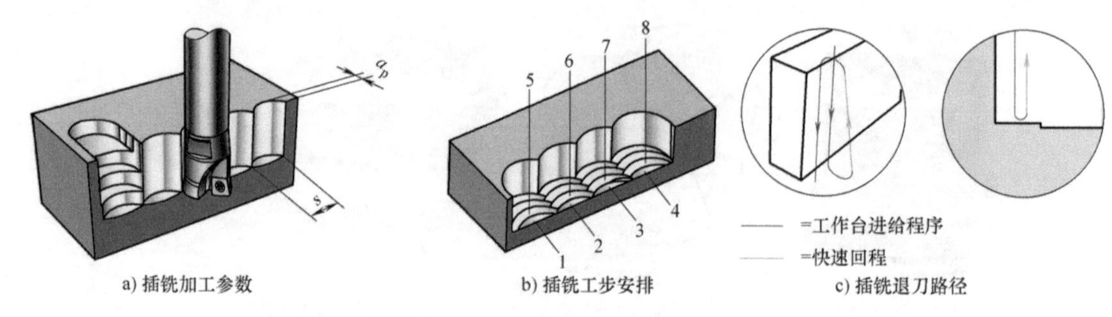

a) 插铣加工参数　b) 插铣工步安排　c) 插铣退刀路径

图 5-25　插铣加工工艺示意（图片源自山特维克可乐满）

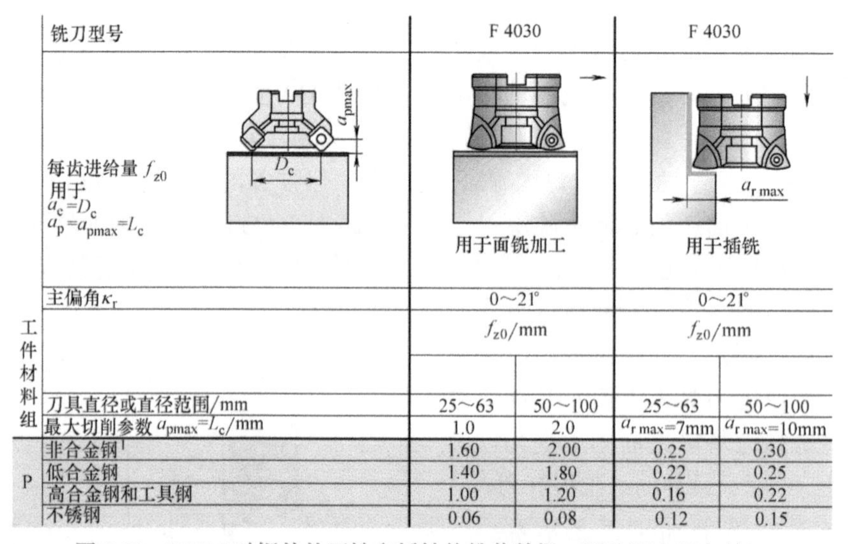

工件材料组	铣刀型号	F 4030		F 4030	
	每齿进给量 f_{z0} 用于 $a_e=D_c$ $a_p=a_{pmax}=L_c$	用于面铣加工		用于插铣	
	主偏角 κ_r	0～21°		0～21°	
		f_{z0}/mm		f_{z0}/mm	
	刀具直径或直径范围/mm	25～63	50～100	25～63	50～100
	最大切削参数 $a_{pmax}=L_c$/mm	1.0	2.0	$a_{r\,max}$=7mm	$a_{r\,max}$=10mm
P	非合金钢[1]	1.60	2.00	0.25	0.30
	低合金钢	1.40	1.80	0.22	0.25
	高合金钢和工具钢	1.00	1.20	0.16	0.22
	不锈钢	0.06	0.08	0.12	0.15

图 5-26　F4030 对钢件的面铣和插铣的推荐数据（图片源自瓦尔特）

6 铣削策略

6.1 一般铣削策略

6.1.1 铣削切入方法

在对平面铣削进行加工编程时，用户必须首先考虑铣刀切入工件的方式。通常，铣刀都是简单地直接切入工件（见图 6-1）。这种切入方式通常会伴随相当的冲击噪声。分析认为这是因为刀片退出切削时，铣刀所产生的切屑最厚所致。由于刀片对工件材料形成很大的冲击，往往会引起振动，并产生会缩短刀具寿命的拉应力。

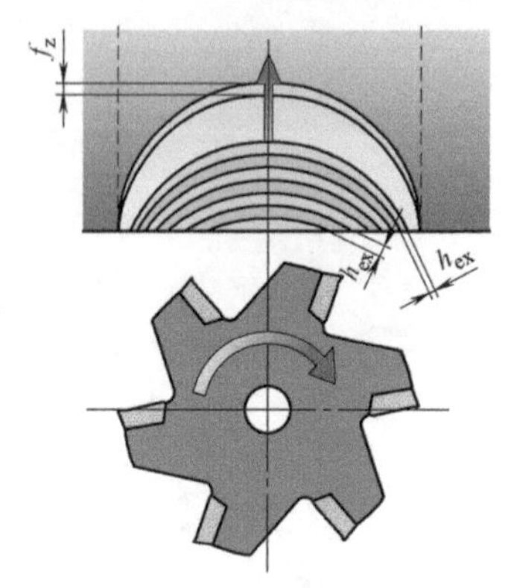

图 6-1 直接切入式

（图片来源自山特维克可乐满）

一种更好的进刀方式是采用弧线切入法，即在不降低进给率和切削速度的情况下，铣刀弧形切入工件（见图 6-2）。这意味着铣刀必须顺时针旋转，确保其以顺铣方式进行加工。这样形成的切屑由厚到薄，从而可以减小振动和作用于刀具的拉应力，并将更多切削热传入切屑中。

通过改变铣刀每次切入工件的方式，可使刀具寿命延长 1 ～ 2 倍。为了实现这种进刀方式，刀具路径的编程半径应采用铣刀直径的 1/2，并增大从刀具到工件的偏置距离。虽然弧形切入法主要用于改进刀具切入工件的方式，但相同的加工原理也可应用于铣削的其他阶段。

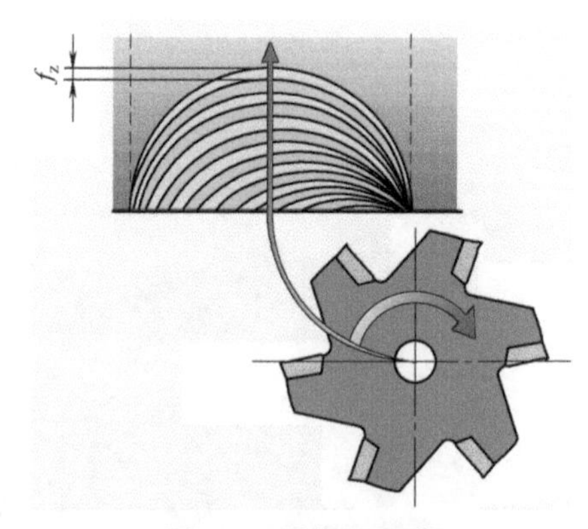

图 6-2 弧线切入式

（图片源自山特维克可乐满）

对于大面积的平面铣削加工，常用的编程方式是让刀具沿工件的全长逐次走刀铣削，并在相反方向上完成下一次切削（见图6-3中左图）。为了保持恒定的径向吃刀量，消除振动，采用螺旋下刀和弧形铣削工件转角相结合的走刀方式（见图6-3右图）通常效果更好。这种方式的一个原则就是保持铣刀尽可能始终保持连续的切削，并尽可能保持同一种铣削方式（例如顺铣）。在铣刀走刀路径上，要避免直角的拐角而采用弧形的拐角，如图6-4所示。

同样，为了保证切削平稳，对于工件上的间断和孔洞，也可以采取绕开这些中空元素的走刀路径（见图6-5）。如果这种中空无法在走刀路径上避免，也可以在包含间断位置的工件区域上进行铣削，将推荐的进给率减少50%。

6.1.2 斜坡铣

斜坡铣是在实体上铣出一个凹的型腔或孔的有效方法。图6-6是斜坡铣的示意图。

斜坡铣是铣刀在垂直铣刀轴线方向上

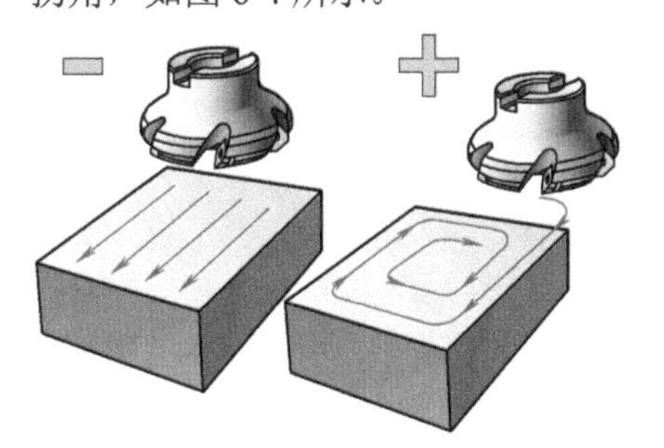

图6-3 大平面铣削方式
（图片源自山特维克可乐满）

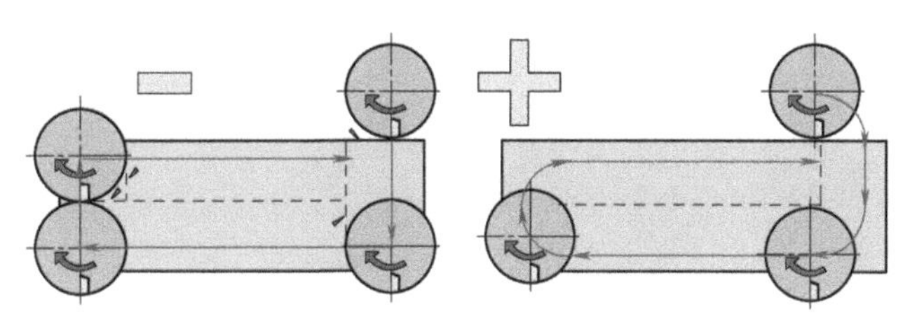

图6-4 走刀路径的直角拐角与弧形拐角
（图片源自山特维克可乐满）

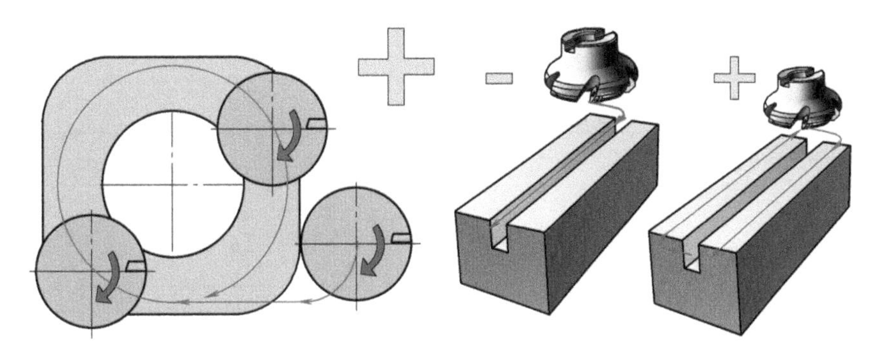

图6-5 绕开中空的铣削路径（图片源自山特维克可乐满）

移动的同时，铣刀沿自身的轴线向下铣削。两者的运动轨迹与常规的铣平面间形成一个 E 角。

铣刀的斜坡铣的最大切削深度与刀片的尺寸有关。如果需要的切削深度超出图示的 a_p 值，则应该先用立铣刀切削至等于 a_p 值的深度，然后以 α=0° 的角度完成一个平面。在这个平面完成后，重新进入下一个循环。

坡铣的 E 角会受铣刀后角的影响。这个铣刀后角是铣刀刀体角度与铣刀刀片角度合成的角度。通常，平装的负型刀片铣刀大多不能进行斜坡铣，推荐用于斜坡铣的大部分是采用后角较大的刀片，如 15° 后角的刀片和 20° 后角的刀片，因为采用较大刀片后角时，铣刀的合成后角才会比较大。据经验，允许的斜坡铣 E 角应比铣刀后角至少小 2°。

图 6-7 是一种瓦尔特 F4042 铣刀装用不同刀片时的斜坡铣参数。

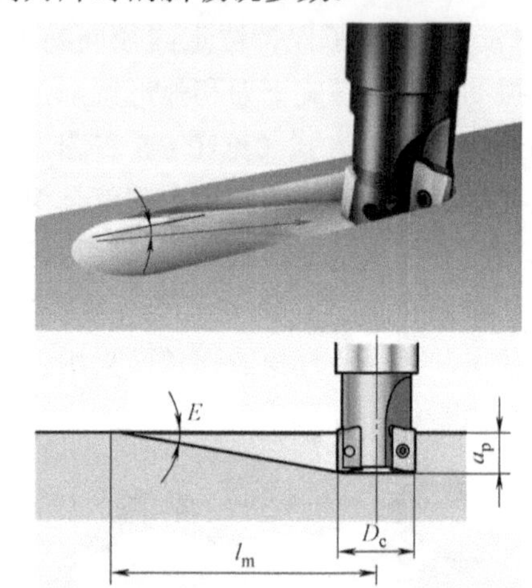

图 6-6　斜坡铣（图片源自山特维克可乐满）

实体材料上的坡铣

用铣F 4042/F4042R刀坡铣

铣刀直径 D_c /mm	AD..080304 a_{pmax}=8mm	AD..10T3.. a_{pmax}=10mm	AD..120408 a_{pmax}=15mm	AD..160608 a_{pmax}=11mm	AD..180712 a_{pmax}=16mm
	坡铣角度 E_{max}/(°)				
10	12.1				
12	9.9				
16	13.7	6.6			
20	8.9	2.9			
25	5.6	2	8.5		
32	3.8	1.4	5.6		
40	2.8	1.1	3.9	5.9	
50	2.2	0.8	2.7	3.9	2.9
63		0.6	2.0	2.6	2.1
80			1.5	1.9	1.5
100				1.5	1.2
120				1.2	0.9
160				0.9	0.7

图 6-7　F4042 铣刀装用不同刀片时的斜坡铣参数（图片源自瓦尔特）

6.1.3 啄铣

啄铣（见图 6-8）是铣刀先向下钻削，这时铣刀的端齿起切削作用；然后走刀方向转 90° 以铣刀的圆周齿进行铣削。这种方式是传统的键槽铣削的方式。

啄铣中垂直向下铣削这一段的状态对刀具是不太有利的。向下铣削时，端齿上近中心处的实际切削角度会形成负的实际后角，容易造成铣刀端刃近中心处的破损。因此，啄铣只适合作为备选方案。

图 6-8 啄铣（图片源自山特维克可乐满）

6.1.4 圆插补 / 螺旋插补铣

圆插补 / 螺旋插补铣实质上可以看成是一种斜坡铣的变形，即把原来垂直轴线方向上的直线走刀路线变成沿圆周走刀，如图 6-9 所示。

但在将直线走刀路线变成沿圆周走刀之后，还会有一些其他的问题。

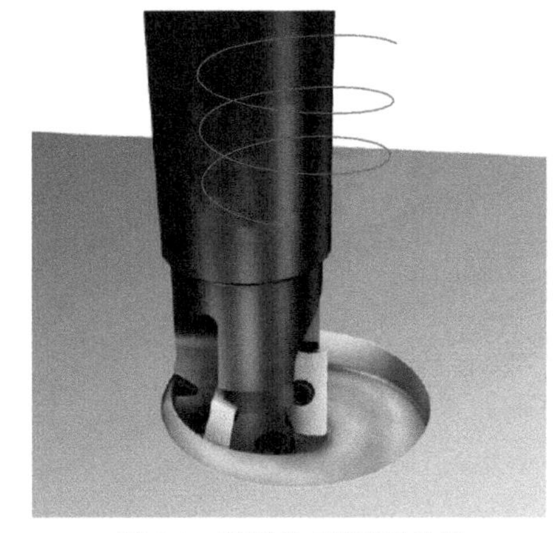

图 6-9 圆插补 / 螺旋插补铣
（图片源自山特维克可乐满）

■ **铣刀中心编程走刀速度**

当铣刀将直线走刀路线变成圆周走刀路线之后，铣刀中心的水平轨迹与铣刀外圆形成的轨迹就产生了差距。这个差距是与插补孔 / 插补外圆这样的插补方式有关，也与铣刀直径、圆柱的直径有关。

外圆插补计算的图示如图 6-10 所示，公式如下

$$v_{fa} = \left(1 + \frac{D_a}{D_w}\right) n f_z z \qquad (6\text{-}1)$$

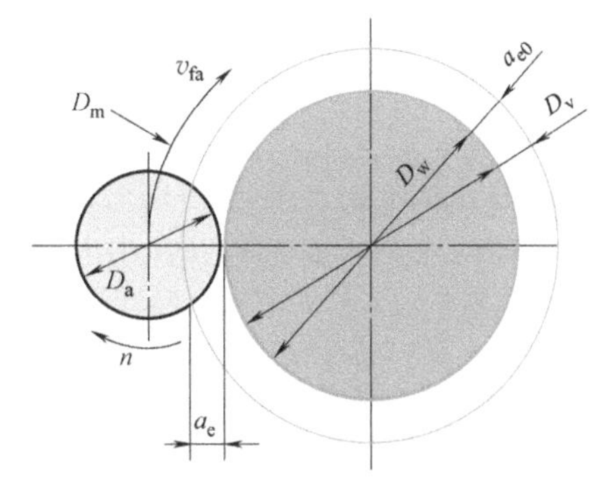

图 6-10 外圆插补计算

式中，v_{fa} 是外圆插补时铣刀中心的编程水平走刀速度（mm/min）；D_a 是铣刀大径（mm）；D_w 是铣削后的工件大径（mm）；n 是转速（r/min）；f_z 是每齿进给量（mm/z）；z 是齿数。

其基本原理是在铣刀外圆上与工件大径的点的水平走刀速度与直线走刀所计算的走刀速度相同。

采用外圆插补时，实际的切削宽度 a_e 与原来的切削宽度也有些变化，其计算公式如下

$$a_e = \frac{D_v^2 - D_w^2}{4(D_w + D_a)} \qquad (6\text{-}2)$$

式中，D_v 是毛坯外圆直径（mm）；其余变量见式（6-1）的说明。

内孔插补计算的图示如图 6-11 所示，公式如下

$$v_{fi} = \left(1 - \frac{D_c}{D_W}\right) n f_z z \qquad (6\text{-}3)$$

式中，v_{fi} 是内孔插补时铣刀中心的编程水平走刀速度（mm/min）；其他变量含义见式（6-1）的说明。

采用内孔插补时，实际的切削宽度 a_e 与原来的切削宽度也有些变化，其计算公式如下

$$a_e = \frac{D_w^2 - D_v^2}{4(D_w + D_a)} \qquad (6\text{-}4)$$

式中，D_v 是毛坯内孔直径（mm）；其余变量见式（6-1）的说明。

除了标准的外圆插补和内孔插补之外，有些型腔的拐角处，实际上也是内孔插补的一部分。型腔圆角的加工经常会有局部负荷过重的情况。

传统的圆角铣削方法（见图 6-12）可能使负荷非常重。山特维克可乐满的资料举了一个例子，当圆弧半径等于铣刀半径时，如果直边的切削宽度为铣刀直径的 20%，那么到了拐角处，切削宽度会增加到铣刀直径的 90%，刀齿的接触弧圆心角将达到 140°。

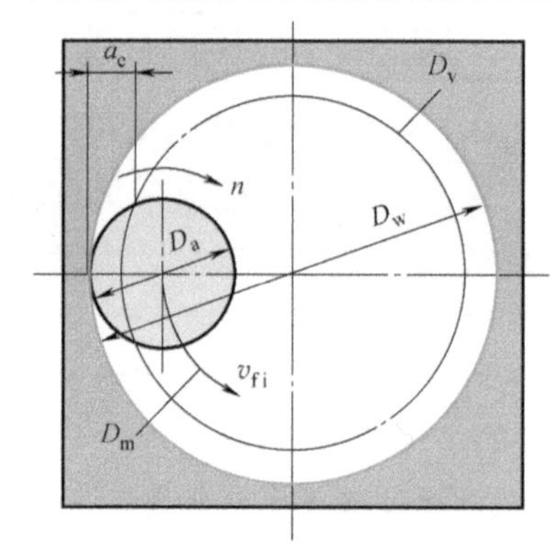

图 6-11 内孔插补计算

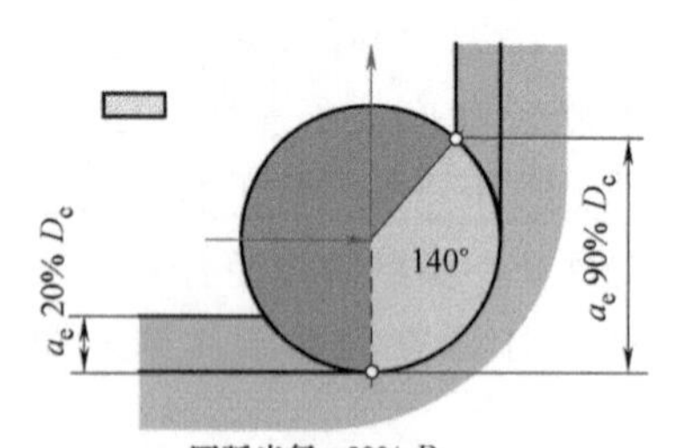

图 6-12 传统圆角铣削
（图片源自山特维克可乐满）

第一个的推荐解决方法是使用弧形的走刀轨迹来进行加工。在这种情况下，推荐铣刀的直径为圆弧半径的 1.5 倍（例如半径为 20mm 的圆弧适合用 30mm 左右的铣刀）。这样，最大的铣削宽度从原先不理想的 90% 的铣刀直径减到了铣刀直径的 55%，刀齿的接触弧圆心角也减少到 100°，如图 6-13 所示。

进一步的优化（见图 6-14）包括进一步加大铣刀走刀弧形的半径，进一步减小铣刀直径。在将铣刀直径减小到等于圆弧半径（即圆弧半径为铣刀半径的一倍，半径为 20mm 的圆弧适合用 40mm 左右的铣刀）。这样的话，最大的铣削宽度进一步减到了铣刀直径的 40%，刀齿的接触弧圆心角又再减少到 80°。

■ 内孔插补的铣刀直径

在实体材料上作内孔插补加工时，铣刀的直径选择需要特别注意。过大或过小的铣刀直径都会产生问题。

图 6-15 是铣刀作内孔插补时，其直径尺寸与内孔直径关系的示意图。

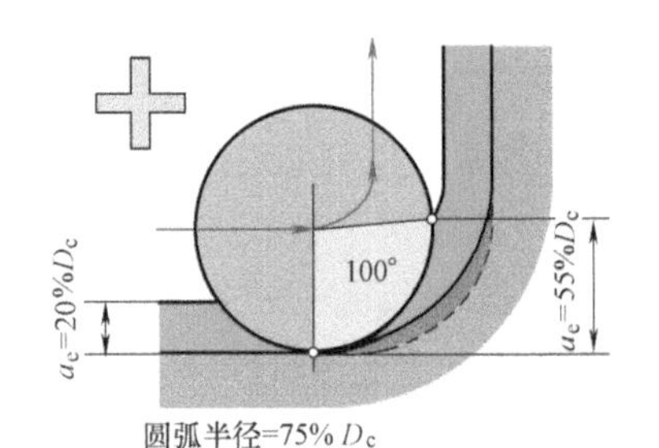

图 6-13 优化的圆角铣削

（图片源自山特维克可乐满）

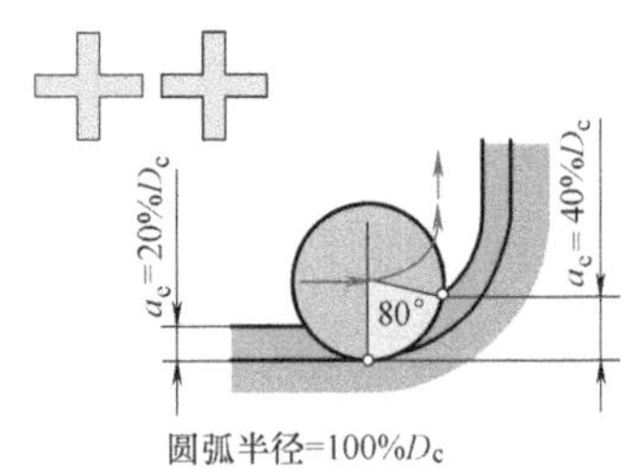

图 6-14 进一步优化的圆角铣削

（图片源自山特维克可乐满）

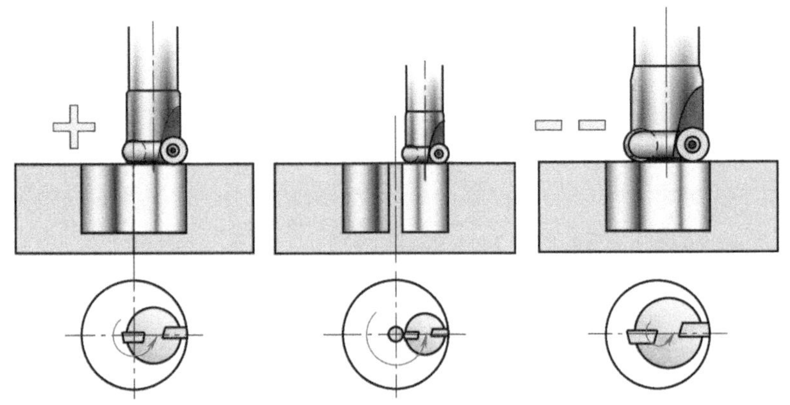

图 6-15 内孔插补铣的铣刀直径尺寸与内孔直径关系（图片源自山特维克可乐满）

要实现实体的平底孔的铣削，铣刀在轴向的最高点（见图 6-15 的铣刀的最低点）应在径向上超过中心线。如果铣刀直径过小，中间会产生一个剩余的柱子，较轻的孔底中间会留下一个朝上的钉状凸起（见图 6-16）。

当铣刀直径等于被加工孔的直径的一半时，刀片圆角或圆刀片铣刀在完成圆周走刀后会留下一个红色的钉状凸起（图上的红色部分）。只有铣刀的端齿最高点超过铣刀的中心，这个钉状凸起才能被避免。如图 6-17 所示，当铣刀刀片的圆角可能留下的钉状凸起能被覆盖时，就能得到一个较平整的孔底。其计算公式如下

$$D_{mmax}=2（D_c-r_\varepsilon） \qquad (6\text{-}5)$$

被插补孔的直径与铣刀直径之比也不能太接近，两者尺寸过于接近会造成孔底部的飞边（见图 6-18 底部红色部分）。

要避免飞边，就需要适当加大铣刀直径，如图 6-19 所示。直径为 D_c 的铣刀能插补的最小内孔直径 D_{mmin} 由下式确定

$$D_{mmin}=2（D_c-r_\varepsilon-b_s） \qquad (6\text{-}6)$$

式中，D_{mmin} 是铣刀能插补的最小内孔直径（mm）；D_c 是铣刀直径（mm）；r_ε 是铣刀刀片刀尖圆角半径（mm）；b_s 是铣刀刀片修光刃长度（mm）。

因此，直径为 D_c、刀片刀尖圆角半径为 r_ε、刀片修光刃长度为 b_s 的铣刀能插补的内孔直径应介于 2（$D_c-r_\varepsilon-b_s$）和 2（D_c-r_ε）之间，也就是说，铣刀仅走圆形插补就能加工出平底的不通孔很少，其范围仅相当于两个修光刃长度。以装用刀尖圆角

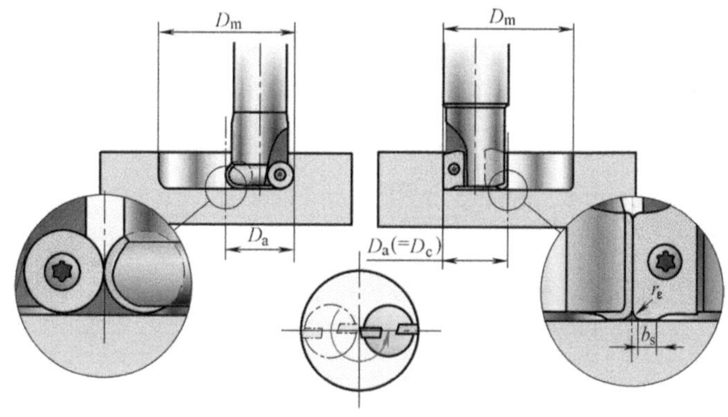

图 6-16　内孔插补铣的铣刀直径过小
（图片源自山特维克可乐满）

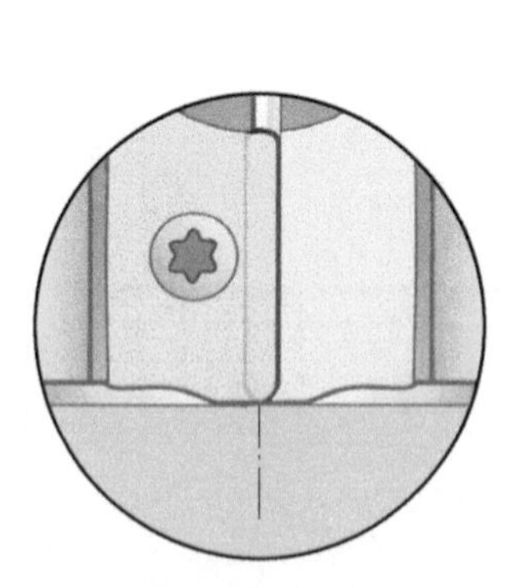
图 6-17　避免钉状凸起
（图片源自山特维克可乐满）

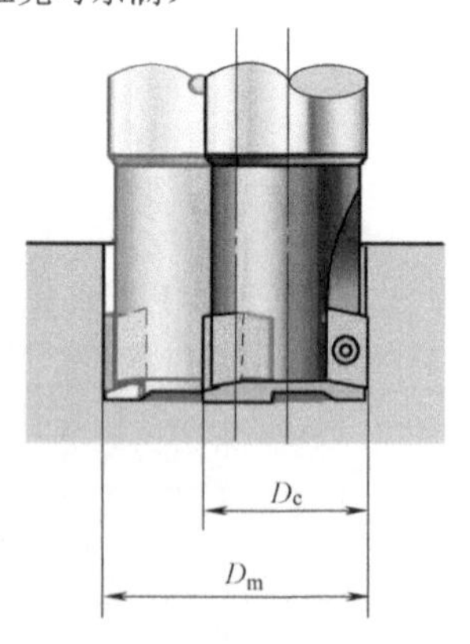

图 6-18　内孔插补铣的飞边
（图片源自山特维克可乐满）

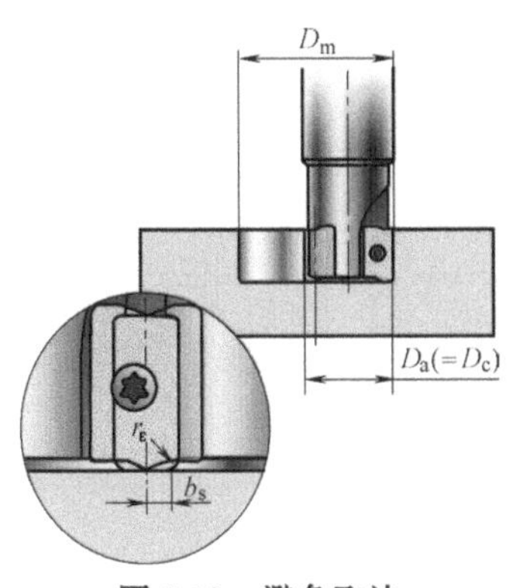

图 6-19　避免飞边

（图片源自山特维克可乐满）

r_ε=0.8mm、修光刃长度 b_s=1.2mm 的真正 90° 立铣刀为例，几种直径的铣刀可插补不通孔尺寸限制见表 6-1（绿色和黄色）。

不过，需要说明，针型凸起只对不通孔的插补有影响，而且只限于只使用纯圆周插补的方式。如果采用下一部分内型腔介绍的方法来插补不通孔内孔，则插补铣削只受最小直径的影响，而对最大直径则几乎没有限制。

不通孔内孔的插补铣还有一种扩大直径的做法，即先完成圆形插补，此时，允许在中间留下一个柱子形状的孤岛（见图 6-15 的中图）。然后以一个贯穿孔中心线的直线走刀，依靠这个直线走刀将中间的孤岛完全切除。这种方法需要铣刀底部的有效直径（考虑了刀片圆角影响的直径）能在直线走刀中完全覆盖掉孤岛，包括形成孤岛时刀片圆角的影响部分。

此时，通过圆形插补和一次直线走刀可加工的圆孔最大直径为

$$D_{mmax}=3D_c-4r_\varepsilon \qquad (6-7)$$

按圆弧加上直线走出的这个最大直径（见表 6-1 蓝色一列）比只走圆弧插补的最大直径（见表 6-1 黄色一列）大了不少。

表 6-2 是瓦尔特装用 AD..120408 刀片时的插补部分尺寸，指的是插补通孔的尺寸限制。

表 6-1　插补不通孔尺寸限制

铣刀直径 D_c/mm	插补不通孔最小直径 D_{mmin}/mm	圆形插补不通孔最大直径 D_{mmax1}/mm	圆形 + 直线插补不通孔最大直径 D_{mmax2}/mm
20	36	38.4	56.8
25	46	48.4	71.8
32	60	62.4	92.8
40	76	78.4	116.8
50	96	98.4	146.8
63	122	124.4	185.8
80	156	158.4	236.8
100	196	198.4	296.8

表 6-2　插补通孔尺寸限制

铣刀直径 D_c/mm	插补通孔最小直径 D_{mmin}/mm	插补通孔最大直径 D_{mmax1}/mm
25	36	50
32	50	64
40	66	80
50	86	100
63	112	126
80	146	160
100	182	200
120	232	250
160	302	320

■ 插补内型腔铣切入方法

插补内孔型腔的走刀路径也应按本节“铣削切入方法”部分的要求，采用弧线切入方法，如图 6-20 所示。

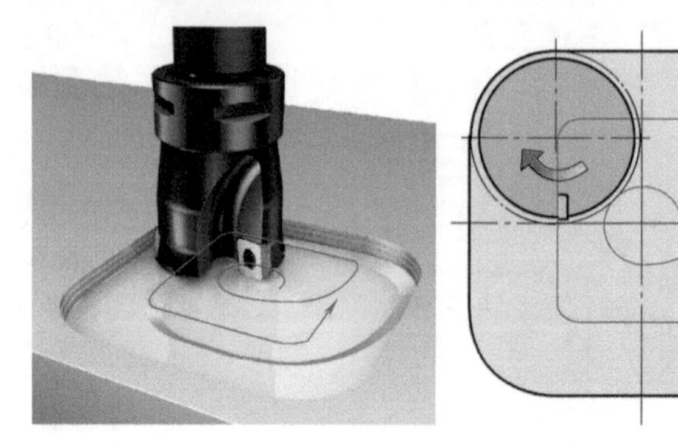

图 6-20　内孔插补铣的切入方法（图片源自山特维克可乐满）

6.1.5　薄壁 / 薄底铣削方法

这里的薄壁指与铣刀轴线平行方向的小尺寸和与铣刀轴线垂直方向的大尺寸（见图 6-21），而薄底是指与铣刀轴线平行方向的大尺寸和与铣刀轴线垂直方向的小尺寸（见图 6-22）。

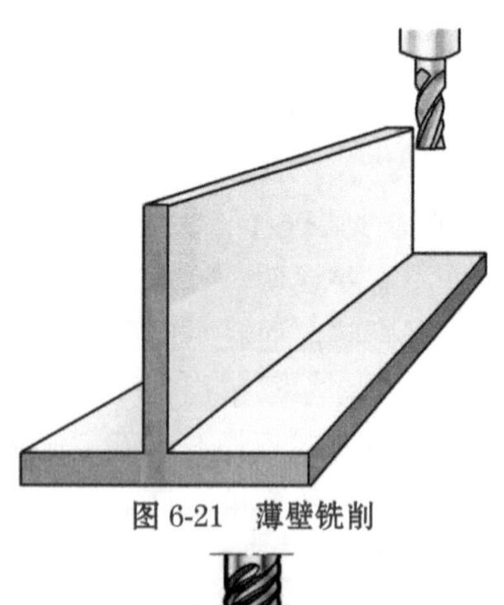

图 6-21　薄壁铣削

对薄壁铣削的建议是在高速切削的条件下对薄壁两侧交替实施铣削。

图 6-23 是薄壁铣削示例。先切标号为 1 的区域，此时对侧标号 2 的区域尚未被切除，能起到抵抗切这一刀的切削力；然后刀具移到对侧，切削标号 2 的区域，这一区域的切削深度比切标号 1 大一倍，而这时它的对侧标号 3 的区域也没被切除，能起到抵抗切这一刀根部处的切削力；后面的各刀都是在整个切削深度的下半部分都有对面未被切除的那部分材料在起支承作用。用手机扫描图 6-24 二维码，可以看到一个薄壁铣削的视频。

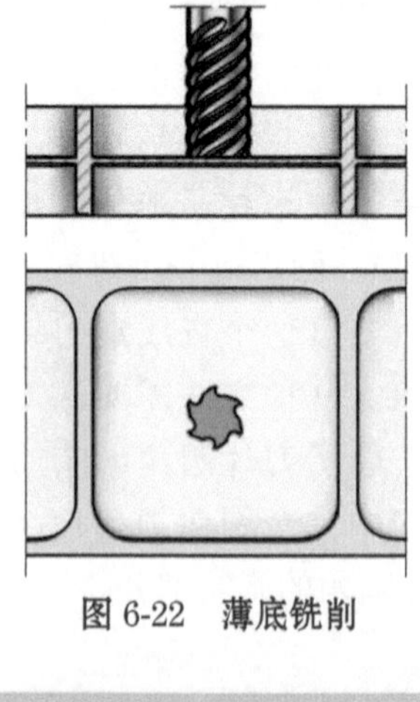

图 6-22　薄底铣削

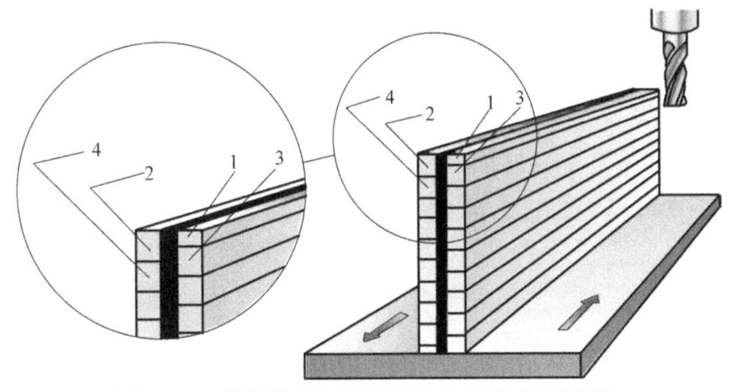

图 6-23　**薄壁铣削**（图片源自山特维克可乐满）

图 6-24　**薄壁铣削视频二维码**

图 6-25 是薄底铣削的示例。在薄底铣削时应以大的切削深度和小的切宽（步距）由内向外螺旋走刀。建议的切削深度应控制在切宽的 10 倍以上。用这样的走刀策略，使铣刀边上未被切除的部分能对铣削时底部的变形起牵制作用，以顺利完成薄底的切削任务。

在薄底铣削时，如果待铣削表面的对侧面加工（如图 6-25 下面的凹槽），应该使用最少切削刃数量（如 2 齿铣刀）。如果零件在底座中心有一个孔，应在加工第一侧时将一支承腿留在原位，然后加工第二侧，在两侧都完成之后再去除支承腿。

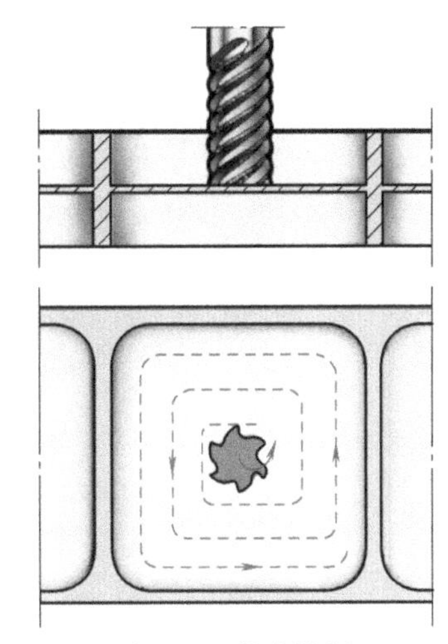

图 6-25　**薄底铣削**

6.2 立体曲面铣削策略

立体曲面（又称三维曲面或 3D 曲面）加工是复杂的型面加工，例如模具加工。由于立体曲面的形状复杂性，它在加工余量、切屑图形、几何角度等许多方面都带来了变化，这些变化需要用一些相对比较特殊的策略来对待。这些方法有许多有赖于CAM软件和机床数控系统的支持。

6.2.1 等高铣和攀岩铣

图6-26a是一个简单的立体曲面铣削示意。曲面虽然不算复杂，但其走刀路径可以有多种选择。如果使用的是三轴联动以上的机床，选择的面更广，可采用如图6-26b所示的带小斜度的近似等高线的走刀路径（等高线本是地图标示用的，立体曲面铣借用了这个概念），但如果只是二轴联动的数控机床，通常只有等高铣（见图6-27a中红色轨迹）和攀岩铣（见图6-27b中红色轨迹）两种可选择的铣削方式。

等高铣就是将立体曲面的外形视作立体的地貌，铣刀沿着“地貌”的等高线进行铣削。而攀岩铣同样是将立体曲面的外形视作立体的地貌，用类似于攀岩者的轨迹，在垂直于等高线的方向上沿着曲面切削。

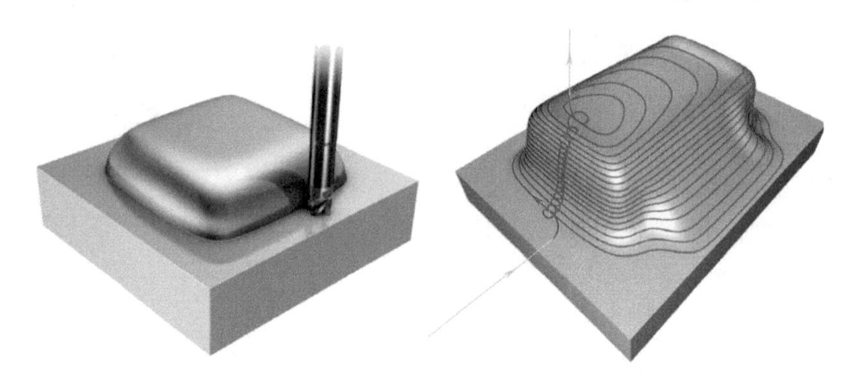

a）立体曲面铣削　　b）典型走刀路径

图6-26　立体曲面铣削及典型走刀路径（图片源自山特维克可乐满）

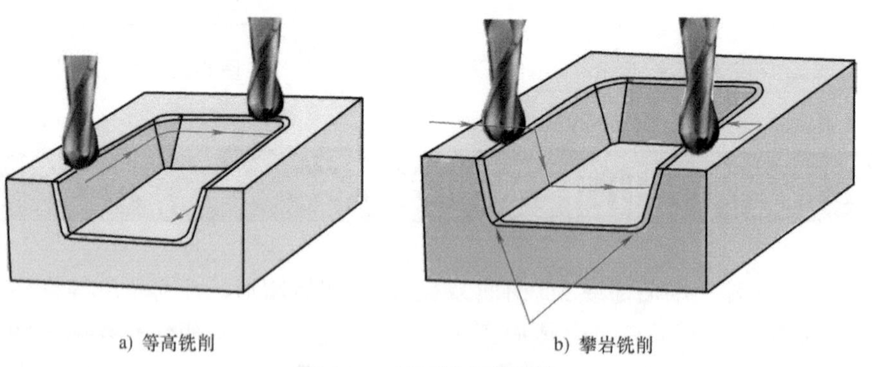

a）等高铣削　　b）攀岩铣削

图6-27　等高铣和攀岩铣

在攀岩铣的过程中，向下的陡坡（见图6-28）和拐角（见图6-27中的蓝色箭头）都易产生问题。向下的陡坡极易造成球头铣刀球头刃口接近圆周刃口处的崩刃，因为此处的刀具切削工作角度与静态角度相比有了极大的变化，铣刀的轴向工作前角变得很大，轴向工作后角极有可能变成负值，甚至是不小的负值，这种情况很容易造成崩刃。因此，向下的陡坡铣必须降低进给值。攀岩铣的每齿进给量与进给方向的关系如图6-30所示。

攀岩铣的拐角则容易产生球头铣刀中心处的崩刃（见图6-29）。这些拐角易产生过切现象，尤其在高速切削的状态下。

推荐在二轴联动的机床上加工立体曲面，采用等高铣，并且采用顺铣方式。同时，在等高线的拐角处，采用下面介绍的摆线铣、片皮铣或动态铣方式。每一个等高线铣削完成后开始新的一个等高线加工时，都采用弧形切入的方式。

在三轴联动或更多联动轴的机床上，推荐用带小斜度的近似等高线的走刀路径，也推荐采用顺铣的方式。这样切入切出的次数更少，而且能使切削更加平稳。

6.2.2 摆线铣

摆线铣是处理立体曲面一些突变的局部大余量的加工方式。

图6-31是摆线铣的示意图。这种铣削方法是为了应对在立体曲面的铣削中，因实体材料对刀具的“包围”，造成刀

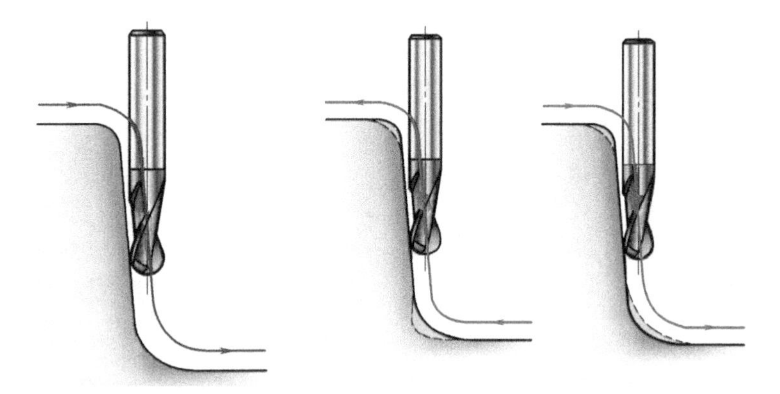

图6-28 攀岩铣的向下的陡坡　　**图6-29 攀岩铣底部拐角**

（图片源自山特维克可乐满）

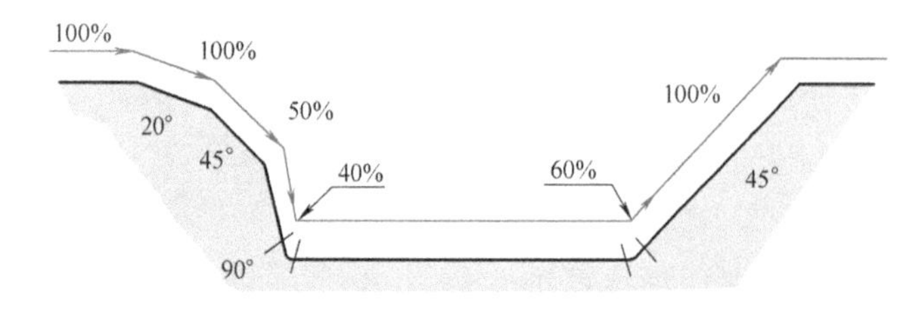

图6-30 攀岩铣的进给量与进给方向的关系

（图片源自山特维克可乐满）

具接触的圆心角过大。摆线铣时刀具总体上是向前的，但有些时候刀具却是在后退，同时刀具的轴线还在横向摆动，摆线铣铣刀中心线的运动轨迹如图6-32所示。

在加工条件不良的局部，可通过摆线铣快速地去除余量，而在其他部位铣刀可采用常规切削方法加工。图6-33是典型的适合用摆线铣加工的局部。在这些部位中如果只用传统加工方法，铣刀的受力不均，或是用多次全程走刀浪费了加工工时。通过摆线铣，这些问题可以得到有效解决。

一般而言，铣刀中心线的摆动宽度在0.2～1倍的铣刀直径。换言之，实行摆线铣时，加工的宽度为铣刀直径的1.2～2倍之间。每个循环建议摆线铣时铣刀轴线的前行量是铣刀直径的0.2～0.8倍。

6.2.3 片皮铣

片皮铣（见图6-34）又称削皮铣或切片铣。有些片皮铣的切削形态与北京烤鸭的片皮相似，或者说与山西刀削面的削面相似。它通常以常规切削速度的一倍，切宽（径向切削深度）很小（多为铣刀直径的1%～10%），较大的切削深度来完成。

与摆线铣类似，片皮铣也是为了快速切除毛坯上余量较大的部分。内圆角的常规铣削接触圆心角很大，刀

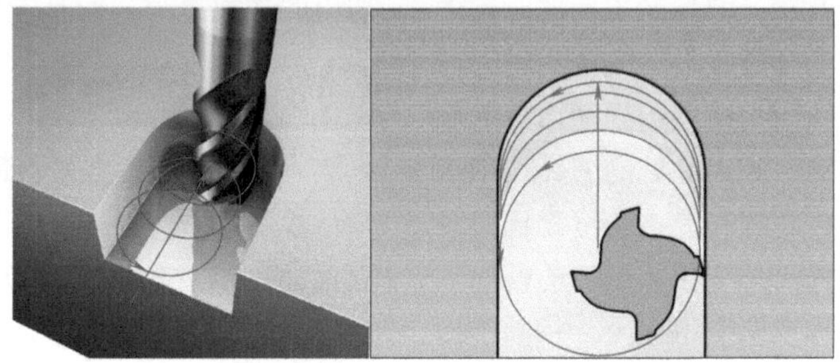

图6-31 摆线铣（图片源自山特维克可乐满）

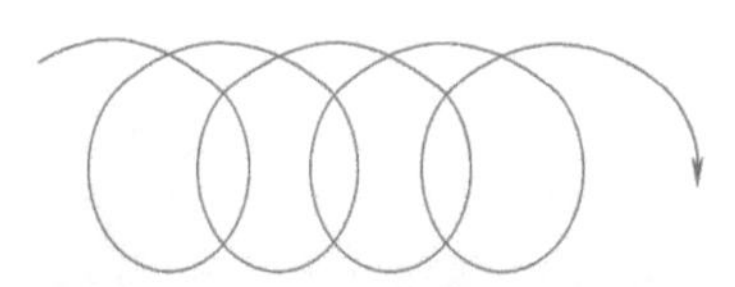

图6-32 摆线铣铣刀中心线轨迹

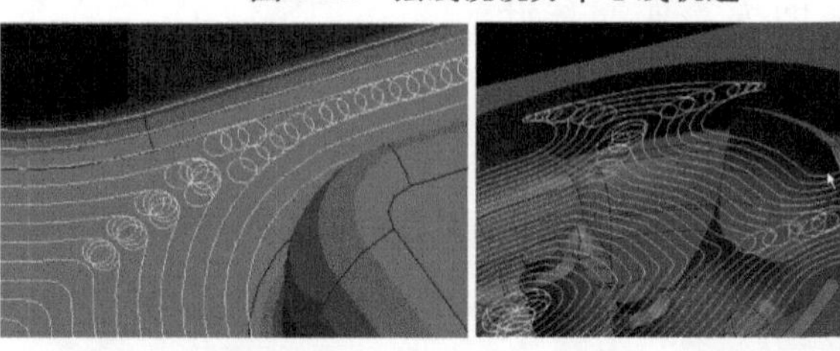

图6-33 典型的适合摆线铣加工的局部（图片源自互联网）

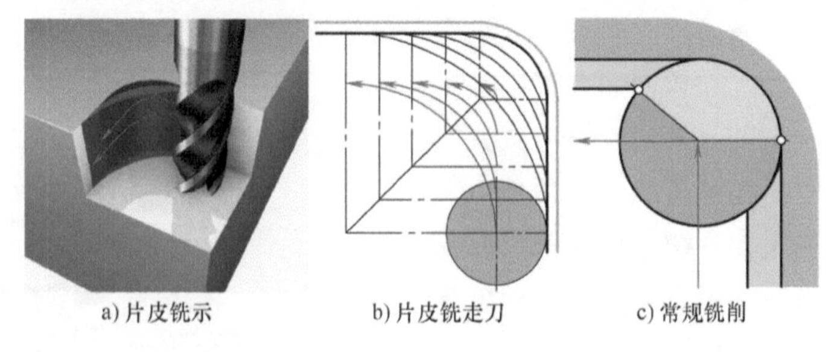

a) 片皮铣示　b) 片皮铣走刀　c) 常规铣削

图6-34 片皮铣（图片源自山特维克可乐满）

具负荷重（见图 6-34c）。当采用片皮铣的方法，通过多次局部的薄切削层的层层切削，径向切削力低，对稳定性要求不高，而且能够允许使用较大切削深度。

6.2.4 动态铣

动态铣是基于恒定的材料去除率的加工方法。图 6-35 是一个典型的工件。图 6-36 是动态铣常规编程路径和动态编程路径。传统的编程一方面在直线框架处有过多的空刀路径，造成加工时间的浪费；另一方面则是圆角处负荷过重，造成刀具在这一区域破损率高。动态铣在圆角处安排多次走刀，而在直线框架段快速通过。

一般而言，传统的常规编程进给速度固定，刀具抬刀也较多；而动态铣固定了材料去除率，能实现最小空切路径和最大加工效率。据 GibbsCAM 介绍，这种加工方法主要用于立铣刀，切削速度和切削深度固定，根据材料去除率恒定切削宽度和进给速度由程序自动选择。通过这种方法，实现了智能 CNC 代码，并不依赖机床自身高速铣削功能；它使用较少的代码长度，运用更多的圆弧运动；避免粗加工过程中多刀具使用；优化刀具路径缩短加工时间；实现了变步距切削，提高了切削效率。

摆线铣、片皮铣、动态铣都需要依赖计算机辅助制造（CAM）系统来完成，这里只介绍其中的思路。

图 6-35 典型零件（图片源自 GibbsCAM）

a) 常规编程路径

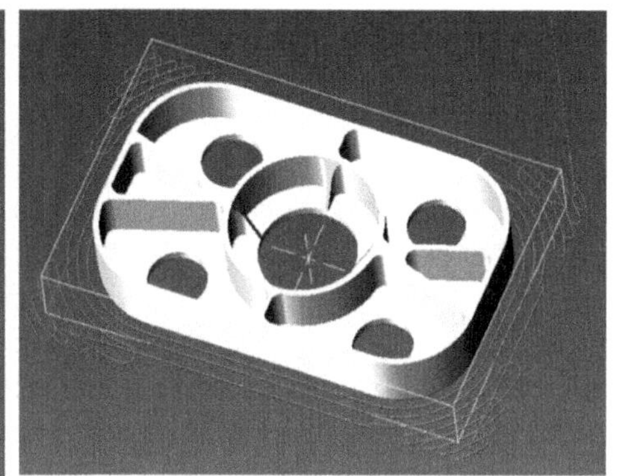

b) 动态铣编程路径

图 6-36 动态铣（图片源自 Gibbs CAM）

7 数控铣刀综合选用实例

Shukong Xidao Xuanyong **Quantujie**

本章将就图 7-1 中典型零件的各个加工要素，选择相应的加工刀具。该工件材质为 45 钢件调质，外形上单面加工余量为 3mm、使用机床为立式四轴联动加工中心，刚性足够。生产规模为中等批量生产。

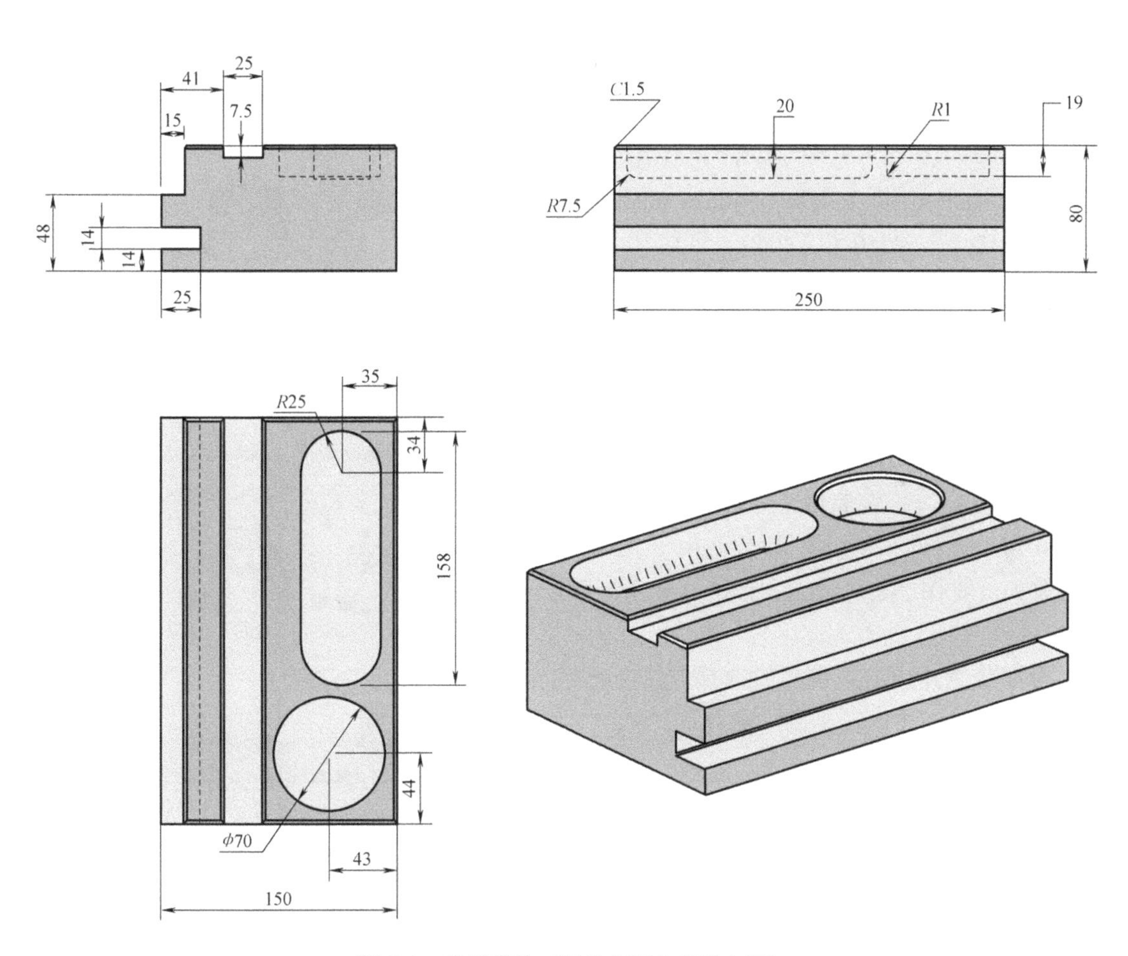

图 7-1　**典型零件**（图片来源自肯纳金属）

7.1 平面铣刀的选用

■ 确定铣刀类型

该工件平面铣削的最大尺寸为 150mm×250mm，以大于等于被铣平面的第 2 档直径的方法（见图 1-30 及相关文字），第 1 档为 160mm，第 2 档为 200mm，因此选择的铣刀直径为 200mm。从刀具样本关于面铣刀选择的图示（见图 7-2），共有九种铣刀在初步范围内：F2010、F2260、F4033、F2265、F2146、F4045、F4047、F2250 和 F4050。将这几种铣刀较详细的一览表列出，又可以看到有些首先推荐用于加工钢件，有些首先推荐用于铸铁，有些首先推荐用于有色金属，图 7-3 就是从样本上摘取的在上述 9 种铣刀中一部分的针对加工材料的图表。在这 4 种铣刀中，首先推荐用于加工钢件的只有 F4033 一种，而实际可选的是 F4033（45° 主偏角）、F2265（60° 主偏角）以及 F2010（约 15° ～ 90° 主偏角）。由于 F2010 是模块化的铣刀（见图 2-89），实际上许多角度都可以是可选的。

根据前面介绍的主偏角的选择方法，45° 主偏角在切削力分配方面比较平衡，在此选择 45° 主偏角的 F4033。

为什么不选同样有 45° 主偏角的 F2010 呢？下面介绍一个决定是否选择模块化刀具的流程图，如图 7-4 所示。按中等批量的规模，在一台机床上加工只作平面铣削，还是应该使用非模块化刀具。因此，选用直径为 200mm 的 F4033 铣刀。

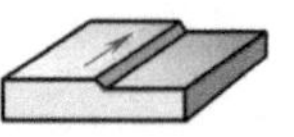

图 7-2 面铣刀选择一览
（图片源自瓦尔特）

主偏角κ_r	43°	45°	75°+90°	75°+90°
面铣刀	F 2146 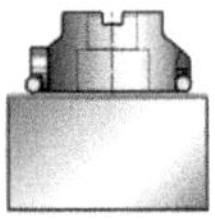	F 4033 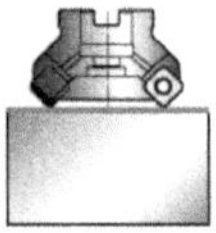	F 2250 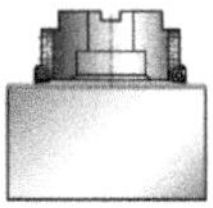	F 4050 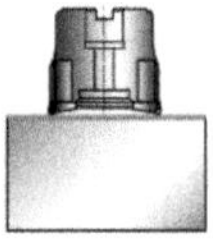
直径范围/mm	80～250	40～200	63～200	79.4～200
P 钢	•	••		
M 不锈钢	•	••		
K 铸铁	••	••		
N 有色金属		••	••	••
S 难加工材料	•	••		
H 硬材料	•	•		
O 其他		•		

图 7-3　针对加工材料的铣刀选择一览（图片源自瓦尔特）

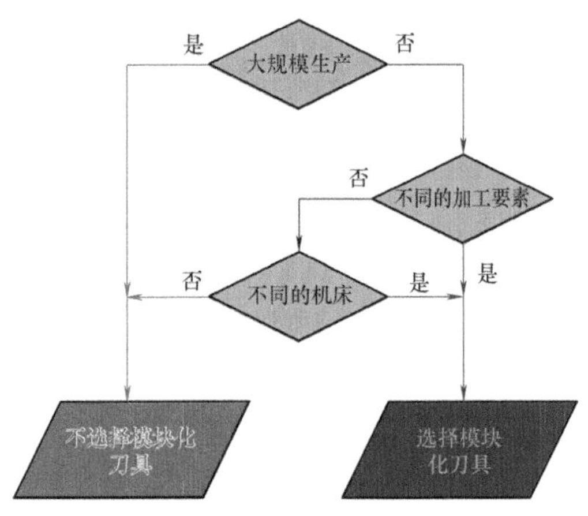

图 7-4　决定是否选择模块化刀具的流程图

■ 选择铣刀盘

按图 7-3 所示，直径为 200mm 的 F4033 铣刀如图 7-5 所示。

图 7-5 中直径 200mm 的 F4033 铣刀共有三种，其差别是齿数，分别是 10 齿、18 齿和 26 齿，分别是粗齿、中齿和密齿（粗齿、中齿和密齿的相关概念见图 2-22 及相关说明）。考虑中齿铣刀兼顾了金属切除率和切削稳定性，选用中齿铣刀，即铣刀盘为：

F4033.B60.200.Z18.06

■ 选择刀片

接着来选用装在这个刀盘上的刀片。图 7-5 最右栏是配套刀片必须满足的条件：

SN.X 1205..

从与 F4033 铣刀相配的刀片信息（见图 7-6），从中选出相应刀片。

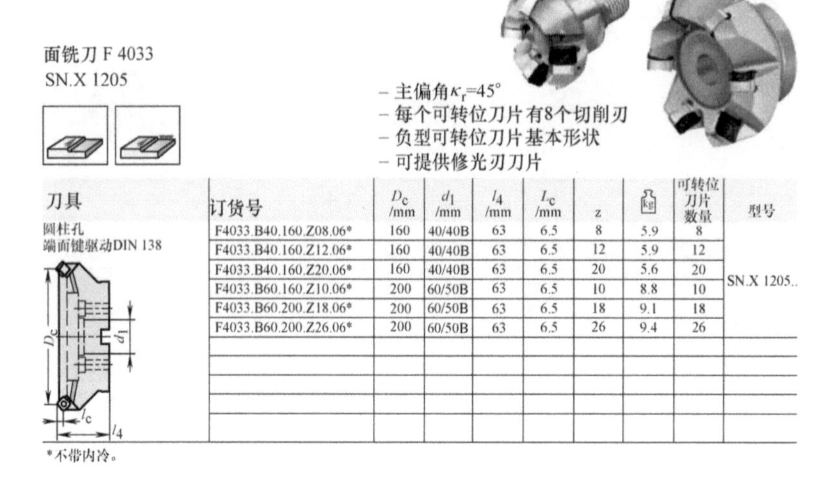
面铣刀 F 4033
SN.X 1205

- 主偏角κ_r=45°
- 每个可转位刀片有8个切削刃
- 负型可转位刀片基本形状
- 可提供修光刃刀片

刀具	订货号	D_c /mm	d_1 /mm	l_4 /mm	l_c /mm	z	kg	可转位刀片数量	型号
圆柱孔 端面键驱动DIN 138	F4033.B40.160.Z08.06*	160	40/40B	63	6.5	8	5.9	8	SN.X 1205..
	F4033.B40.160.Z12.06*	160	40/40B	63	6.5	12	5.9	12	
	F4033.B40.160.Z20.06*	160	40/40B	63	6.5	20	5.6	20	
	F4033.B60.160.Z10.06*	200	60/50B	63	6.5	10	8.8	10	
	F4033.B60.200.Z18.06*	200	60/50B	63	6.5	18	9.1	18	
	F4033.B60.200.Z26.06*	200	60/50B	63	6.5	26	9.4	26	

*不带内冷。

图 7-5　直径为 200mm 的 F4033 铣刀

可转位刀片

	刀尖圆弧半径/mm	修光刃长度/mm	P HC WKP25	P HC WKP35	P HC WKP355	P HC WSP45	M HC WSM35	M HC WSP45	K HC WAK15	K HC WKK25	K HC WKP25	K HC WKP35	K HC WKP355	N HC WXN15	N HW WK10	S HC WSM35	S HC WSP45	H HC WHH15	HC WXM15
SNGX120512-F57	1.2	–	☺	😐	☹	☹	😐	☹			😐	☹	☹			😐	☹		
SNGX1205ANN-D27	–	1.5	😐	☹	☹					😐	😐	☹	☹						
SNGX1205ANN-D27	–	1.5	😐	☹	☹						😐	☹	☹						
SNGX1205ANN-F57	–	1.5	☺	😐	☹	☹	😐	☹		😐	😐	☹	☹			😐	☹		
SNGX1205ANN-F67	–	1.5	☺	😐	😐	☹	😐	☹	☺		😐	☹	☹			😐	☹		
SNHX1205ANN-K88	–	1.5												☺	☺				
SNMX120512-D27	1.2	–	😐	☹	☹					😐	😐	☹	☹						
SNMX120512-F27	1.2	–	😐	☹	☹						😐	☹	☹						
SNMX120512-F57	1.2	–	☺	😐	☹	☹	😐	☹		😐	😐	☹	☹			😐	☹		
SNMX120512-F67	1.2	–	☺	😐	😐	☹	😐	☹	☺		😐	☹	😐			😐	☹		
SNMX120520-D27	2.0	–	😐	☹	☹					😐	😐	☹	☹						
SNMX120520-F57	2.0	–	☺	😐	☹	☹	😐	☹		😐	😐	☹	☹			😐	☹		
SNMX1205ANN-F27	–	1.5	😐	☹	☹						😐	☹	☹						
SNMX1205ANN-F57	–	1.5	☺	😐	☹					😐	😐	☹	☹						
SNMX1205ANN-F67	–	1.5	☺	😐	😐				☺		😐	☹	☹						
XNGX1205ANN-F67*	–	4.7							☺									☺	😐

图 7-6　与 F4033 铣刀相配的刀片信息

有关于刀片的选刀步骤如下：

步骤 1：从图 7-7 的材料表中找到要加工的材料。

材料表中涉及 45 钢（相应的德国牌号为 C45）的如图 7-8 所示，可知其材料组别代号为 P2，请记住这个组别。

步骤 2：选择加工条件。根据“刚性足够”的给定条件，见蓝色框架；这一加工又不需要长悬伸，可以按短悬伸来定加工条件，见红框。两者的交汇处的符号为“☻”（见图 7-9），这个符号后面也会用到。

步骤 3：选择加工方式，如图 7-10 所示。前面已经完成了这一步，确定刀具为 F4033.B60.200.Z18.06。

标记字母	加工材料组	需加工的工件材料组	
P	P1～P15	钢	各种钢和铸钢，不包括奥氏体结构钢
M	M1～M3	不锈钢	奥氏体不锈钢、奥氏体和铁素体双相不锈钢
K	K1～K7	铸铁	灰口铸铁、球墨铸铁、可锻铸铁和蠕墨铸铁
N	N1～N10	有色金属	铝合金、其他有色金属和非铁材料
S	S1～S10	高温合金和钛合金	铁基、镍基和钴基耐热合金、钛和钛合金
H	H1～H4	硬材料	淬硬钢、淬硬铸铁材料、冷硬铸铁
O	O1～O6	其他	塑料、玻璃纤维和碳纤维加强型塑料、石墨

图 7-7　刀片选择步骤 1：找到加工材料

工件材料组	加工材料组	德国			
		材料号 DIN	材料号 DIN EN	DIN	DIN EN
	结构钢				
	P1	1.0401		C 15	C15
	P1	1.0402		C 22	C22
	P2	1.0501		C 35	C35
	P2	1.0503		C 45	C45
	P4	1.0535		C 55	C55
	P4/P5	1.0601		C 60	C60

图 7-8　刀片选择步骤 1：工件材料对照表

刀具悬伸	机床、夹具和工件系统的稳定性		
	很好	好	一般
短悬伸	☻	☹	✖
长悬伸	☹	✖	

图 7-9　刀片选择步骤 2：选择加工条件

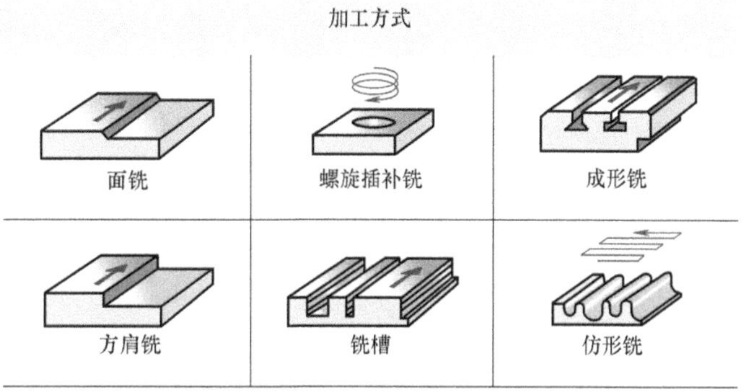

加工方式

面铣　螺旋插补铣　成形铣

方肩铣　铣槽　仿形铣

图 7-10　刀片选择步骤 3：选择加工方式

步骤 4：选择刀片的材质和槽型（见图 7-11）。同时要注意加工条件（步骤 2）和被加工材料。

根据步骤 1 中被加工材料 P 类 P2 组，步骤 2 的符号“☺”，在图 7-6 中可选的材质是 WKP25，对应可选的刀片型号（不含材质）有：

SNGX120512-F57　　SNMX120512-F57
SNGX1205ANN-F57　SNMX1205ANN-F57
SNGX1205ANN-F67　SNMX1205ANN-F67
SNMX120512-F67　　SNMX120520-F57

在上述这些型号中，左边的一组是 G 级精度，右边的一组为 M 级精度。G 级精度一般属于刀片周边经过磨削，精度较高，但一般价格稍高；M 级精度有些属于周边直接烧结成型而不需要经过磨削，精度有限，但价格也比较低。除精度要求比较高的场合之外，一般的铣削采用 M 级精度会有比较高的性价比。其他的刀片精度等级知识，已经在《数控车刀选用全图解》第三章图 3-82 部分讨论过，需要了解的可查阅。

这个案例选 M 级精度的。在 M 级精度的五种刀片型号中，三种是带圆角的刀片，分别为 1.2mm 的圆角和 2mm 的圆角，另外两种为带修光刃的刀片。带修光刃的刀片可加工出较高等级的表面质量，但需要在特定的主偏角下使用。刀片代号标准（国际标准为 ISO5608:2012，我国现行标准为

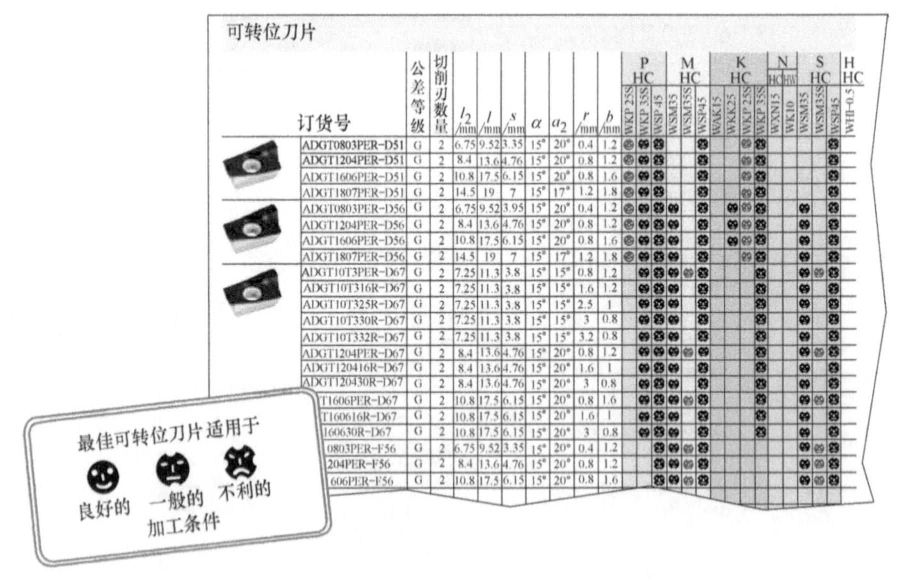
可转位刀片

订货号	公差等级	切削刃数量	l_2/mm	l/mm	s/mm	α	a_2	r/mm	b/mm
ADGT0803PER-D51	G	2	6.75	9.52	3.35	15°	20°	0.4	1.2
ADGT1204PER-D51	G	2	8.4	13.6	4.76	15°	20°	0.8	1.2
ADGT1606PER-D51	G	2	10.8	17.5	6.15	15°	20°	0.8	1.6
ADGT1807PER-D51	G	2	14.5	19	7	15°	17°	1.2	1.8
ADGT0803PER-D56	G	2	6.75	9.52	3.95	15°	20°	0.4	1.2
ADGT1204PER-D56	G	2	8.4	13.6	4.76	15°	20°	0.8	1.2
ADGT1606PER-D56	G	2	10.8	17.5	6.15	15°	20°	0.8	1.6
ADGT1807PER-D56	G	2	14.5	19	7	15°	17°	1.2	1.8
ADGT10T3PER-D67	G	2	7.25	11.3	3.8	15°	15°	0.8	1.2
ADGT10T316R-D67	G	2	7.25	11.3	3.8	15°	15°	1.6	1.2
ADGT10T325R-D67	G	2	7.25	11.3	3.8	15°	15°	2.5	1
ADGT10T330R-D67	G	2	7.25	11.3	3.8	15°	15°	3	0.8
ADGT10T332R-D67	G	2	7.25	11.3	3.8	15°	15°	3.2	0.8
ADGT1204PER-D67	G	2	8.4	13.6	4.76	15°	20°	0.8	1.2
ADGT120416R-D67	G	2	8.4	13.6	4.76	15°	20°	1.6	1
ADGT120430R-D67	G	2	8.4	13.6	4.76	15°	20°	3	0.8
T1606PER-D67	G	2	10.8	17.5	6.15	15°	20°	0.8	1.6
T160616R-D67	G	2	10.8	17.5	6.15	15°	20°	1.6	1
160630R-D67	G	2	10.8	17.5	6.15	15°	20°	3	0.8
0803PER-F56	G	2	6.75	9.52	3.35	15°	20°	0.4	1.2
204PER-F56	G	2	8.4	13.6	4.76	15°	20°	0.8	1.2
606PER-F56	G	2	10.8	17.5	6.15	15°	20°	0.8	1.6

图 7-11　刀片选择步骤 4：选择刀片的材质和槽型

GB/T 5343.1—2007）关于修光刃的符号规定如图 7-12 所示。它用两位字母来替代原来表示刀尖圆角的两位数字，其中第一位代表适用的刀具主偏角，例如本例中选择了 45° 主偏角的铣刀，这一位符号就必须是“A”，第二位则是修光刃（切削原理上应为副切削刃）的后角。

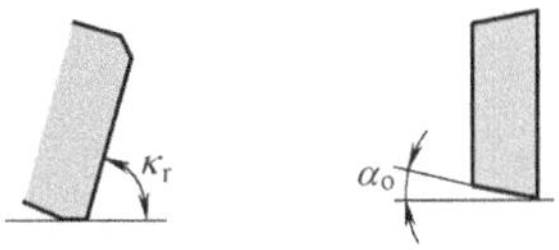

κ_r

α_o

主偏角

A 45°

D 60°

E 75°

F 85°

P 90°

Z 其他主偏角

副切削刃后角

A 3°

B 5°

C 7°

D 15°

E 20°

F 25°

G 30°

N 0°

P 11°

Z 其他后角

图 7-12 铣刀片代码的修光刃符号规定

为了得到较好的表面粗糙度等级（即较小的表面粗糙度数值），选择带修光刃的刀片，即刀片尺寸部分的代码为 1205ANN。

在刃口结构上，F57 和 F67 都具有 16° 的前角（见图 2-65），后面结构也完全相同，两者的区别就在于前面的刃口结构（详见图 2-77 及其介绍）。

这两种槽型的差别就在于刃口的锋利性，F67 较 F57 锋利，切削力稍小，振动倾向也稍小；而 F57 的刃口钝化稍强，发生崩刃的可能性更小，安全性更高。但总体而言，两者差距很小。由于已知条件是刚性足够，选 F57 的槽型。

至此，刀片的型号已选择完毕，即刀片型号为：

SNMX1205ANN-F57 WKP25

该刀片为 M 级精度，适用于 45° 主偏角、*b* 值为 1.5mm 的修光刃，前角为 16° 钝化程度中等。

步骤 5：选择切削参数（起始值）。根据图 7-13 从中选择切削参数。样本中有如图 7-14 所示的指南。其中为 F4033 铣刀的相关信息提示，被红框围起的，就是具体的这种铣刀的切削参数所在页码（图中的 F119 就是该图在样本上的页码）。

图 7-15 就是选择切削参数的局部放大图。在这个图上，可以看到，含碳量介于 0.25% ～ 0.55% 间的调质非合金钢（45 钢含碳量为 0.45%），使用 WKP25 材质时的切削速度在切削宽度 a_e 与铣刀直径 D_c 之比为 1/1 及 1/2 之间时为 255m/min（本例 a_e 为 150mm，D_c 为 200mm，a_e/D_c 为 0.75）。

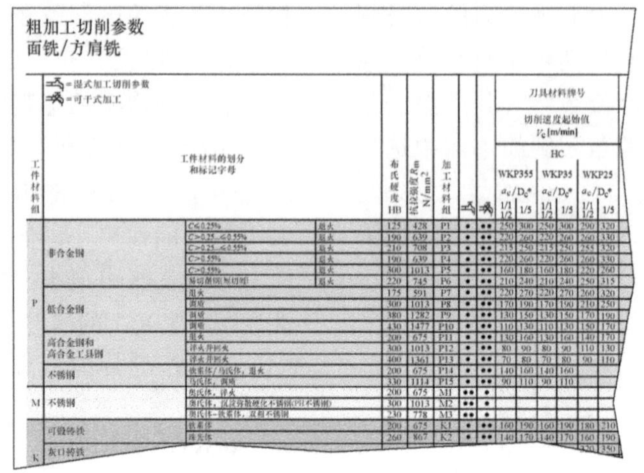

粗加工切削参数
面铣/方肩铣

（湿式加工图标）=湿式加工切削参数；（干式加工图标）=可干式加工

工件材料组	工件材料的划分和标记字母			布氏硬度 HB	抗拉强度 R_m N/mm²	加工材料组	湿式	干式	刀具材料牌号 切削速度起始值 v_c [m/min] HC WKP355 a_e/D_c* 1/1 1/2	WKP355 1/5	WKP35 1/1 1/2	WKP35 1/5	WKP25 1/1 1/2	WKP25 1/5
P	非合金钢	C≤0.25%	退火	125	428	P1	•	••	250	300	250	300	290	320
		C>0.25...≤0.55%	退火	190	639	P2	•	••	220	260	220	260	260	330
		C>0.25...≤0.55%	退火	210	708	P3	•	••	215	250	215	250	255	320
		C>0.55%	退火	190	639	P4	•	••	220	260	220	260	260	330
		C>0.55%	退火	300	1013	P5	•	••	160	180	160	180	220	260
		易切削钢(短切屑)	退火	220	745	P6	•	••	210	240	210	240	250	315
	低合金钢	退火		175	591	P7	•	••	220	270	220	270	260	320
		调质		300	1013	P8	•	••	170	190	170	190	210	250
		调质		380	1282	P9	•	••	130	150	130	150	170	190
		调质		430	1477	P10	•	••	110	130	110	130	150	170
	高合金钢和高合金工具钢	退火		200	675	P11	•	••	130	160	130	160	140	170
		淬火并回火		300	1013	P12	•	••	80	90	80	90	110	130
		淬火并回火		400	1361	P13	•	••	70	80	70	80	90	110
	不锈钢	铁素体/马氏体，退火		200	675	P14	•	••	140	160	140	160		
		马氏体，调质		330	1114	P15	•	••	90	110	90	110		
M	不锈钢	奥氏体，淬火		200	675	M1	••	•						
		奥氏体，沉淀硬化不锈钢(PH不锈钢)		300	1013	M2	••	•						
		奥氏体-铁素体，双相不锈钢		230	778	M3	••	•						
K	可锻铸铁	铁素体		200	675	K1	•	••	160	190	160	190	180	210
		珠光体		260	867	K2	•	••	140	170	140	170	160	190
	灰口铸铁												320	350

图 7-13　刀片选择步骤 5：选择切削参数

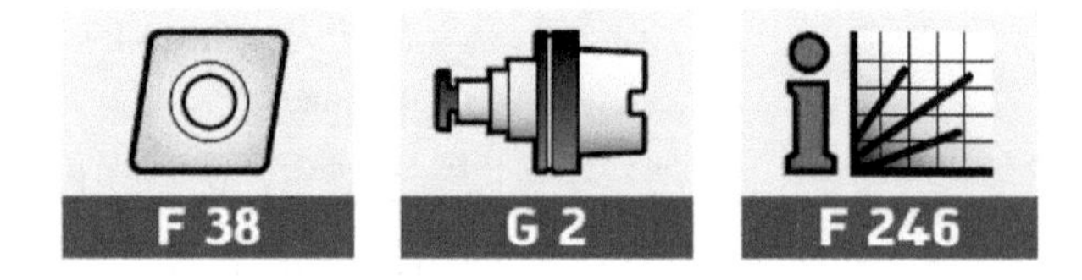

F119

图 7-14　刀片选择指南（F4033 相关信息提示）

粗加工切削参数
面铣/方肩铣

（湿式加工图标）=湿式加工切削参数；（干式加工图标）=可干式加工

工件材料组	工件材料的划分和标记字母			布氏硬度(HB)	抗拉强度 R_m/MPa	加工材料组	湿式	干式	刀具材料牌号 切削速度起始值 v_c/(m/min) HC WKP355 a_e/D_c* 1/1 1/2	WKP355 1/5	WKP35 1/1 1/2	WKP35 1/5	WKP25 1/1 1/2	WKP25 1/5
P	非合金钢	C≤0.25%	退火	125	428	P1	•	••	250	300	250	300	290	320
		C>0.25…≤0.55%	退火	190	639	P2	•	••	220	260	220	260	260	330
		C>0.25…≤0.55%	调质	210	708	P3	•	••	215	250	215	250	255	320
		C>0.55%	退火	190	639	P4	•	••	220	260	220	260	260	330
		C>0.55%	调质	300	1013	P5	•	••	160	180	160	180	220	260
		易切削钢(短切屑)	退火	220	745	P6	•	••	210	240	210	240	250	315
	低合金钢	退火		175	591	P7	•	••	220	270	220	270	260	320
		调质		300	1013	P8	•	••	170	190	170	190	210	250
		调质		380	1282	P9	•	••	130	150	130	150	170	190
		调质		430	1477	P10	•	••	110	130	110	130	150	170

图 7-15　切削参数放大图

接着选择每齿进给量的起始值。图 7-16 是进给量选定页的一部分（由于页面关系，我们截去了不锈钢、铸铁、非铁材料、难加工材料、硬材料等被加工材料，也截去了 F4080、F2146、F2233 等其他铣刀）。

根据选用的刀片是 SN . X 1205ANN（实际型号是 SNMX1205ANN），加工非合金钢的起始每齿进给量为 0.25mm，a_e/D_c 为 0.75 时的修正系数为 1.0，实际的初始每齿进给量就确定为 0.25mm/z。

对于冷却，该刀具无内冷却通道（见图 7-5 下方附注），切削速度推荐中也首先推荐使用干切削（见图 7-15 的蓝色框）。

至此，面铣刀选择完毕，其结果为：

铣刀盘：F4033.B60.200.Z18.06

铣刀刀片：SNMX1205ANN-F57 WKP25

起始切削参数：

切削速度：255m/min

切削深度：3mm（给定条件）

每齿进给量：0.25mm/z

冷却：干切削

建议切入方法为弧线切入。

进给量选定(起始值)
面铣/方肩铣刀

工件材料组	铣刀型号		F 2010/F 4033	
	每齿进给量f_z 用于 $a_e=D_c$ $a_p=a_{p\,max}=L_c$			
	主偏角κ_r		45°	
			f_{z0}/mm	
	刀具直径或直径范围/mm		40～315	50～315
	最大切削参数$a_{p\,max}=L_c$/mm		6	9
P	非合金钢		0.25	0.40
	低合金钢		0.20	0.35
	高合金钢和工具钢		0.20	0.30
	不锈钢		0.15	0.20
可转位刀片类型			SN.X 120512.. SN.X 120520.. SN.X 1205ANN	SNmX 160620.. SNmX 160640.. SNGX 1606ANN
修正系数Ka_e	$a_e/D_c=$	1/1～1/2	1.0	1.0
用于每齿进给量取决于切削宽度a_e与铣刀直径D_c之比		1/5	1.1	1.1
		1/10	1.2	1.2
		1/20	1.3	1.3
		1/50		

图 7-16　刀片选择步骤 5：确定每齿进给量

7.2 台阶和槽铣刀的选用

本节中，将选择加工一个台阶与一个槽的铣刀，加工部位如图 7-17 所示。

加工这两个部分有两个方案，一个是两个部分各选一把刀具，另一个是两个部分共选一把刀具。共用一把刀具的好处是可以少换一次刀，刀具的库存也可简化，而各选一把刀的好处是在加工这一部分时可以不用考虑其他因素而追求更合适本工序。

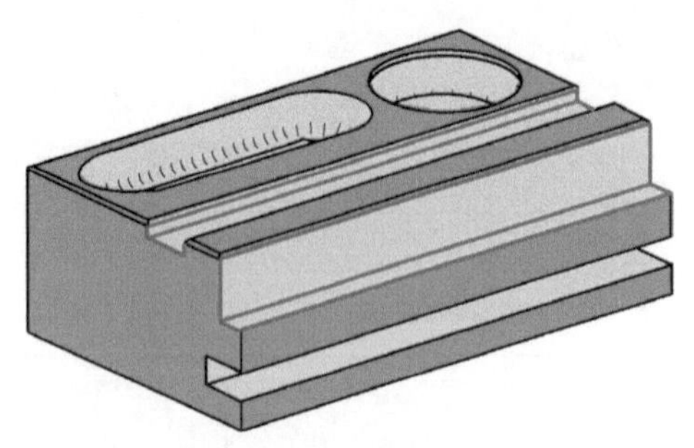

图 7-17　加工的槽及台阶

该工件的槽铣尺寸是宽 25mm，深 7.5mm；台阶则是 15mm 宽 32mm 深。

7.2.1　选择一把刀具的方案

首先考虑是用一个玉米铣刀，即可用于铣宽 25mm、深 7.5mm 的槽，又可用于铣宽 15mm、深 32mm 的台阶。

■ **确定刀具类型**

本书第 3 章的图 3-5 曾介绍了立铣方式的侧壁变形，槽铣时如选择与槽宽等宽的铣刀在两侧会发生侧壁偏斜，因此，准备选择比槽宽窄些的铣刀直径。粗铣完成后，用图 4-2 所示的方式进行精铣。

那么，如何选择铣刀直径呢？在本书第 6 章 6.2 节立体曲面铣削策略中，曾介绍了摆线铣（见图 6-31 至图 6-33），这种方式是粗铣槽的合适方式。根据那一部分加工宽度为铣刀直径的 1.2 ～ 2 倍的建议，如果粗铣槽的宽度为 24mm（精铣槽的单边余量为 0.5mm），则应选择直径为 12 ～ 20mm 的铣刀。在这个范围内，可转位铣刀、换头的可转位铣刀、整体硬质合金铣刀、可换头的硬质合金铣刀都可选。但如果还要加工台阶，在选择 12mm 直径的铣刀时，加工高度为 32mm，高度将约为直径的 2.7 倍，16mm 直径的铣刀高度将为直径的 2 倍，而 20mm 直径的铣刀高度将为直径的 1.6 倍，较小的直径会显得长径比稍大，对加工刚性不很有利，但较大的直径对于摆线铣时又不是十分理想。综上，初将铣刀直径定为 16mm。

在直径为 16mm 时，可转位和可换头的可转位都没有玉米铣刀可选（样本上的可转位玉米铣刀最小直径为 20mm），如果选可转位结构，可用的方法是直径 16mm 在高度方向两次铣削；另一种是选择硬质合金，但可换头的硬质合金刃口长度也比较短，难以满足高度 32mm 的要求（同样需要高度方向两次铣削）。不过在实际上，没能找到直径 16mm，刃口长度超过 32mm，又能适合加工钢件的铣槽和侧铣的刀具。因此，不得不更改上面一段的设定，将铣刀直径定为 20mm，这样就可以选择可转位的玉米铣刀。

图 7-18 是可转位台阶铣和槽铣刀具一览图。从图中可以看到，20mm 的可转位玉米铣刀有 F4038 和 F2238 可选（见图 7-18 中的红框）。其中，F4038 是用的与图 4-6b 的 F4238 相同的全齿结构，加工效率会比较高。

按照图 7-18 红框左侧的提示，选择直径为 20mm 的玉米铣刀。（见图 7-19）。

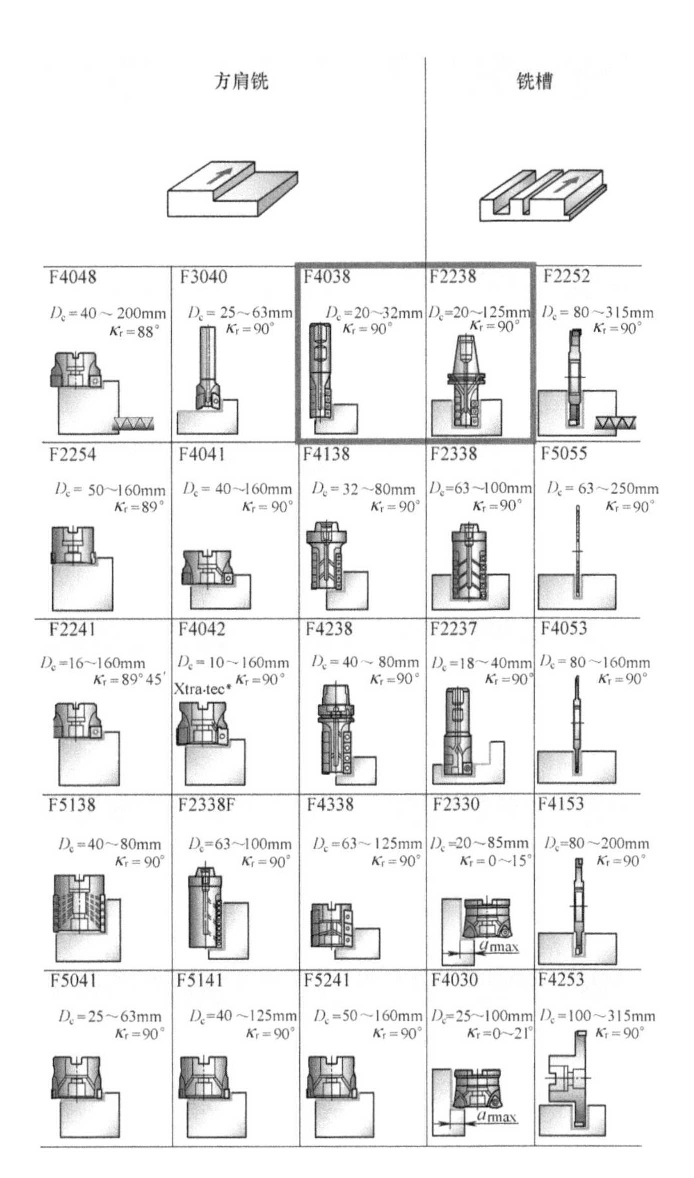

图 7-18 台阶铣和槽铣刀具一览（图片源自瓦尔特）

玉米铣刀 F 4038

AD‥0803

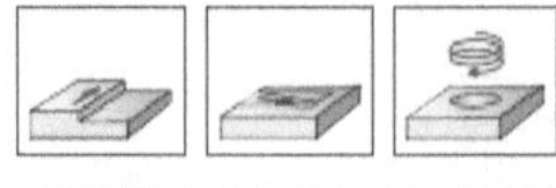

- 主偏角κ_r=90°
- 每个可转位刀片有2个切削刃
- 正型可转位刀片基本形状
- 全齿型

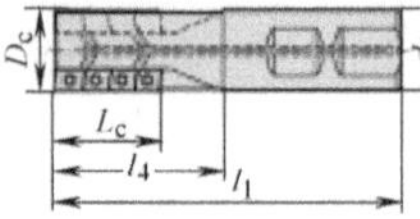

刀具	订货号	D_c /mm	d_1 /mm	l_4 /mm	l_1 /mm	L_c /mm	z	kg	可转位刀片数量	型号
CNN 1835-B 刀柄	F4038.W20.020.Z01.30	20	20	45	96	30	1	0.2	5	AD...0803..
	F4038.W25.025.Z02.30	25	25	50	100	30	2	0.4	B	
	F4038.W32.032.Z03.30	32	32	50	105	30	3	0.6	12	
	F4038.W32.032.Z03.37	32	32	50	111	37	3	0.5	15	

图 7-19 瓦尔特 F4038 铣刀

可转位刀片

订货号	刀尖圆弧半径 /mm	修光刃长度 /mm	P WKP25	P WKP35	P WKP35S	P WSP45	M WSM35	M WSP45	K HC WAK15	K HC WKK25	K HC WKP25	K HC WKP35	K HC WKP35S	N HC WXN15	N HW WK10	S WSM35	S WSP45	H WHH15
ADGT0803PER-D51	0.4	1.2	☺	😐	😐	☹		☹			😐	☹	☹				☹	
ADGT0803PER-D56	0.4	1.2	😐	☹	😐	☹	😐	☹		😐	😐	☹	☹			😐	☹	
ADGT0803PER-F56	0.4	1.2				☹	😐	☹								😐	☹	
ADHT0803PER-G88	0.4	1.2												☺	☺			
ADKT0803PER-F56	0.4	1.2	☺	😐	😐	☹		☹	☺		😐	☹	☹				☹	
ADMT080302R-F56	0.2	1.2		😐	😐	☹	😐	☹				☹	☹			😐	☹	
ADMT080304R-D56	0.4	1.2	😐	☹	😐	☹		☹	☺	😐	😐	☹	☹				☹	
ADMT080304R-F56	0.4	1.2	☺	😐	😐	☹	😐	☹	☺	😐	😐	☹	☹			😐	☹	
ADMT080304R-G56	0.4	1.2		😐	😐	😐	😐	☹				☹	☹			😐	☹	
ADMT080308R-F56	0.8	1.2		😐	😐	☹	😐	☹				☹	☹			😐	☹	
ADMT080312R-F56	1.2	1.0		😐	😐	☹	😐	☹				☹	☹			😐	☹	
ADMT080316R-F56	1.6	1.0		😐	😐	☹	😐	☹				☹	☹			😐	☹	
ADMT080320R-F56	2.0	1.0		😐	😐	☹	😐	☹				☹	☹			😐	☹	
ADMT080325R-F56	2.5	0.8		😐								☹						

从刀尖圆弧半径r_ε=1.6mm起，应修磨刀体的刀尖区。

$r_{(刀体)}=r_{(可转位刀片)}-1\text{mm}$

HC=涂层硬质合金

HW=无涂层硬质合金

刀尖圆弧半径r_ε大于0.4mm的可转位刀片只能作为端面刀片使用。

图 7-20 刀片选择步骤 4：选择刀片的材质和槽型

■ 选择铣刀杆

从图 7-19 中可以看到，实际上可转位玉米铣刀的切削刃长度 L_c 也未达到 32mm 的尺寸，但由于可转位的刀体一般都比刀片所在的直径小，轴向方向可以分两刀切削，而有些整体硬质合金后部直径与前面刃部直径几乎相同，分刀切削可能会有问题。

因此，选择的铣刀杆是：

F4038.W20.020.Z01.30

■ 选择刀片

所配用的刀片应该符合：

AD . . 0803 . .

该铣刀刀片选择的前 2 个步骤与 7.1 面铣刀选用中相同，也是工件为 P2 组、加工状态为“☻”，第 3 个步骤中已选 F4038.W20.020.Z01.30 玉米铣刀，其刀片信息如图 7-20 所示。

步骤 4：选择刀片的材质和槽型。

从图 7-20 中可以看到，其适合钢件“☻”的刀片有三种（见图中红框），其中上方二种是带修光刃的，下面的一个是带 0.4mm 的刀尖圆角。

考虑加工表面的粗糙度，选用带修光刃的，那么下一个问题是选择槽型。由图 2-77 得知，D51 是后面带减振结构，F56 则是带刃带结构，这里刚性足够，选 F56 的槽型。因此，选出的刀片是：

ADKT0803PER-F56 WKP25

步骤 5：确定切削参数：

按图 7-21 的提示，可以找到该铣刀的切削参数（见图 7-22，有删减），用 WKP25 材质切 45 钢调质的切削速度按切削宽度

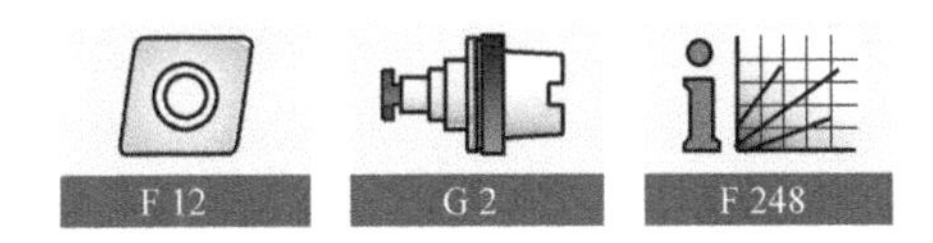

图 7-21 刀片选择指南 F4038 相关信息提示

粗加工切削参数

使用全齿玉米铣刀(F2338F、F4038、F4138、F4238、F4338)方肩铣

= 湿式加工切削参数

= 可干式加工

工件材料组	工件材料的划分和标记字母		布氏硬度(HB)	抗拉强度 R_m/MPa	加工材料组			刀具材料牌号 切削速度起始值 v_c/(m/min) HC WKP25 a_e/D_c 1/2	1/5
非合金钢	C≤0.25%	退火	125	428	P1	•	••	210	275
	C>0.25..≤0.55%	退火	190	639	P2	•	••	200	255
	C>0.25..≤0.55%	调质	210	708	P3	•	••	175	220
	C>0.55%	退火	190	639	P4	•	••	200	255
	C>0.55%	调质	300	1013	P5	•	••	165	200
	易切削钢(短切屑)	退火	220	745	P6	•	••	170	210

图 7-22 切削参数放大图

a_e 与铣刀直径 D_c 不同分别为 175m/min 和 220m/min，铣槽时粗加工是全宽铣，应选用 175m/min，精铣时切削宽度仅 0.5mm（前面介绍了精铣单边余量为 0.5mm），此时 a_e/D_c 为 0.025，可选 220m/min。台阶铣如果不设精铣，a_e 为 15mm，D_c 为 20mm，a_e/D_c 为 0.75，适合用 175m/min 的切削速度。

图 7-23 为 F4038 的每齿进给量选用表，可以查到该铣刀加工非合金钢的初始每齿进给量为 0.15mm，粗铣槽时 a_e/D_c 为 1，a_p 为 7.5mm；精铣槽时 a_e/D_c 为 0.025，a_p 仍为 7.5mm；立铣时 a_e/D_c 为 0.5，a_p 为台阶高度的 50% 为 16mm，因此：

铣刀型号		F4038
每齿进给量 f_{Z0} 用于 $a_e=D_c$ $a_p=a_{pmax}=L_c$ 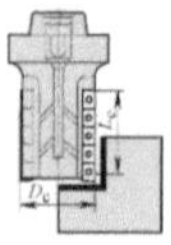		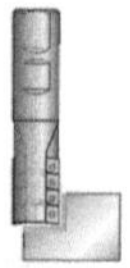
主偏角 κ_r		90°
工件材料组		f_{Z0}/mm
刀具直径或直径范围/mm		20~32
最大切削参数 $a_{pmax}=L_c$(mm)		15~37
P 非合金钢[1]		0.15
P 低合金钢		0.10
P 高合金钢和工具钢		0.10
P 不锈钢		0.08
可转位刀片类型		AD..0803..
修正系数 Ka_e 用于每齿进给量取决于切削宽度 a_e 与铣刀直径 D_c 之比 $a_e/D_c=$	1/2	1.0**
	1/5	1.1
	1/10	1.2
	1/20	1.3
	1/50	1.5
修正系数 Ka_p 用于每齿进给量取决于切削深度 a_p $a_p=$	6	1.0
	9	1.0
	12	1.0
	$0.5D_c$	1.0
	$0.75D_c$	0.8
$f_Z=f_{Z0}Ka_eKa_p$	D_c	0.7
	$a_{pmax}=L_c$	0.5*

1和铸钢
2和奥氏体/铁素体
*只在 $a_e/D_c<1/5$ 时可用
**只在 $a_p<0.75\times D_c$ 时可用

图 7-23　刀片选择步骤 5：确定每齿进给量

粗铣槽两个的修正系数都为 1.0，每齿进给量为 0.15mm/z。

精铣槽两个的修正系数分别都为 1.5 和 1.0，每齿进给量为 0.225mm/z。

立铣两个的修正系数分别都为 1.0 和 0.7，每齿进给量为 0.105mm/z。

至此，槽铣刀和台阶铣刀选择完毕，其结果为：

铣刀杆：F4038.W20.020.Z01.30

铣刀刀片：ADKT0803PER-F56 WKP25

槽粗铣起始切削参数：

切削速度：175m/min

切削深度：7.5mm（给定条件）

每齿进给量：0.15mm/z

冷却：干切削

进刀方式：摆线铣

槽精铣起始切削参数：

切削速度：220m/min

切削深度：7.5mm（给定条件）

每齿进给量：0.225mm/z

冷却：干切削

进刀方式：顺铣

立铣起始切削参数：

切削速度：175m/min

切削深度：16mm（给定条件）

每齿进给量：0.105mm/z

冷却：干切削

进刀方式：弧形切入

 7.2.2 两部分各选一把刀具的方案

选择铣槽刀具

首先选择铣槽刀具。因为只考虑这一个加工要素，刃口长度只需要超过槽深 7.5mm 即可。考虑高刚性，采用本书第 3.3 节介绍的换头式硬质合金铣刀（ConeFit）。图 7-24 是瓦尔特样本中摘录出的适合铣槽的 ConeFit 铣刀一览，其中后两种“类型”部分的 Al 表明主要适合加工有色金属材料，主要在前两个类型中选择。两者的差别一个是螺旋角，另一个是槽数。图 3-44 介绍了 ConeFit 中有特色的几种，其中包括 50° 螺旋角的 Tough Guys，这里就选这种铣刀。

图 7-25 是 ConeFit 结构 Tough Guys 铣刀。前面讨论过如果不考虑侧铣，16mm 直径是摆线铣该直槽的首选。可看到这种铣刀 16mm 直径的切削刃长度为 8.5mm，能满足槽深 7.5mm 的要求。因此，铣槽刀具为 H3E21317-E16-16。

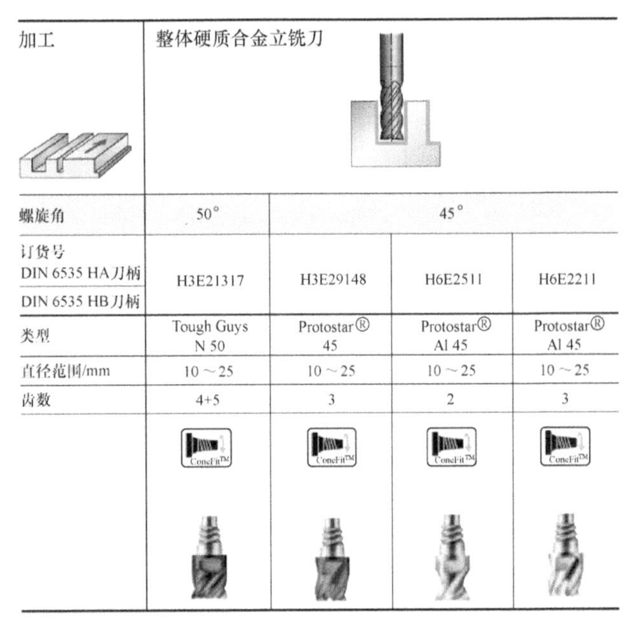

加工	整体硬质合金立铣刀			
螺旋角	50°	45°		
订货号 DIN 6535 HA刀柄 DIN 6535 HB刀柄	H3E21317	H3E29148	H6E2511	H6E2211
类型	Tough Guys N 50	Protostar® 45	Protostar® Al 45	Protostar® Al 45
直径范围/mm	10～25	10～25	10～25	10～25
齿数	4+5	3	2	3
	ConeFit™	ConeFit™	ConeFit™	ConeFit™

图 7-24 ConeFit 槽铣刀

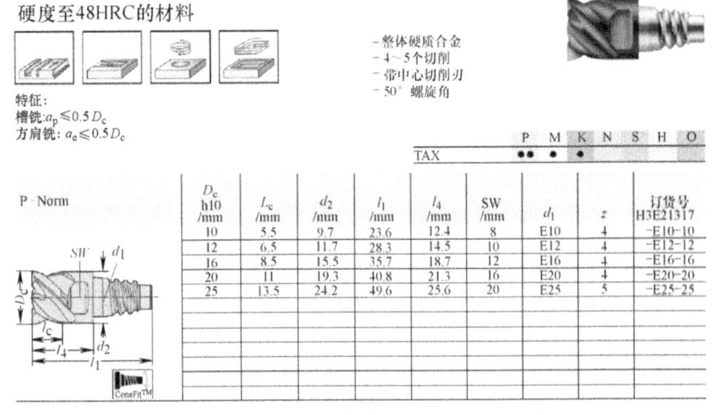

D_c h10 /mm	L_c /mm	d_2 /mm	l_1 /mm	l_4 /mm	SW /mm	d_1	z	订货号 H3E21317
10	5.5	9.7	23.6	12.4	8	E10	4	-E10-10
12	6.5	11.7	28.3	14.5	10	E12	4	-E12-12
16	8.5	15.5	35.7	18.7	12	E16	4	-E16-16
20	11	19.3	40.8	21.3	16	E20	4	-E20-20
25	13.5	24.2	49.6	25.6	20	E25	5	-E25-25

图 7-25 ConeFit 结构的 Tough Guys 铣刀

根据图 7-26 的提示，可以找到相应的切削参数。图 7-27 即为 ConeFit 结构 Tough Guys 铣刀的切削参数。在加工调质中碳钢时，根据切削宽度 a_e 与铣刀直径 D_c 之比，有三个不同的推荐值，分别是 150m/min、200m/min 和 280m/min。由于摆线切削是的切宽是不断变化的，以安全考虑取 $a_e/D_c=1$，切削速度确定为 v_c 为 150m/min。但要注意到在切削速度后面还有一个 *VT* 值，这个值是确定切削宽度与进给值的一个关键。

图 7-28 为整体铣刀 A 组的每齿进给量，整体铣刀 A 组进给量，从中可以找到相应的切削宽度与进给的对照表。直径 16mm 的铣刀在切削宽度 a_e=16mm 时的进给值为 0.09mm/z（图中红框）。

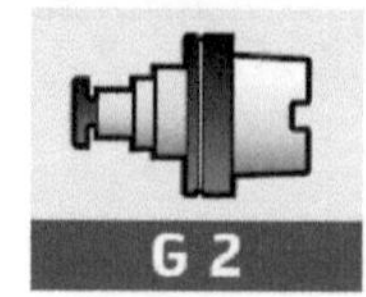

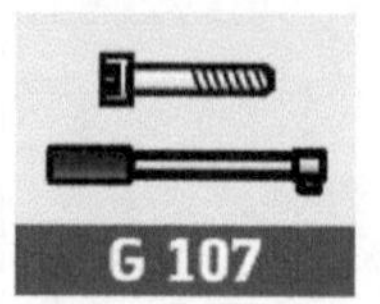

图 7-26　Tough Guys 铣刀信息

方肩铣/槽铣切削参数

刀具材料	整体硬质合金			
	系列	订货号	λ	页码
	ConeFit™ Tough Guys N 50	H3E20317 H3E21317	50°	E141 E85
	Tough Guys N 50	H3020317 H3120317 H3021317 H3121317	50°	E142 E142 E86 E86

工件材料组	工件材料的划分和标记字母			布氏硬度 HB	抗拉强度 R_m (N/mm²)	加工材料组 1	直径2～25			
							Z=4+5			
							TAX			
	工件材料						a_e/D_c			VT
							1/1	1/2	1/10	
	非合金钢	C≤0.25%	退火	125	428	P1	180	240	340	A
		C>0.25...≤0.55%	退火	190	639	P2	170	230	330	A
		C>0.25...≤0.55%	调质	210	708	P3	150	200	280	A
		C>0.55%	退火	190	639	P4	150	200	280	A
		C>0.55%	调质	300	1013	P5	110	140	200	A
		易切削钢(短切屑)	退火	220	745	P6	150	200	280	A

图 7-27　Tough Guys 铣刀的切削参数

A

工件材料组ISO P、ISO K和钛合金

	每齿进给量 f_z/mm							
a_e/mm*	直径16mm	直径18mm	直径20mm	直径25mm	直径32mm	直径40mm	直径50mm	直径63mm
0.01								
0.05								
0.1	0.20							
0.2	0.20	0.20	0.25					
0.5	0.15	0.20	0.25	0.25				
1	0.12	0.15	0.20	0.25	0.25	0.30	0.30	0.30
2	0.12	0.15	0.20	0.20	0.25	0.25	0.25	0.30
3	0.12	0.14	0.18	0.20	0.20	0.25	0.25	0.25
5	0.12	0.12	0.15	0.20	0.20	0.20	0.25	0.25
6	0.12	0.12	0.15	0.20	0.20	0.20	0.20	0.25
8	0.12	0.12	0.15	0.20	0.20	0.20	0.20	0.20
10	0.12	0.12	0.14	0.16	0.20	0.20	0.20	0.20
12	0.11	0.12	0.14	0.16	0.16	0.20	0.20	0.20
14	0.10	0.12	0.13	0.15	0.16	0.16	0.20	0.20
16	0.09	0.10	0.12	0.15	0.15	0.16	0.16	0.20

图 7-28　整体铣刀 A 组的每齿进给量

因此，铣刀选刀结果为：

刀具：H3E21317-E16-16

槽铣起始切削参数：

切削速度：150m/min

切削深度：7.5mm（给定条件）

每齿进给量：0.09mm/z

冷却：干切削

进刀方式：摆线铣

■ 选择铣台阶刀具

接着来选择侧铣台阶的铣刀。要铣削高度为32mm的台阶，如果考虑表面质量，无疑是首选整体铣刀。该铣刀刀片选择的前2个步骤同为加工材料和加工条件，步骤3为选择加工方式，如图7-29所示，选择不带刀尖圆角的侧铣方式。

图7-30是侧铣选刀一览。就侧铣加工来说，较大的直径、较多的槽数和较大的螺旋角应该是优先考虑的（见第3章相关介绍）。从图中可以看到，可选的最大直径是25mm。但是，因为常规的硬质合金棒材都是加工直径20mm以下的刀具，25mm的刀具一般价格稍高，可以考虑以20mm的直径为首选。

从较大的螺旋角考虑，可在60°和50°两种螺旋角中进行选择。图7-31和图7-32分别是60°螺旋角的Protostar® N 60和50°螺旋角的Protostar® N 50的资料。

对照两者，除了螺旋角，两者的参数几乎没有差别，直径20mm的铣刀槽数分别为6齿和8齿，考虑加工效率和45钢的特性，选择8齿的整体铣刀Protostar® N 50，刃口长度38mm也能满足32mm的铣削深度的要求。因此，选择的刀具是：

H3021138-20

按其样本中的相关信息提示（图略），确定切削参数，这一步骤与上面类似。

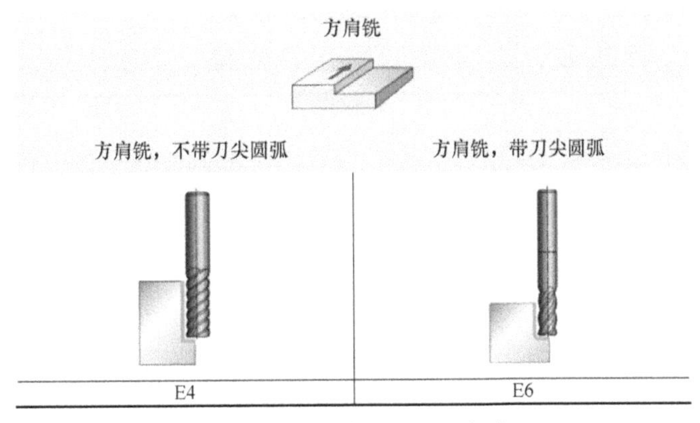

图7-29　侧铣选刀（加工方式）

加工	整体硬质合金立铣刀						
螺旋角	60°	50°			45°		
订货号 DIN 6535 HA刀柄	H3024148	H3E21138	H3021138	H8083128	H3023118	H3023418	H3023518
DIN 6535 HB刀柄	–		–	–	H3123118	H3123418	H3123518
类型	Protostar® N60	Protostar® N50	Protostar® N50	Protostar® Ultra H50	Protostar® N45标准	Protostar® N45特长	Protostar® N45特长
直径范围/mm	6～20	10～25	3～25	3～25	2～25	6～20	4～25
齿数	6	6+8	4～8	4～8	4+5	4+5	4～8
标准	DIN 6527L	ConeFit™	DIN 6527 L	DIN 6527 L;P-NormL	DIN 6527 L	P-NormL	P-Norm XL

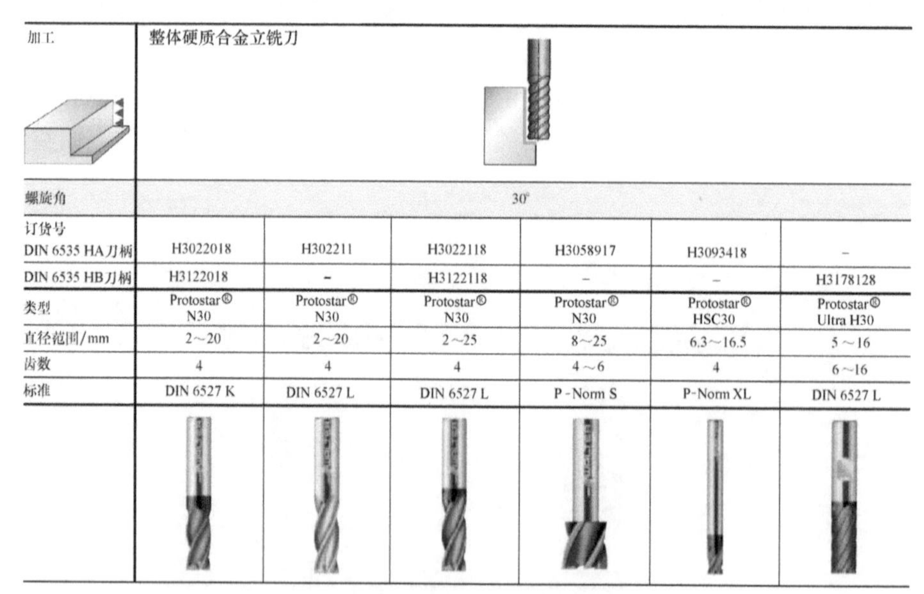

加工	整体硬质合金立铣刀					
螺旋角	30°					
订货号 DIN 6535 HA刀柄	H3022018	H302211	H3022118	H3058917	H3093418	–
DIN 6535 HB刀柄	H3122018	–	H3122118	–	–	H3178128
类型	Protostar® N30	Protostar® N30	Protostar® N30	Protostar® N30	Protostar® HSC30	Protostar® Ultra H30
直径范围/mm	2～20	2～20	2～25	8～25	6.3～16.5	5～16
齿数	4	4	4	4～6	4	6～16
标准	DIN 6527 K	DIN 6527 L	DIN 6527 L	P-Norm S	P-Norm XL	DIN 6527 L

图 7-30　侧铣选刀一览（图片源自瓦尔特）

硬度至48HRC的材料

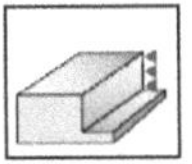
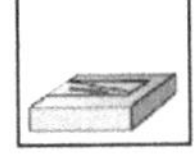
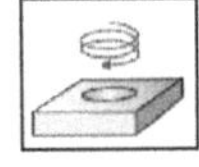
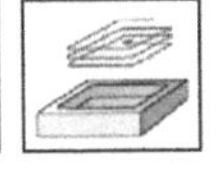

- 整体硬质合金
- 6个切削刃
- 无中心切削刃
- 60°螺旋角

特征：
槽铣：$a_p \leqslant 0.1D_c$
方肩铣：$a_e \leqslant 0.1D_c$

	P	M	K	N	S	H	O
TAX	●●	●					

DIN 6527 L

DIN 6535 HA刀柄

D_c L_c l_4 l_1 d_1

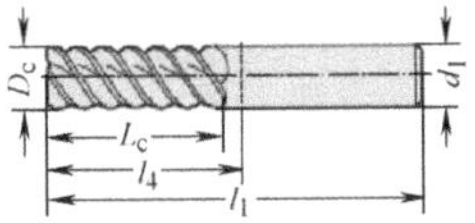

D_c h10 /mm	L_c /mm	h /mm	l_4 /mm	d_1 h6 /mm	z	TAX 订货号 H3024148
6	13	57	21	6	6	-6
8	19	63	27	8	6	-8
10	22	72	32	10	6	-10
12	26	83	38	12	6	-12
14	26	83	38	14	6	-14
16	32	92	44	16	6	-16
18	32	92	44	18	6	-18
20	38	104	54	20	6	-20

图 7-31　Protostar® N 60 铣刀规格

硬度至48HRC的材料

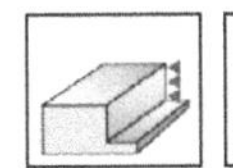
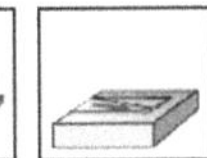
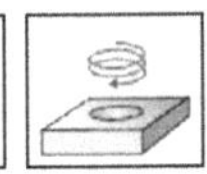
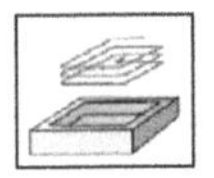

- 整体硬质合金
- 4～8个削刃
- 无中心切削刃
- 50°螺旋角

特征：
槽铣：$a_p \leqslant 0.1D_c$
方肩铣：$a_e \leqslant 0.1D_c$

	P	M	K	N	S	H	O
TAX	●●	●	●				

DIN 6527 L

DIN 6535 HA 刀柄

D_c L_c l_4 l_1 d_1

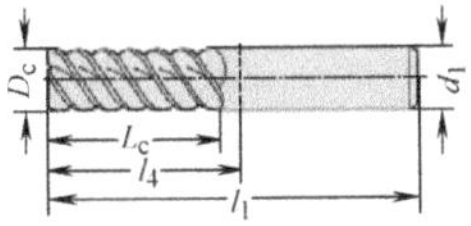

D_c h10 /mm	L_c /mm	l_1 /mm	l_4 /mm	d_1 h6 /mm	z	TAX 订货号 H3021138
3	8	57	21	6	4	-3
4	11	57	21	6	4	-4
5	13	57	21	6	5	-5
6	13	57	21	6	6	-6
8	19	63	27	8	6	-8
10	22	72	32	10	6	-10
12	26	83	38	12	6	-12
16	32	92	44	16	6	-16
20	38	104	54	20	8	-20
25	45	121	65	25	8	-25

图 7-32　Protostar® N 50 铣刀规格

在图 7-33 中，有两个适合调质中碳钢的切削速度，分别是 200m/min 和 240m/min。就侧铣而言，建议以较小的切削宽度（径向切削深度）进行加工，因为这种加工方式的平均切屑厚度较小，切削效果会非常好，因此，初步设定 a_e/D_c=1/10，这样切削速度值为 240m/min。

每齿进给量仍需参照图 7-28，其进给值的选取 A 组，建议以更小的切削宽度 a_e=0.5mm（a_e/D_c=1/40），此时每齿进给量为 0.25mm/z（图中蓝框）。

因此，铣刀选刀结果为：

刀具：H3021138-20

侧铣起始切削参数：

切削速度：240m/min

切削深度：32mm（给定条件）

切削宽度：0.5mm

每齿进给量：0.25mm/z

冷却：干切削

进刀方式：顺铣

本节讨论了两种不同思路的选刀过程，选出的刀具有明显差别，两种思路各有利弊。就大批量生产模式而言，第二种分别选刀的思路更为合适，但如果是单件小批生产，第一种思路无疑更为经济实用。

方肩铣切削参数

刀具材料	整体硬质合金		
	系列	订货号	λ
	ConeFit™ N50	H3E21138 H3E23138	50°
	N50	H3021138	50°

工件材料组	工件材料的划分和标记字母 工件材料			布氏硬度 HB	抗拉强度 R_m/MPa	加工材料组 1	直径 3～25mm, z=4～8, TAX a_e/D_c 1/2	1/4	1/10	VT
	非合金钢	C≤0.25%	退火	125	428	P1		240	290	A
		C>0.25..≤0.55%	退火	190	639	P2		230	280	A
		C>0.25..≤0.55%	调质	210	708	P3		200	240	A
		C>0.55%	退火	190	639	P4		200	240	A
		C>0.55%	调质	300	1013	P5		140	170	A
		易切削钢(短切屑)	退火	220	745	P6		200	240	A

图 7-33　Protostar® N 50 铣刀切削速度

7.3 侧槽铣刀的选用

侧槽铣如图 7-34 所示，槽的宽度为 14mm，槽的深度为 25mm。

在前面的图 7-18 中的右侧，就是适合在侧面铣槽的刀具。在 F2252、F5055、F4053、F4153、F4253 这五种中，F5055 的厚度在 2 ～ 4mm 范围，F4053 的厚度均为 4mm，F4153 的厚度在 6 ～ 8mm 范围，这三种都不符合槽宽度为 14mm 的需要，可选的是 F2252 和 F4253 两种。其中 F2252 是平装刀片可调宽度，F4253 则是立装刀片固定宽度（但轴向圆跳动可调）。因为机床刚性好，考虑选用 F4253，这样应该能获得更高的金属切除率。

图 7-35 是 F4253 铣刀的资料，选宽度为 14mm，可用切削深度 a_e 大于 25mm 的，因此，选出的规格是：

F4253.B40.125.Z06.14

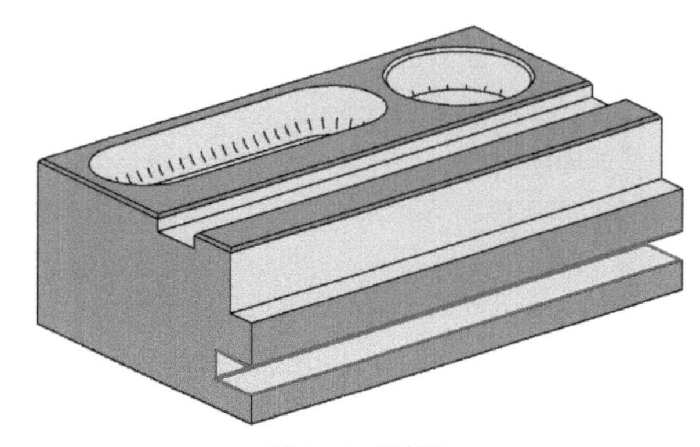

图 7-34 侧槽铣

三面刃铣刀F 4253.B

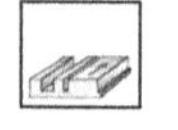

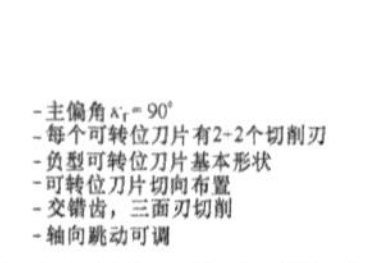

刀具

圆柱孔
端面键驱动 DIN 138

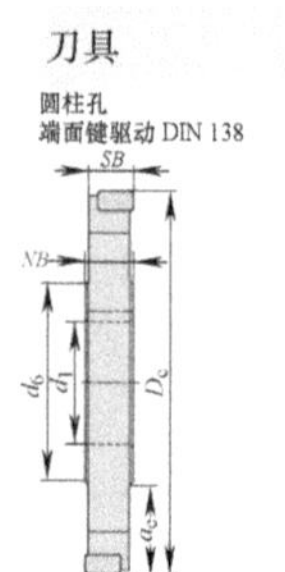

订货号	D_c /mm	d_1 /mm	d_6 /mm	SB /mm	a_e /	NB /mm	z	kg	可转位可片数量	型号
F4253.B32.100.Z05.12	100	32	50	12	24	12	5	0.5	10	LN..0804..
F4253.B40.125.Z06.12	125	40	65	12	29	12	6	0.8	12	
F4253.B40.160.Z07.12	160	40	65	12	46	12	7	1.3	14	
F4253.B50.200.Z08.12	200	50	75	12	61	12	8	2.2	16	
F4253.B32.100.Z05.14	100	32	50	14	24	14	5	0.6	10	
F4253.B40.125.Z06.14	125	40	65	14	29	14	6	0.9	12	
F4253.B40.160.Z07.14	160	40	65	14	46	14	7	1.6	14	
F4253.B50.200.Z08.14	200	50	75	14	61	14	8	2.6	16	
F4253.B40.125.Z05.16	125	40	65	16	29	16	5	1.0	10	LN..1005..
F4253.B40.160.Z06.16	160	40	65	16	46	16	6	1.8	12	
F4253.B50.200.Z07.16	200	50	75	16	61	16	7	2.8	14	
F4253.B40.160.Z06.20	160	40	65	20	29	20	6	2.2	12	LN..1206..
F4253.B50.200.Z07.20	200	50	75	20	46	20	7	3.5	14	
F4253.B60.250.Z08.20	250	60	90	20	78	20	8	5.6	16	

图 7-35 F4253 铣刀资料（图片源自瓦尔特）

该铣刀刀片选择的前 2 个步骤与 7.1 面铣刀选用、7.2 槽和台阶铣刀选用类似，也是工件为 P2 组、加工状态为“☺”，第 3 步已选 F4253.B40.125.Z06.14 三面刃铣刀，下面来看它的刀片信息（见图 7-36），其中符合相应刀盘的刀片要求是 LN . . 0804 . .，适合钢件刚性很好的刀片有两种：

LNHU080404-F57T

LNMU080404-F57T

两种的主要差别就是精度。考虑经济性，选用 M 级刀片，因此选用的刀片是：

LNMU080404-F57T WKP25

下面来选择这个 F4253 铣刀的切削参数。

按图 7-37 的提示，找到三面刃铣刀的切削速度（见图 7-38），根据这个铣削任务 a_e 为 25mm，选择刀具 D_c 为 125mm，a_e/D_c 为 1/5, 三面刃铣刀用 WKP25 加工 45 钢调质，切削速度起始值为 185m/min。

可转位刀片

订货号	公差等级	切削刃数量	l_2 /mm	l /mm	s /mm	r /mm	P				M		K					N		S		H
							HC				HC		HC					HC	HW	HC		HC
							WKP25	WKP35	WKP355	WSP45	WSM35	WSP45	WAK15	WAK25	WKP25	WKP35	WKP355	WXN15	WK10	WSM35	WSP45	WHH15
 LNHU080304-B57T	H	4	9.0	8.0	3.5	0.4	😐	☹	☹				☺	😐	😐	☹	☹					
LNHU080404-B57T	H	4	9.4	8.0	4.5	0.4	😐	☹	☹				☺	😐	😐	☹	☹					
LNHU100508-B57T	H	4	12.3	10	5.5	0.8	😐	☹	☹				☺	😐	😐	☹	☹					
LNHU120608-B57T	H	4	13.9	12.0	6.5	0.8	😐	☹	☹				☺	😐	😐	☹	☹					
LNHU160812-B57T	H	4	16.0	16.9	8.0	1.2	😐	☹	☹				☺		😐	☹	☹					
 LNHU080304-F57T	H	4	9.0	8.0	3.5	0.4	☺	😐	☹	☹	😐	☹			😐	☹	☹			😐	☹	
LNHU080404-F57T	H	4	9.4	8.0	4.5	0.4	☺	😐	☹	☹	😐	☹			😐	☹	☹			😐	☹	
LNHU100508-F57T	H	4	12.3	10.0	5.5	0.8	☺	😐	☹	☹	😐	☹			😐	☹	☹			😐	☹	
LNHU120608-F57T	H	4	13.9	12.0	6.5	0.8	☺	😐	☹	☹	😐	☹			😐	☹	☹			😐	☹	
LNHU160812-F57T	H	4	16.0	16.9	8.0	1.2	☺	😐	☹	☹	😐	☹			😐	☹	☹			😐	☹	
 LNMU080304-B57T	M	4	8.0	9.0	3.5	0.4	😐	☹	☹				☺	😐	😐	☹	☹					
LNMU080404-B57T	M	4	9.4	8.0	4.5	0.4	😐	☹	☹				☺	😐	😐	☹	☹					
LNMU100508-B57T	M	4	12.3	10.0	5.5	0.8	😐	☹	☹				☺	😐	😐	☹	☹					
LNMU120608-B57T	M	4	13.9	12.0	6.5	0.8	😐	☹	☹				☺	😐	😐	☹	☹					
LNMU160812-B57T	M	4	16.0	16.9	8.0	1.2	😐	☹	☹				☺		😐	☹	☹					
 LNMU080304-F57T	M	4	8.0	9.0	3.5	0.4	☺	😐	☹	☹	😐	☹			😐	☹	☹			😐	☹	
LNMU080404-F57T	M	4	9.4	8.0	4.5	0.4	☺	😐	☹	☹	😐	☹			😐	☹	☹			😐	☹	
LNMU100508-F57T	M	4	12.3	10.0	5.5	0.8	☺	😐	☹	☹	😐	☹			😐	☹	☹			😐	☹	
LNMU120608-F57T	M	4	13.9	12.0	6.5	0.8	☺	😐	☹	☹	😐	☹			😐	☹	☹			😐	☹	
LNMU160812-F57T	M	4	16.0	16.9	8.0	1.2	☺	😐	☹	☹	😐	☹			😐	☹	☹			😐	☹	

HC=涂层硬质合金
HW=无涂层硬质合金

图 7-36　F4253 铣刀的刀片信息

图 7-39 为 F4253 铣刀的每齿进给量（部分），限于篇幅，仅摘录出宽度为 14mm 的部分（见图 7-39），其初始每齿进给量为 0.15mm/z。根据 a_e/D_c 为 1/5，得出的修正系数为 1.8，那么，实际选择的每齿进给量为 0.27mm/z。

至此，侧槽铣刀选择完毕，其结果为：

刀盘：F4253.B40.125.Z06.14

刀片：LNMU080404-F57T WKP25

起始切削参数：

切削速度：185m/min

切削深度：25mm（给定条件）

每齿进给量：0.27mm/z

冷却：干切削

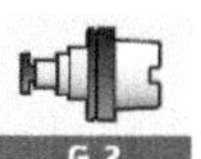

图 7-37 F4253 铣刀的信息

粗加工切削参数

使用三面刃铣刀铣槽

（湿式加工图标）=湿式加工切削参数

（干式加工图标）=可干式加工

工件材料组	工件材料的划分和标记字母			布氏硬度(HB)	抗拉强度 R_m/MPa	加工材料组1	湿式	干式	刀具材料牌号 切削速度起始值 v_c/(m/min) HC WKP25 a_e/D_c 1/4*	1/10
P	非合金钢	C≤0.25%	退火	125	428	P1	•	••	210	285
		C>0.25...≤0.55%	退火	190	639	P2	•	••	200	255
		C>0.25...≤0.55%	调质	210	708	P3	•	••	185	230
		C>0.55%	退火	190	639	P4	•	••	185	230
		C>0.55%	调质	300	1013	P5	•	••	165	200
		易切削钢(短切屑)	退火	220	745	P6	•	••	190	245

图 7-38 三面刃铣刀的切削速度

进给量选定(起始值)

三面刃铣刀

工件材料组	铣刀型号	F 4253
	每齿进给量 f_z 对于插铣，指的是铣刀中心位置	交错齿 Xtra•bec ®
	主偏角 κ_r	90°
		f_{z0}/mm
	刀具直径或直径范围/mm	100～200
	最大切削宽度 SB/mm	14
P	非合金钢	0.15
	低合金钢	0.13
	高合金钢和工具钢	0.13
	不锈钢	0.08
可转位刀片类型		LN.U 0804..

修正系数 Ka_e 用于每齿进给量 取决于切削宽度 与铣刀直径 D_c 之比 $f_{z0}=f_z Ka_e$		中间	1.0
	a_e/D_c=	1/3	1.5
		1/5	1.8
		1/10	2.5
		1/20	3.3
		1/50	5.8

1和铸钢

2和奥氏体/铁素体

请注意：每齿进给量 f_z 不得大于0.6mm。

图 7-39 F4253 铣刀的每齿进给量（部分）

7.4 封闭槽铣刀的选用

封闭槽部分加工简图如图7-40所示。该要素的主要尺寸为槽宽度为50mm，长度为158mm，深度为20mm，底部圆角为*R*7.5。

这一要素有几种基本加工方法：

1）用*R*7.5的圆刀片铣刀通过斜坡铣和螺旋插补铣完成整个槽的加工。这种方式的槽侧面在高度方向是由圆弧搭接而成，因此，侧面的表面平整度取决于向下插补的角度及每齿进给量。

2）用大圆角的立铣刀，同样通过斜坡铣和螺旋插补铣完成整个槽的加工。这种方式的槽侧面在高度方向是由立铣刀的圆周刃来完成，一些真正90°的立铣刀搭接出的侧面应该是非常好的。但大部分真正90°的立铣刀即使有大圆角的刀片，规格也大部分在*R*6以下，底部的*R*7.5圆弧需要通过搭接来近似实现。

3）用*R*7.5的圆刀片铣刀通过斜坡铣和螺旋插补铣完成整个槽的粗加工，在整个槽的侧壁上留单面0.5mm的余量。但在槽的底部粗加工完成后，再走一刀底部的精加工使*R*7.5的圆弧加工到达尺寸，然后走刀到中间提刀。然后用真正90°的立铣刀在侧壁进行精铣，这样侧壁的形状也可以比较理想。

如果是大批量加工，建议使用第三种加工方案。虽然多一把刀，但加工质量可以达到比较理想的程度。

圆刀片铣刀俗称“牛鼻刀”，类似于面铣刀但装用的是圆刀片。在样本上，这类的铣刀有三种：F2231/A、F2234和F2334，如图7-41为仿形铣刀一览图但其中有*R*7.5（即直径15mm）刀片的铣刀仅F2231、F2234两种，而样本上具备斜坡铣参数的仅有F2234。

图7-42是F2231的ScrewFit铣刀的资料，使用RD..1505..这种直径15mm的铣刀有螺纹头的模块式（ScrewFit螺纹联接）、削平型直柄两种，考虑ScrewFit形式的可以用比较小的悬伸，刀杆使用时弯曲变形倾向小，是优先选择。因此，选用的刀杆为：

F2231.T28.030.Z02.07

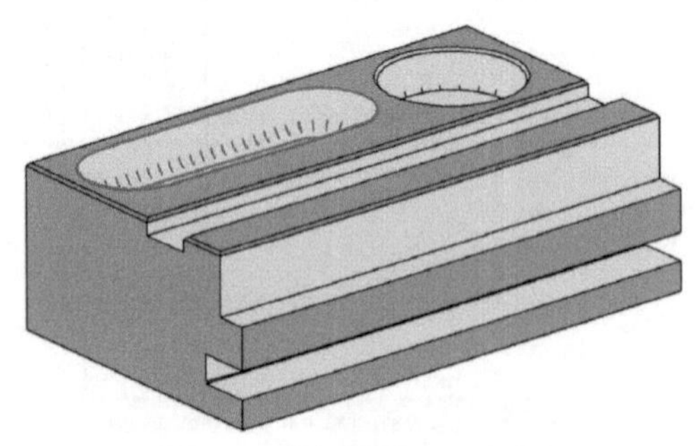

图7-40　封闭槽加工示意图

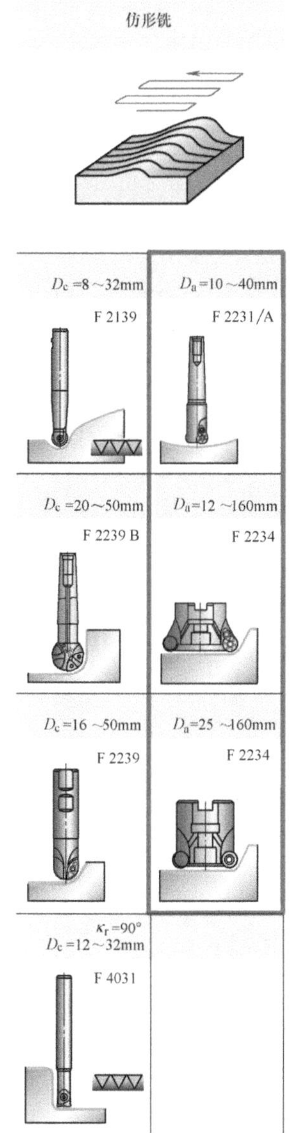

图 7-41　仿形铣刀一览

（图片源自瓦尔特）

轮廓铣刀F 2231

A型

-带刀片防转保护和定位功能

-正型可转为刀片基本形状

刀具

NCT ScrewFit 螺纹连接

D_a−0.05mm

订货号	R/mm	$D_a^{-0.2}$/mm	d_1/mm	l_3/mm	l_4/(mm)	l_1/mm	L_c/mm	z	kg	可转位刀片数量	型号
F2231.T09.010.Z02.02.5	2.5	10	T09		20		2.5	2	0.1	2	RD..0501..
F2231.T14.016.Z02.04	4	16	T14		25		4	2	0.1	2	RD..0803..
F2231.T18.020.Z02.05	5	20	T18		30		5	2	0.1	2	RD..10T3..
F2231.T22.024.Z02.06	6	24	T22		35		6	2	0.1	2	RD..1204..
F2231.T28.030.Z02.07	7.5	30	T28		40		7.5	2	0.2	2	RD..1505..
F2231.T28.032.Z02.08	8	32	T28		40		8	2	0.2	2	RD..1605..
F2231.T36.040.Z02.10	10	40	T36		45		10	2	0.3	2	RD..2006..

图 7-42　F223 1 的 ScrewFit 铣刀资料

如图 7-43 所示是配用 F2231 的可转位刀片一览。其中符合 RD..1505.. 的有六种，同时又符合加工钢件、加工条件“☺”的一种也没有。选取加工条件相对比较接近的有两种，分别是 RDHW1505M0-A57 WKP25 和 RDMT1505M0-D57 WKP35。这两种刀片除了材质不同、槽形不同，刀片精度也不同。前者刀片精度较高（通常价格稍高），刀片无前角，刀片材质较耐磨；后者刀片精度一般（通常价格较低），刀片有大约 10° 的前角，刀片材质较耐冲击而耐磨性一般。两者性能上各有利弊，考虑经济性，选用第二种刀片：

RDMT1505M0-D57 WKP35

接着找到 WKP35 的切削参数，如图 7-44 所示。图中，当向下斜插补是切削宽度 a_e 应等于铣刀直径，a_e/D_c=1，切削速度为 185m/min。

该铣刀的进给值如图 7-45 所示。对于直径 30mm，使用 RD..1505.. 刀片的 F2231 铣刀，加工 45 钢这类非合金钢的每齿进给量初始值为 0.25mm/z。

其中，F2231 的斜坡铣角度限制值，而只有 F2234 和 F2334 的斜坡铣角度限制值。一般而言，平装正型刀片的仿形铣都可以进行斜坡铣加工，如果在厂商资料（有些是可以从厂商提供的 CAD 图样上直接或间接获取）上能找到这个斜坡铣的限制值，建议遵循

可转位刀片

订货号	刀尖圆弧半径 /mm	P HC				M HC		K HC					N HC	N HW	S HC		H HC	N HF
		WKP25	WKP35	WKP35S	WSP45	WSM35	WSP45	WAK15	WAK25	WKP25	WKP35	WKP35S	WXN15	WK10	WSM35	WSP45	WHH15	WMG40
RDGT0803M0−G85	4.0																	😐
RDGT0803M0−G88	4.0												☺	☺				
RDGT0T3M0−G85	5.0																	😐
RDGT0T3M0−G88	5.0												☺	☺				
RDGT1204M0−G85	6.0																	😐
RDGT1204M0−G88	6.0												☺	☺				
RDGT1505M0−G85	7.5																	😐
RDGT1505M0−G88	7.5												☺	☺				
RDGT1605M0−G85	8.0																	😐
RDGT1605M0−G88	8.0												☺	☺				
RDGT2006M0−G85	10.0																	😐
RDGT2006M0−G88	10.0												☺	☺				
RDGX0501M0−G85	2.5																	😐
RDHW0803M0−A57	4.0	😐						☺		😐							☺	
RDHW0803M0T−A27	4.0	😐	☹	☹						😐	☹	☹						
RDHW10T3M0−A57	5.0	😐						☺		😐							☺	
RDHW10T3M0T−A27	5.0	😐	☹	☹						😐	☹	☹						
RDHW1204M0−A57	6.0	😐						☺		😐							☺	
RDHW1204M0T−A27	6.0	😐	☹	☹						😐	☹	☹						
RDHW1505M0−A57	7.5	😐						☺		😐							☺	
RDHW1505M0T−A27	7.5		☹	☹							☹	☹						
RDHW1605M0−A57	8.0	😐						☺		😐							☺	
RDHW1605M0T−A27	8.0	😐	☹	☹						😐	☹	☹						
RDHW2006M0−A57	10.0	😐						☺		😐							☺	
RDHW2006M0T−A27	10.0	😐	☹	☹						😐	☹	☹						
RDHX0501M0−A57	2.5	😐						☺		😐							☺	
RDHX00803M0−D57	4.0	☺	😐	☹	☹	😐	☹			😐	☹	☹			😐	☹		
RDMT10T3M0−D57	5.0	☺	😐	☹	☹	😐	☹			😐	☹	☹			😐	☹		
RDMT1204M0−D57	6.0	☺	😐	☹	☹	😐	☹			😐	☹	☹			😐	☹		
RDMT1505M0−D57	7.5		😐	☹	☹	😐	☹				☹	☹			😐	☹		
RDMT1605M0−D57	8.0	☺	😐	☹	☹	😐	☹			😐	☹	☹			😐	☹		
RDMT2006M0−D57	10.0	☺	😐	☹	☹	😐	☹			😐	☹	☹			😐	☹		
RDMW0803M0 T−A27	4.0	😐	☹	☹						😐	☹	☹						
RDMW10T3M0T−A27	5.0	😐	☹	☹						😐	☹	☹						
RDMW1204M0T−A27	6.0	😐	☹	☹						😐	☹	☹						
RDMW1605M0T−A27	8.0	😐	☹	☹						😐	☹	☹						
RDMW2006M0T−A27	10.0	😐	☹	☹						😐	☹	☹						

HC= 涂层硬质合金
HW=无涂层硬质合金
HF= 无涂层超细晶粒硬质合金

图 7-43 可转位刀片一览（图片源自瓦尔特）

粗加工切削参数
仿形铣

工件材料组	工件材料的划分和标记字母（湿式图标=湿式加工切削参数；干式图标=可干式加工）			布氏硬度(HB)	抗拉强度 R_m/MPa	加工材料组 1	湿式	干式	刀具材料牌号：HC WKP35；切削速度起始值 v_c/(m/min)；a_e/D_c = 1/1	1/5	1/10
	非合金钢	C≤0.25%	退火	125	428	P1	•	••	240	300	300
		C>0.25≤0.55%	退火	190	639	P2	•	••	200	255	275
		C>0.25≤0.55%	调质	210	708	P3	•	••	185	240	240
		C>0.55%	退火	190	639	P4	•	••	155	195	210
		C>0.55%	调质	300	1013	P5	•	••	145	180	185
		易切削钢(短切屑)	退火	220	745	P6	•	••	200	255	275

图 7-44　仿形粗铣 WKP35 切削参数

这个限制值的规定；如果厂商资料上未提供这个限制值，建议向厂商咨询以得到这个限制值；如果查找资料和咨询都得不到结果，那么建议将最大斜坡铣角度从 3° 起试切。但就大部分这样的平装正型刀片仿形铣刀而言，以 5° 左右的角度进行斜坡铣还是安全的。如图 7-45 所示为所选铣刀仿形粗铣进给量。

斜坡铣加工时，有三个同时出现的切削过程（见图 7-46）：轴向和径向都有切削力。

由于全槽铣导致刀具上也有附加应力，全槽铣意味着 a_e=D_c，会产生大的径向力和长切屑。为保证加工时切削力不致过大，一般应将进给减小至正常值的 75%。

圆刀片铣刀在向下斜坡运行达到刀片半径时，应该停止走斜坡而改为平走。由斜坡改到平铣时，需要等到如图 7-46 所示的后切削刃完成斜坡后才能将每齿进给量恢复到 100%，平铣时可采用摆线铣。如果槽的长度较短而深度较深，

进给量选定(起始值)
仿形铣刀(曲面)

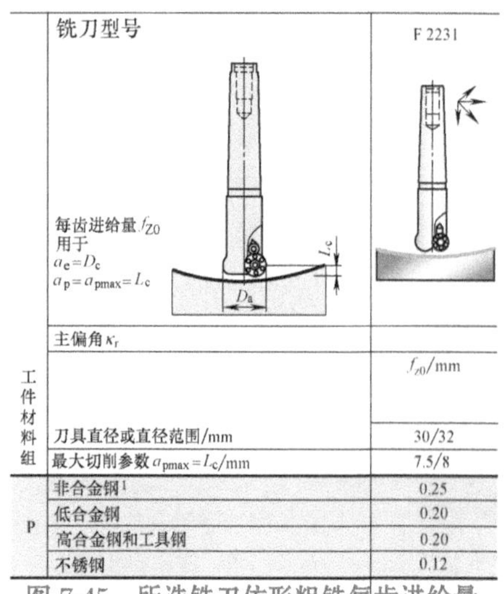

工件材料组	铣刀型号	F 2231
	每齿进给量 f_{Z0} 用于 $a_e=D_c$，$a_p=a_{pmax}=L_c$	
	主偏角 κ_r	
		f_{z0}/mm
	刀具直径或直径范围/mm	30/32
	最大切削参数 $a_{pmax}=L_c$/mm	7.5/8
P	非合金钢[1]	0.25
	低合金钢	0.20
	高合金钢和工具钢	0.20
	不锈钢	0.12

图 7-45　所选铣刀仿形粗铣每齿进给量

RD…1505…

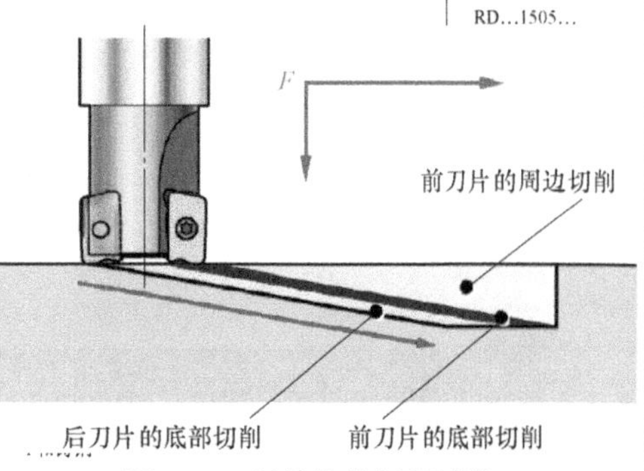

图 7-46　斜坡铣的切削过程
（图片源自山特维克可乐满）

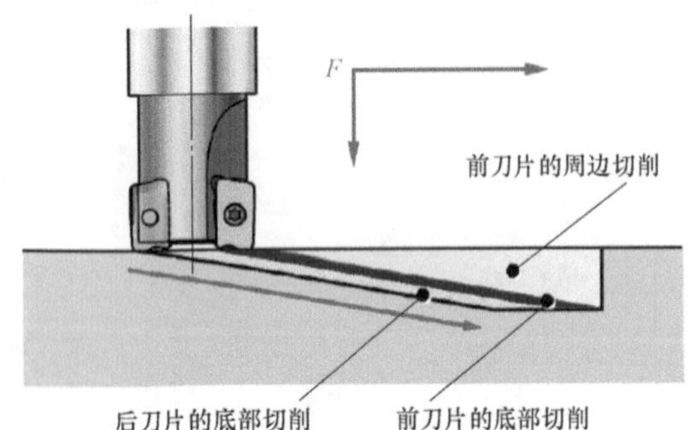

图 7-46　斜坡铣的切削过程
（图片源自山特维克可乐满）

铣。如果槽的长度较短而深度较深，可以进行折返的斜坡铣。但在折返时，需要提刀再折返，如图 7-47 所示。

这个需要提刀的值，与斜坡角 α 有关，与铣刀芯部直径有关（铣刀芯部等于铣刀直径 D_c 减去两个刀片宽度 iW）

$$h=\tan\alpha\,(D_c-2iW) \tag{7-1}$$

在这个圆弧槽的两段，安排圆弧插补铣（详见 6.1 节）。如果是安排由圆弧段开始加工，则应该安排螺旋插补铣。圆刀片铣刀的螺旋插补铣，应以 D_c 而不是 D_a 计算斜坡角。另外，圆弧插补铣或螺旋插补铣要注意切削速度需要换算到刀具中心的编程速度（见图 6-10 和图 6-11）。

接着需要选用一个真正 90° 的立铣刀。由于在下一个部位的加工中也需要选择一个真正 90° 的立铣刀，如果可以共用，就可以少一把刀具。因此，先搁置这把刀的选择。

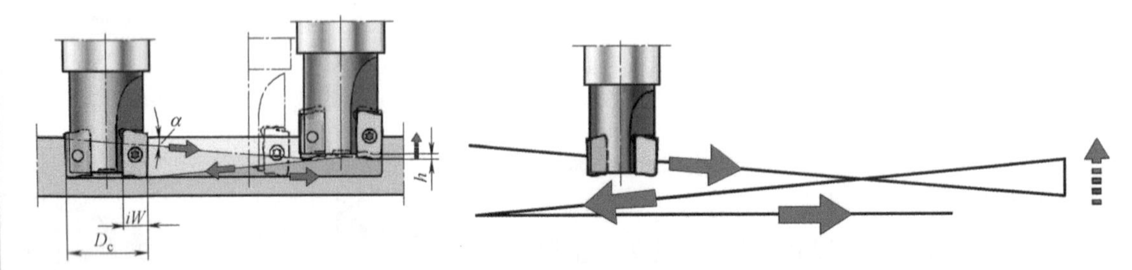

图 7-47　斜坡铣的折返（图片源自山特维克可乐满）

7.5 圆孔铣刀的选用

圆孔部分加工简图如图 7-48 所示。该要素的主要尺寸为直径为 70mm，深度为 19mm，底部圆角为 $R1$。

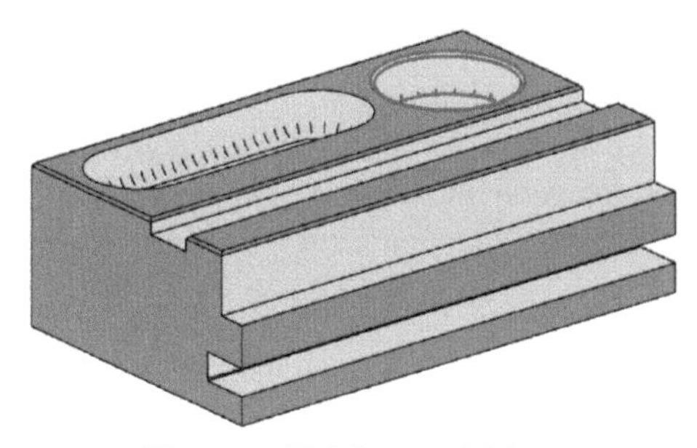

图 7-48 圆孔加工示意图

由于这个孔是直壁的，较好的方法是用真正 90° 的立铣刀来插补铣孔。按照式（6-5）和式（6-6）或式（6-7），假设刀片的圆角 r_ε 等于工件圆孔底部的圆角（1mm），假设修光刃长度为 2mm（这些数据选完刀具需要确认），如果选直径 32mm 的铣刀可以按式（6-5）计算

D_{mmax}=2（D_c−r_ε）=2×（32mm−1mm）= 62mm，也就是 32mm 的铣刀最大只能加工 62mm 的孔，如果只使用圆插补，将不适用于本例加工 70mm 的直径。

再假定铣刀直径为 40mm，同样按式（6-5）计算

D_{mmax}=2（D_c−r_ε）=2×（40mm−1mm）= 80mm−2mm=78mm，能够满足本例加工 70mm 直径的要求。再按式（6-6）计算

D_{mmin}= 2（D_c−r_ε−b_s）=2×（40mm−1mm−2mm）=74mm，不能满足例加工 70mm 直径的要求。

由于两个相邻的直径要不过大，要不过小，都不能仅经过圆插补铣就加工出这个 70mm 直径的孔，看来，应该考虑通过选择内型腔插补的方式或圆周插补铣加直线的方式。但圆周插补加直线加工中会出现相对突然的切削速度变向，对加工的稳定性不利，优选内型腔插补铣的方式。

按表 6-1，直径 32mm 以下的铣刀能加工直径 60mm 以上的不通孔，根据较大直径的铣刀刚性较好，在同等切削宽度时，a_e/D_c 比较大，有利于减薄切屑厚度，可选择直径 32mm 的铣刀。

图 7-49 是 F4042 的产品资料一部分。在这上面有三种直径 32mm 的 ScrewFit 铣刀，其装用的刀片大小都是 08 的规格。这个刀片的规格代表刀片的边长大致为 8mm 左右（见图中 L_c 尺寸），在整个孔的高度 19mm 上需要三次铣削（至少插补三圈）。还可以在 ScrewFit 铣刀中找到边长 10mm、12mm 和 16mm 左右的 F4042，那插补二圈即可完成，但 10mm 的切削刃长虽然价格较低，但应付 9.5mm 的切削深度要求安全余量小了一点，选择用 12mm 的切削刃长（可用切削深度为 11.7mm）比较安全，其产品资料如图 7-50 所示。看到其中的直径 32mm 的也有三种，分别是 2 齿、3 齿和 4 齿。为了达到较好的容屑能力，建议插补铣孔选用较少的刀齿数。因此，选用的刀具是：

F4042.T28.032.Z02.11

其刀片信息如图 7-51 所示。

方肩铣刀 F 4042
AD..0803

 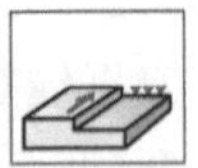   

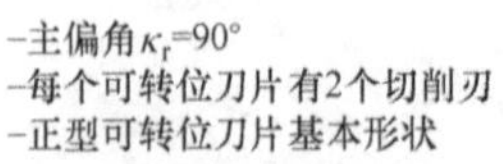

刀具	订货号	D_c /mm	d_1 /mm	l_4 /mm	L_c /mm	l_1 /mm	z	kg	可转位刀片数量	型号
NCT ScrewFit螺纹连接	F4042.T09.010.Z01.08*	10	T09	20	8		1	0.1	1	
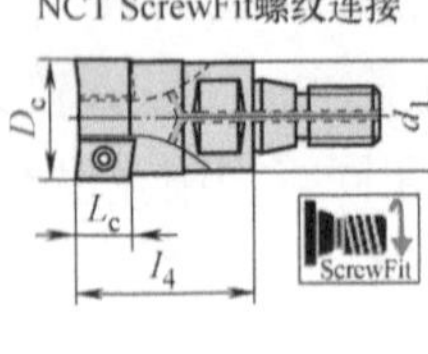	F4042.T09.012.Z01.08*	12	T09	20	8		1	0.1	1	
	F4042.T14.016.Z02.08*	16	T14	25	8		2	0.1	2	
	F4042.T14.018.Z02.08*	18	T14	25	8		2	0.1	2	
	F4042.T18.020.Z02.08*	20	T18	30	8		2	0.1	2	
	F4042.T18.020.Z03.08*	20	T18	30	8		3	0.1	3	
	F4042.T18.022.Z03.08*	22	T18	30	8		3	0.1	3	
	F4042.T22.025.Z02.08*	25	T22	35	8		2	0.1	2	
	F4042.T22.025.Z03.08*	25	T22	35	8		3	0.1	3	
	F4042.T22.025.Z04.08*	25	T22	35	8		4	0.1	4	AD..0803..
	F4042.T28.032.Z03.08*	32	T28	40	8		3	0.2	3	
	F4042.T28.032.Z04.08*	32	T28	40	8		4	0.2	4	
	F4042.T28.032.Z05.08*	32	T28	40	8		5	0.1	5	
	F4042.T36.040.Z03.08*	40	T36	40	8		3	0.4	3	
	F4042.T36.040.Z04.08*	40	T36	40	8		4	0.4	4	
	F4042.T36.040.Z06.08*	40	T36	40	8		6	0.4	6	
	F4042.T45.050.Z04.08*	50	T45	40	8		4	0.5	4	
	F4042.T45.050.Z05.08*	50	T45	40	8		5	0.5	5	
	F4042.T45.050.Z07.08*	50	T45	40	8		7	0.5	7	

图 7-49 大小为 08 刀片的 ScrewFit 结构 F4042 铣刀（图片源自瓦尔特）

方肩铣刀 F 4042
AD..1204

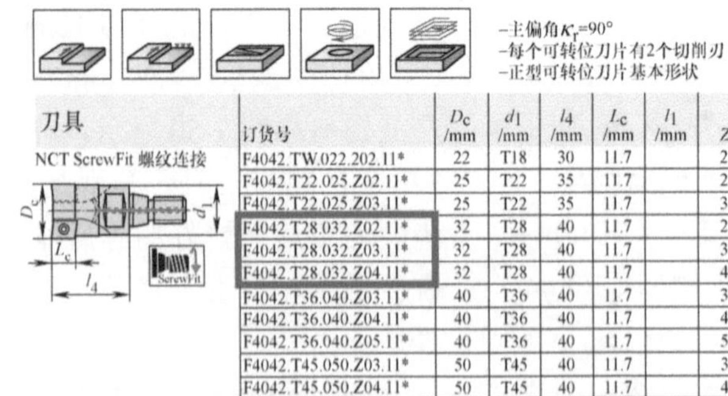

–主偏角κ_r=90°
–每个可转位刀片有2个切削刃
–正型可转位刀片基本形状

刀具	订货号	D_c /mm	d_1 /mm	l_4 /mm	L_c /mm	l_1 /mm	Z	kg	可转位刀片数量	型号
NCT ScrewFit 螺纹连接	F4042.TW.022.202.11*	22	T18	30	11.7		2	0.1	2	
	F4042.T22.025.Z02.11*	25	T22	35	11.7		2	0.1	2	
	F4042.T22.025.Z03.11*	25	T22	35	11.7		3	0.1	3	
	F4042.T28.032.Z02.11*	32	T28	40	11.7		2	0.2	2	
	F4042.T28.032.Z03.11*	32	T28	40	11.7		3	0.2	3	
	F4042.T28.032.Z04.11*	32	T28	40	11.7		4	0.2	4	AD..1204..
	F4042.T36.040.Z03.11*	40	T36	40	11.7		3	0.4	3	
	F4042.T36.040.Z04.11*	40	T36	40	11.7		4	0.4	4	
	F4042.T36.040.Z05.11*	40	T36	40	11.7		5	0.4	5	
	F4042.T45.050.Z03.11*	50	T45	40	11.7		3	0.7	3	
	F4042.T45.050.Z04.11*	50	T45	40	11.7		4	0.5	4	
	F4042.T45.050.Z06.11*	50	T45	40	11.7		6	0.5	6	

图 7-50 大小为 12 刀片的 ScrewFit 结构 F4042 铣刀

可转位刀片

订货号	刀尖圆弧半径/mm	修光刃长度/mm	P HC WKP25	P HC WKP35	P HC WKP35S	P HC WSP45	M HC WSM35	M HC WSP45	K HC WAK15	K HC WKK25	K HC WKP25	K HC WKP35	K HC WKP35S	N HC WXN15	N HW WK10	S HC WSM35	S HC WSP45	H HC WHH15
ADGT120416R-D67	1.6	1.0		😐	😐	😣	😐	😣				😣	😣			😐	😣	
ADGT120430R-D67	3.0	0.8		😐	😐	😣	😐	😣				😣	😣			😐	😣	
ADGT1204PER-D51	0.8	1.2	😊	😐	😐	😣		😣			😐	😣	😣				😣	
ADGT1204PER-D56	0.8	1.2	😐	😐	😐	😣	😐	😣		😐	😐	😣	😣			😐	😣	
ADGT1204PER-D67	0.8	1.2		😐	😐	😣	😐	😣				😣	😣			😐	😣	
ADGT1204PER-F56	0.8	1.2				😣	😐	😣								😐	😣	
ADGT1204PER-G77	0.8	1.2				😣	😐	😣								😐	😣	
ADHT120416R-G88	1.6	1.0												😊	😊			
ADHT120425R-G88	2.5	0.8												😊	😊			
ADHT120430R-G88	3.0	0.8												😊	😊			
ADHT120440R-G88	4.0	0.4												😊	😊			
ADHT1204PER-G88	0.8	1.2												😊	😊			
ADMT120404R-F56	0.4	1.2		😐	😐	😣	😐	😣				😣	😣			😐	😣	
ADMT120408R-D56	0.8	1.2	😐	😐	😐	😣		😣	😊	😐	😐	😣	😣				😣	
ADMT120408R-F56	0.8	1.2	😊	😐	😐	😣	😐	😣	😊	😐	😐	😣	😣			😐	😣	
ADMT120408R-G56	0.8	1.2		😐	😐	😣	😐	😣				😣	😣			😐	😣	
ADMT120412R-F56	1.2	1.2	😊	😐	😐	😣	😐	😣			😐	😣	😣			😐	😣	
ADMT120416R-F56	1.6	1.0		😐	😐	😣	😐	😣				😣	😣			😐	😣	
ADMT120420R-F56	2.0	1.0		😐	😐	😣	😐	😣				😣	😣			😐	😣	
ADMT120425R-F56	2.5	0.8		😐	😐	😣	😐	😣				😣	😣			😐	😣	
ADMT120430R-F56	3.0	0.8		😐	😐	😣	😐	😣				😣	😣			😐	😣	
ADMT120432R-F56	3.2	0.8		😐	😐	😣	😐	😣				😣	😣			😐	😣	
ADMT120440R-F56	4.0	0.4		😐	😐	😣	😐	😣				😣	😣			😐	😣	

从刀尖圆弧半径r_ε=2.0mm起，应修磨刀体的刀尖区。
$r_{(刀体)}=r_{(可转位刀片)}-1mm$

HC=涂层硬质合金
HW=无涂层硬质合金

图 7-51 大小为 12 铣刀片信息

可以看到这些刀片并没有我们要求的r_ε=1mm 的规格。选取r_ε=0.8mm 的规格，加工钢件、加工条件为“😊”的刀片有 ADGT1204PER-D51、ADMT120408R-F56 两种。两者的区别分别是槽型（前者 D51，后者 F56）、精度（前者周边磨削的 G 级，后者周边烧结的 M 级）。这里来介绍一下槽型。

瓦尔特这种铣刀刀片有许多槽型，从中摘录出现在需要比较的 D51 和 F56 两种槽型加以比较，如图 7-52 所示。图中看到，D51 属于低噪声型，是防振动槽型，用于悬伸比较长的刀具，对于本例不是很符合；F56 属于通用型，用于中等加工条件，可用于多种材料的各种加工应用，比较符合本例的要求。因此，选用 ADMT120408R-F56 WKP25。按其r_ε=0.8mm、b_s=1.2mm 验算 $D_{mmax}=2(D_c-r_\varepsilon)=2\times(32mm-0.8mm)=62.4mm$。

要加工的直径 70mm，加工方案是：先

用装用 ADMT120408R 刀片的直径 32mm 的 F4042.T28.032.Z02.11 铣刀插补一个直径为 62mm 的圆孔，插补至深度 9.5mm（螺旋插补铣可能超过一个“螺距”，见下面介绍），圆周插补一圈以加工出直径为 60mm 的平底圆孔，然后以平面内型腔方式铣去直径 60mm 的孔与直径 70mm 的铣削目标之间的单边余量 5mm，再圆周插补一圈，这样就形成一个直径为 70mm 深 9.5mm 的圆柱平底不通孔；然后再此执行这一程序，只不过用平面内型腔方式时扩孔尺寸修改为 69.6mm；最后 Z 轴上提 2 ～ 3 次大径逐步扩大，以完成用 0.8mm 的刀尖圆角加工底部 1mm 圆角的任务。

图 7-53 是 F4042 铣刀的螺旋插补信息。装用 AD..1208.. 刀片的铣刀，铣刀直径为 32mm 螺旋插补加工 70mm 的孔，这个参数表上没有。可以按铣直径 60mm 的孔和铣 80mm 的孔两个参数插值计算推算，每插补一圈的最大轴向进给（“螺距”）为（8.6+11）mm/2=9.8mm。

关于切削速度，由于 F4042 既可以用于立铣、面铣、槽铣，也可以螺旋插补铣，查询的必须是螺旋插补铣的切削速度，如图 7-54 所示。铣削宽度大致可以认为是孔径的一半即 a_e=30mm，铣刀直径 D_c=32mm，应该选用的切削速度为 250m/min（红框所示）。查阅图 1-40，可知转速 $n \approx$ 2500r/min。在从 60mm 扩孔至 70mm 时，a_e 仅 5mm，a_e/D_c=1/6.4，可选切削速度为 310 m/min（黄框所示），查阅图 1-40 的结果是转速 $n \approx$ 3000r/min。

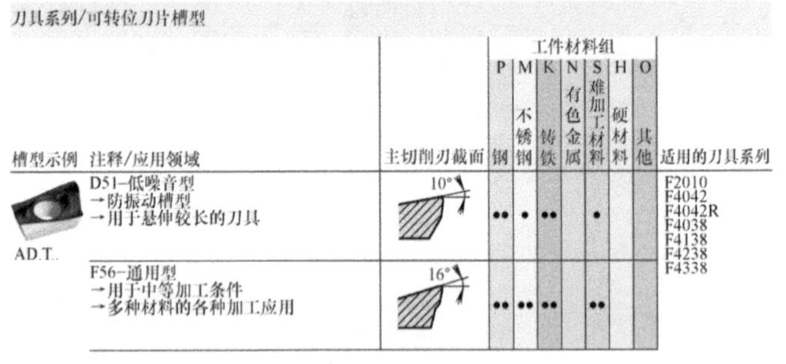

刀具系列/可转位刀片槽型

槽型示例	注释/应用领域	主切削刃截面	P 钢	M 不锈钢	K 铸铁	N 有色金属	S 难加工材料	H 硬材料	O 其他	适用的刀具系列
AD.T..	D51–低噪音型 →防振动槽型 →用于悬伸较长的刀具	10°	••	•	••		•			F2010 F4042 F4042R F4038 F4138 F4238 F4338
	F56–通用型 →用于中等加工条件 →多种材料的各种加工应用	16°	••	••	••		••			

图 7-52 铣刀片的槽型

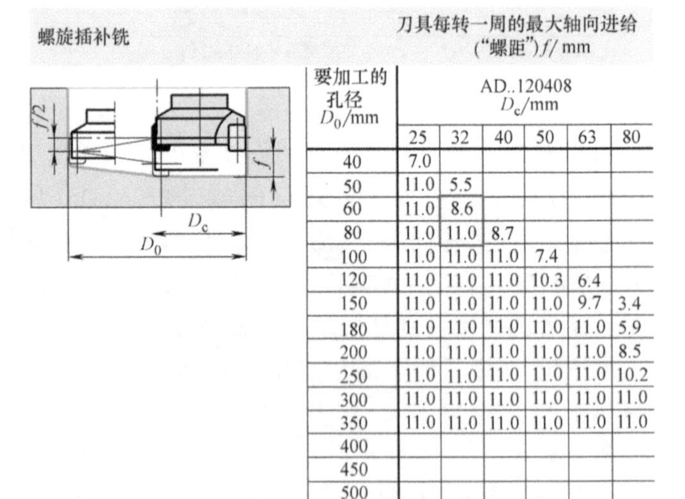

方肩铣刀F4042 / F4042R的应用信息

螺旋插补铣　刀具每转一周的最大轴向进给（“螺距”）f/ mm

要加工的孔径 D_0/mm	AD..120408 D_c/mm					
	25	32	40	50	63	80
40	7.0					
50	11.0	5.5				
60	11.0	8.6				
80	11.0	11.0	8.7			
100	11.0	11.0	11.0	7.4		
120	11.0	11.0	11.0	10.3	6.4	
150	11.0	11.0	11.0	11.0	9.7	3.4
180	11.0	11.0	11.0	11.0	11.0	5.9
200	11.0	11.0	11.0	11.0	11.0	8.5
250	11.0	11.0	11.0	11.0	11.0	10.2
300	11.0	11.0	11.0	11.0	11.0	11.0
350	11.0	11.0	11.0	11.0	11.0	11.0
400						
450						
500						

图 7-53 瓦尔特 F4042 铣刀螺旋插补信息

粗加工切削参数

螺旋插补铣(F2231、F2234、F2330、F2334、F3040、F4030、F4042、F4080、F4081)

（水龙头图标）=湿式加工切削参数
（打叉水龙头图标）=可干式加工

工件材料组	工件材料的划分和标记字母			布氏硬度(HB)	抗拉强度 R_m/MPa	加工材料组	湿式	干式	刀具材料牌号 切削速度起始值 v_c/(m/min) HC WKP35S a_e/D_c^* 1/1 1/2	WKP35S 1/5	WKP35 a_e/D_c^* 1/1 1/2	WKP35 1/5	WKP25 a_e/D_c^* 1/1 1/2	WKP25 1/5
	非合金钢	C≤0.25%	退火	125	428	P1	•	••	220	270	220	270	260	330
		C>0.25…≤0.55%	退火	190	639	P2	•	••	200	230	200	230	230	300
		C>0.25…≤0.55%	调质	210	708	P3	•	••	210	230	210	230	250	310
		C>0.55%	退火	190	639	P4	•	••	200	230	200	230	230	300
		C>0.55%	调质	300	1013	P5	•	••	140	160	140	160	200	230
		易切削钢(短切屑)	退火	220	745	P6	•	••	190	220	190	220	220	290

图 7-54　螺旋插补铣的切削速度

图 7-55 是 F4042 用于螺旋插补铣的进给值。看到装用 AD..1208.. 刀片的铣刀加工非合金钢的每齿进给量为 0.18mm/z，插补直径 60mm 孔时 $a_e/D_c\approx1$，修正系数为 1；扩至直径 70mm 时 $a_e/D_c\approx1/6$，修正系数为 1.1，修正后每齿进给量为 0.2mm/z。

根据式（6-3），插补直径 60mm 孔时以 n=2500r/min，D_c=32mm，D_w=60mm，f_z=0.18mm/z，z=2 代入，可以得出铣刀中心编程进给速度 v_{fi} 约为 420mm/min；扩至直径 70mm 时，以 n=3000r/min，D_c=32mm，D_w=70mm，f_z=0.2mm/z，z=2 代入，可以得出铣刀中心编程进给速度 v_{fi} 约为 650mm/min。

这个铣刀可以同时用于封闭槽的侧壁精铣，但插补时的 D_w 为 50mm，而精铣余量为 0.5mm（即 a_e=0.5mm），a_e/D_c=1/64，切削速度也为 310m/min，每齿进给量为 0.24mm/z（因为每齿进给量修正系数为 1.3）。

在这个案例中，给定的加工条件为机床刚性足够，但在国内存在大量刚性不足的机床。如果这个案例需要在刚性不足的机床上加工，建议对通槽、台阶、封闭槽和圆孔都先用大进给铣刀 F2330 去除余量，然后再用与本书前面类似的刀具进行精加工。

图 7-56 是可换头结构的大进给铣刀的 F2330。可选用 D_c=10mm 的铣刀 F2330.T18.020.Z02.01，配用 P26335R10 WKP35 的刀片（刚性不足时，加工条件为“☹”）。

这样加工台阶铣的高度较大，其方案大致有两种：一是可以考虑采用硬质合金接杆，二是如果侧面之前用面铣刀加工过，在面铣的时候把台阶的主要余量去除掉，底下留 45° 的斜面，这样用大进给铣刀或整体硬质合金铣刀再进行加工时，加工负荷就比较小，加工过程会比较快，经济性就会更好。

进给量选定(起始值)

螺旋插补铣刀

铣刀型号	F 2010/F 4042				
每齿进给量 f_{z0} 用于 $a_e=D_c$ $a_p=a_{pmax}=L_c$	Xtra·tec®				
主偏角 κ_r	90°				
工件材料组	f_{z0}/mm				
	F 4042	F 4042R	F 2010 F 4042	F 2010 F 4042	F 4042
刀具直径或直径范围/mm	10～50	16～50	25～80	40～160	50～160
最大切削参数 $a_{pmax}=L_c$/mm	8	10	11.7	15	16.7
P 非合金钢[1]	0.13	0.16	0.18	0.22	0.27
P 低合金钢	0.09	0.10	0.13	0.16	0.20
P 高合金钢和工具钢	0.09	0.10	0.13	0.16	0.20
P 不锈钢	0.07	0.09	0.10	0.13	0.16
可转位刀片类型	AD.T 0803..	AD.T 10T3..	AD..1204..	AD.T 1606..	AD.T 1807..
修正系数 K_{ag} 用于每齿进给量取决于切削宽度 a_e 与铣刀直径 D_c 之比 a_e/D_c = 1/1−1/2	1.0	1.0	1.0	1.0	1.0
1/5	1.1	1.1	1.1	1.1	1.1
1/10	1.2	1.2	1.2	1.2	1.2
1/20	1.3	1.3	1.3	1.3	1.3
1/50					
修正系数 K $f_z=f_{z0}K_{ag}K$ $1<(L:D_c)=\leqslant 2$					
$2<(L:D_c)=\leqslant 4$					
$4<(L:D_c)=\leqslant 6$					

1和铸钢

图 7-55 螺旋插补铣的每齿进给量

高性能铣刀

F 2330

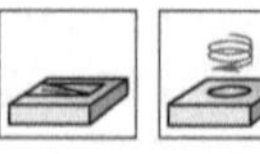

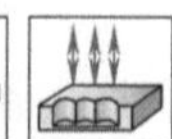

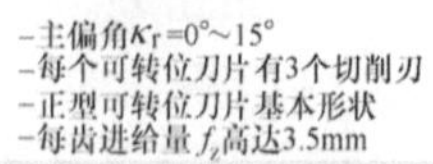

刀具	订货号	D_c/mm	D_a/mm	d_1/mm	l_4/mm	l_1/mm	L_c/mm	a_f/mm	z	kg	可转位刀片数量	型号
NCT ScrewFit螺纹连接	F2330.T18.020.Z02.01	10	20	T18	30		1	7	2	0.1	2	P 2633–R10 P 26379–R10
	F2330.T22.025.Z03.01	15	25	T22	35		1	7	3	0.1	3	
	F2330.T28.032.Z03.01.5	18	32	T28	40		1.5	10	3	0.2	3	P 2633– R14 P 26379 –R14
	F2330.T28.035.Z03.01.5	21	35	T28	40		1.5	10	3	0.2	3	
	F2330.T36.040.Z03.01.5	26	40	T36	40		1.5	10	3	0.4	3	
	F2330.T36.042.Z03.01.5	28	42	T36	40		1.5	10	3	0.4	3	

图 7-56 大进给铣刀 F2330